21世纪高等学校计算机规划教材
21st Century University Planned Textbooks of Computer Science

Java程序设计基础

Java Programming

代永亮 主编
刘达明 副主编
唐川 周东 吕永生 周伟 编

高校系列

人 民 邮 电 出 版 社
北 京

图书在版编目（CIP）数据

Java程序设计基础 / 代永亮主编. -- 北京 : 人民邮电出版社, 2012.4
21世纪高等学校计算机规划教材
ISBN 978-7-115-27577-6

Ⅰ. ①J… Ⅱ. ①代… Ⅲ. ①JAVA语言—程序设计—高等学校—教材 Ⅳ. ①TP312

中国版本图书馆CIP数据核字(2012)第023979号

内 容 提 要

本书围绕双体系教育的核心技术教学内容“Java 软件开发”进行讲述，简单明了地介绍了 Java 软件开发的基本知识，结合示例对 Java 中常用知识点进行了详细的分析，对 Java 中一些零散的知识点进行集中式的讲解，是一本内容丰富的教材。本书适合作为高等院校相关专业公共课教材、培训机构的学生用书，也可作为读者自学的参考手册。

◆ 主　编　代永亮
副 主 编　刘达明
编　　　唐　川　周　东　吕永生　周　伟
责任编辑　刘　博
◆ 人民邮电出版社出版发行　北京市丰台区成寿寺路 11 号
邮编　100164　电子邮件　315@ptpress.com.cn
网址　http://www.ptpress.com.cn
北京建宏印刷有限公司印刷
◆ 开本：787×1092　1/16
印张：15.25　　2012 年 4 月第 1 版
字数：400 千字　　2025 年 7 月北京第 22 次印刷

ISBN 978-7-115-27577-6

定价：30.00 元

读者服务热线：(010) 81055256　印装质量热线：(010) 81055316
反盗版热线：(010) 81055315

前言

20世纪60年代“面向对象”概念被提出，今天“面向对象”已发展成为一种成熟的编程思想，并且是目前软件开发领域的主流技术。这种技术从根本上改变了程序员以往设计软件的思维方式，面向对象具有抽象性、封装性、继承性和多态性，实现了代码的重用性和扩展性，减少了软件开发的复杂性，提高了软件开发的效率，降低了软件开发的成本。Java是纯面向对象的一种语言，也是目前面向对象软件开发使用率最高的语言之一。随着互联网应用的不断普及，移动通信和互联网二者结合起来的移动互联网发展非常迅速，Java作为主流的应用软件和移动互联网的平台实现语言，也越来越发挥着重要的作用。高等院校计算机相关专业基本都开设了Java的相关课程，目的是为了让学生掌握面向对象程序设计的概念和方法，能够运用面向对象技术来进行软件开发。

目前我国各个层次的软件教学开展得很多，但多是单纯的技术理论教学，缺乏实战性技术及配套职场能力的培养，从而导致学校教学与企业需求之间距离的产生。为了解决这一问题，重庆邮电大学移通学院全面引进双体系教育模式。双体系教育是中国大学生软件实训的领导品牌，是由中科院研究生院计算与通信工程学院和知名教育机构天地英才联合创办的“技术实战+职场关键能力”两套系统并行的全新教育模式，面向在校学生提供精品实训课程，是为了解决IT（Information Technology）企业招聘难题及大学生就业难题而采用的教育体系模式。双体系教育模式教授最新的主流软件开发技术，通过真实项目让学生从软件系统的需求分析开始一直到系统测试，体验真实、完整的项目过程；同时通过职场关键能力课程的教授，将职场规则、系统思考、有效沟通、团结协作、正确的工作态度、执行力等企业对员工能力的要求内容融入到人才培养的全过程，促进大学生的高质量就业。

全书共分8章：

- 第1章概述，介绍了信息技术的发展历史、我国软件开发发展历程以及面向对象的概念和特征；
- 第2章介绍了Java的发展历史、Java开发环境的搭建，Eclipse的使用、Java的基本语法和数据类型；
- 第3章介绍了Java语言的控制结构，包括表达式组成、程序分支结构以及循环结构的应用；
- 第4章介绍了字符串的相关知识，字符串在程序中的相关操作，包括字符串的查找、比较以及字符串的格式化等；
- 第5章介绍了数组的概念，如何创建一维数组和二维数组、数组的赋值操作以及数组在程序中的应用，包括数组元素的排序、查找和复制；
- 第6章介绍了Java面向对象基础，重点讲解了类和对象的概念，如何定义类中成员变量和方法、访问修饰符的作用范围以及对象的使用，面向对象中继承的概念及其实际应用；

- 第 7 章主要涉及 Java 面向对象进阶知识，包括 Java 中多态的概念、抽象类和抽象方法的使用、接口的概念和使用、内部类的种类和应用，同时，归纳总结了 Java 中的一些重难点知识，如 final 关键字应用、静态的作用以及 Java 中反射的使用方式；
- 第 8 章介绍了 Java 中的异常处理，包括异常的概念、异常的体系结构、异常类的介绍、Java 中对于异常的处理方式以及自定义异常的用法。

本书注重教材的可读性和实用性，每章知识点都有基础例子作为演练，帮助学生掌握并灵活使用。内容结构安排由浅入深，让学生从简单入手，逐步强化关键知识点和难点的应用，同时在程序设计风格、程序可读性方面也引入了相关的规范作为指导。

本书由代永亮担任主编，刘达明担任副主编。第 1～3 章由周东编写；第 4～6 章由唐川编写；第 7～8 章和附录由代永亮编写；刘达明、吕永生和周伟负责全书统稿和文字校对工作。

本书历史发展介绍和相关名词术语部分引用了互联网上的有关网站内容。同时，在编写本书的过程中，参考和引用了一些书籍和互联网上的文章。这里，我们向这些书籍和文章的作者们表示诚挚的感谢。

虽然本书的编者投入了大量的时间和全部的热情，但由于水平有限，书中难免有不足之处，恳请广大读者批评指正。

编者

2011 年 12 月

目 录

第 1 章 绪论

1.1 我国 IT 发展历程

IT（Information Technology）即信息技术，主要是利用电子数字计算机和现代通信手段实现信息获取、信息传递、信息存储、信息处理、信息显示、信息分配等相关技术。

1.1.1 IT 发展历史

IT 发展到今天，主要经历了五次重大革命。

第一次革命：语言的使用。发生在距今 35000～50000 年。

从猿进化到人的重要标志之一是语言的使用。经过上万年的劳动过程，类人猿演变、进化、发展成为现代人类，与此同时，随着劳动过程的演变，语言也应运而生。我国各地存在着许多方言，如海南话与闽南话有相似之处，在北宋时期，一部分福建人迁移到海南，经过几十代人之后，福建话慢慢地衍生为不同的语言体系，如海南话、客家话、闽南话等。

第二次革命：文字的创造。大约在公元前 3500 年出现了文字。

文字的出现第一次打破了时间、空间的限制。例如原始社会母系氏族繁荣时期（河姆渡和半坡原始居民）刻在陶器上的符号；记载商朝的社会生产状况和阶级关系的甲骨文，从商朝开始，开启了文字记录的历史；商周时期雕刻在一些青铜器上面的金文（也叫铜器铭文），或者雕刻在钟或鼎上的“钟鼎文”。

第三次革命：印刷的发明。大约在公元 1040 年。

我国开始使用活字印刷技术。在汉朝以前，书的材料使用竹木简或帛，直到东汉，公元 105 年，蔡伦改进造纸术，发明了“蔡侯纸”。从后唐到后周时期，官府开始大规模地印书，例如雕版刊印了儒家经书，此时成都、开封、临安、福建成为了印刷中心。到北宋时期，平民毕昇发明活字印刷术，开始了字的印刷时代。

第四次革命：电报、电话、广播和电视的发明和普及应用。

19 世纪中期以后，电报、电话的发明和电磁波的发现随之而来，人类在通信领域的发展产生了根本性的变革，实现了通过金属导线上的电脉冲来传递信息，以及利用电磁波来进行无线通信。

1837 年，第一台有线电报机出现了，它由美国人莫尔斯研制成功。电报机利用电磁感应原理，即当有电流通过电磁体时，电磁体产生磁性；没有电流通过时，电磁体不产生磁性，使连接在电磁体上的笔转动，随着笔有规律地转动，从而在纸上画出点、线等符号。适当地对这些符号进行组合，就能够表示出所有的字母，这被称为莫尔斯电码。利用此原理，文字就可以由发送方通过电线传送到接收方。1844 年 5 月 24 日，莫尔斯在国会大厦联邦最高法院议会厅公开作了“用导线传递消息”的表演。他接通电报机，发出了人类历史上第一份电报：“上帝创造了何等的奇迹！”该电报从美国国会大厦正确地传送到了 40 英里外的巴尔的摩城。这次成功的表演宣告了长途电报通信的到来。

1864 年，英国著名物理学家麦克斯韦发表了一篇名为《电与磁》的论文，预言了电磁波的存在，阐述了电磁波与光一样都是以光速传播。1875 年，苏格兰青年亚历山大 · 贝尔发明了世界上第一台电话机，于 1878 年在波世顿和纽约之间进行了首次长途电话实验获得成功。

电磁波的发现实现了信息的无线电传播，对此后的技术发展产生了巨大的影响，其他的无线电技术接连出现。美国人贝尔在 1876 年用自制的电话同他的助手进行了通话；俄国人波波夫和意大利人马可尼在 1895 年分别成功地进行了无线电通信实验；美国无线电专家康拉德在 1920 年建立了世界上第一家商业无线电广播电台，从此广播事业在世界各地蓬勃发展，收音机成为人们了解时事新闻的方便途径；英国在 1925 年首次播放了电视；法国人克拉维尔在 1933 年建立了英法之间的第一条商用微波无线电线路，推动了无线电技术的进一步发展。

第五次革命：电子数字计算机的普及应用及计算机与现代通信技术的有机结合，主要以计算机技术、控制技术和通信技术三大技术发展为核心，始于 20 世纪 60 年代。

计算机技术的内容非常广泛，大体可分为计算机系统、器件、部件和组装等，主要技术包括：运算的基本原理与运算器的设计、指令系统的设计、流水线原理及中央处理器（CPU）的设计、计算机的存储体系、总线与输入输出设计。随着电子技术的高速发展，军事、科研等迫切需要的计算工具大大得到改进，1946 年由美国宾夕法尼亚大学研制的第一台电子计算机阿塔纳索夫-贝瑞计算机（Atanasoff-Berry Computer，ABC）诞生了。此后，第一代电子计算机（1946—1958 年）、第二代晶体管电子计算机（1958—1964 年）、第三代集成电路计算机（1964—1970 年）、第四代大规模集成电路计算机（1971—20 世纪 80 年代）和第五代智能化计算机（20 世纪 80 年代至今）相继产生。

控制技术包括电气控制技术、可编程控制技术、液压传动控制技术等知识。模糊控制技术是近代控制理论中的一种高级策略和新颖技术，模糊控制技术基于模糊数学理论，通过模拟人的近似推理和综合决策过程，使控制算法的可控性、适应性和合理性提高，成为智能控制技术的一个重要分支。

通信技术和通信产业是 20 世纪 80 年代以来发展最快的领域之一，现代通信技术主要包括数字通信技术、程控交换技术、信息传输技术、通信网络技术、数据通信与数据网、ISDN 与 ATM 技术、宽带 IP 技术、接入网与接入技术。数字通信即传输数字信号的通信，指通过信号源发出的模拟信号经过数字终端编码成为数字信号（终端发出的数字信号是经过信道编码后适合于信道传输的数字信号），然后由调制解调器把信号调制到系统所使用的数字信道上，再传输到对端，经过相反的变换，最终传送到接收方；信息传输技术主要包括光纤通信、数字微波通信、卫星通信、移动通信以及图像通信；数据网是计算机技术与近代通信技术发展相结合的产物，它将信息采集、传送、存储及处理融为一体，并朝着更高级的综合体发展。

1.1.2 IT 的发展趋势

1. IT 发展方向

（1）微电子朝着高效能方向发展

微电子技术已经经历了大规模、超大规模、特大规模和吉规模集成时代。集成电路技术作为高科技技术的代表，对世界经济的发展起着非常重要的作用。集成电路产品的发展趋势是芯片越来越小，芯片集成度越来越高，芯片上的系统越来越完善，集成系统是 21 世纪初微电子技术发展的重点。在市场需求和技术推动的共同作用下，人们已经将整个系统集成在一块微电子芯片上，称为系统集成芯片。集成系统是微电子设计领域的一场革命，21 世纪它将得到更加快速的发展。微电子技术与其他学科的有机结合会产生一系列崭新的学科和经济的有效增长，除了系统级芯片外，还有量子器件、生物芯片、真空微电子技术、纳米技术、微电子机械系统等新型技术发展。在未来十多年还将产生存储量达到每立方毫米 1000TB 的生物芯片，它的功耗仅仅为超大规模集成电路的千万分之一。

（2）现代通信技术朝着网络化、数字化、宽带化方向发展

随着数字化技术的发展，音视频和多媒体技术突飞猛进。音视频技术是当前最活跃、发展最迅速的高新技术领域。近年来，虽然模拟音频产品在市场上仍占主流，但数字化潮流正在迅猛冲击着模拟领域，数字技术促进了音视频、通信和计算机技术的融合，出现了业务上相互渗透、汇合的局面，在音频产品和技术方面，音频广播仍以模拟技术为主，但各国正在积极开展数字音频广播的研究和实施。组合音响也在向小型和微型的数字化和组合、多声道环绕声方向发展。视频产品和技术方面，家用电视机逐渐向着大屏幕方向发展，人们正迎来数字电视时代。对于电缆电视（用射频电缆或光缆来传输、分配和交换声音、图像及数据信息的电视系统，又称有线电视）而言，有两个重要的发展趋势，即网络化和数字化，总的趋势是向综合信息业务网方向发展。

通信传输在向高速大容量长距离发展，光纤传输速率越来越高，波长从 1.3μm 发展到 1.55μm，并已大量采用。一个波长段上用多个信道的波分复用技术已进入实用阶段，光放大器代替光电转换中继器已经实用，相干光通信、光弧子通信已取得重大进展。这将使无中继距离延长到几百甚至几千千米。随着光纤技术的逐渐成熟，光纤技术在通信中的广泛应用，通信技术的带宽正在逐渐地变大，可以大胆地预计 21 世纪通信技术将向高带宽迈进。

（3）遥感技术的蓬勃发展

遥感技术是传感技术、测量技术与通信技术相结合的产物。感测与识别技术的作用是扩展人获取信息的感觉器官功能。它包括信息识别、信息提取、信息检测等技术，这类技术统称为传感技术。它几乎可以扩展人类所有感觉器官的传感功能，使人感知信息的能力得到进一步的加强。随着信息技术的迅速发展，通信技术和传感技术的紧密集合，在农田水利、地质勘探、环境监测、土地利用调查、气象预报、森林和土地利用调查、气象预报、地下水和地热调查、地震研究、海洋开发、灾害性天气预报、地图测绘，尤其在地质找矿、水利建设、铁路选线、工程地质及城市规划与建设等方面，遥感技术将发挥更大的作用。

（4）软件领域朝着云计算、移动互联网发展

云计算是网格计算、分布式计算、并行计算、效用计算、网络存储、虚拟化等传统计算机和网络技术发展融合的产物。软件产品由企业管理软件包、解决方案逐渐朝着企业云服务方面发展，将以前提供给企业的服务跟云服务结合起来，为企业客户提供更丰富、便利和便宜的服务。移动互联网，就是将移动通信和互联网二者结合起来，成为一体，移动通信和互联网成为当今世界发展最快、市场潜力最大、前景最诱人的两大业务，同时，云计算在移动互联网的发展也是非常迅速，目前云手机、云存储等概念相继衍生为各种产品提供给用户使用。

2. IT 发展的趋势

IT 发展到今天，经历了非常快速的发展时期，随着信息全球化的全面到来，IT 仍然朝着下面

3 个方面发展。

（1）高速大容量

传输、运算速度和存储容量是紧密联系在一起的，随着信息产业的高速发展，需要传输和处理的信息量变得越来越大，因此，高速大容量的要求是必然的趋势。从电脑硬件到系统软件，从信息处理、信息存储、信息传输到信息交换，都向着高速大容量的要求快速发展。

（2）信息综合集成

随着信息全球化的不断发展，对信息各方面的需求越来越高，信息产业需要提供更丰富的产品和服务。因此信息采集、处理、存储与传输的有机结合、信息生产与信息使用的有效结合，各种新媒体的高度结合以及各种业务的综合都是信息集成的体现。

（3）信息网络化

通信传输就是一个巨大的网络，并且不断在广度和深度上面发展，世界各国的计算机基本已经实现了网络化，世界网络化也正在快速地形成。各个终端的使用者都被组织到统一的一个网络中，国际电联的口号“一个世界，一个网络”正是 IT 网络化的体现。

总之，人类已经全面进入信息时代，信息产业无疑成为全球经济中最宏大、最具活力的产业，信息将成为知识经济社会中最重要的资源和竞争要素。

1.1.3 IT 在我国的发展

IT 在我国的发展主要经历了 4 个阶段。

第一阶段：国防信息科技发展阶段（1949—1972 年）。

新中国成立之初，我国以“一五”期间苏联援建的 156 个工程项目和中国科学院的成立为核心，迅速奠定了一套较为齐备的技术发展基础，包括人才、工程建设、仪器和设备等。1956 年国务院编制《一九五六年至一九六七年科学技术发展远景规划》（又称“十二年规划”），提出 57 项任务，616 个中心研究课题。鉴于此时国防急需的一些尖端科学领域处于空白的情况，确立了优先发展计算机技术、半导体技术、无线电电子技术和自动化技术。1957 年 10 月 15 日，中苏签订了《国防新技术协定》，我国火箭、航空等尖端军事技术得到一定的发展。1962 年 3 月，“十二年规划”提前五年结束，国家科委又制定了《1963 年—1972 年科学技术发展规划》（又称“十年规划”）。我国政府在极其困难的条件下，充分发挥行政管理的主导作用，集中大量财力、物力和科技人才，研制成功原子弹（1964 年）、氢弹（1967 年），成功发射了卫星（1970 年），这标志着我国国防尖端技术已经迅速达到了国际水平。

第二阶段：信息科技推动经济发展的过渡阶段（1972—1985 年）。

20 世纪 70 年代初期，我国信息科技虽然取得了一定进展，例如返回式卫星、集成电路计算机、激光技术等，但是与发达国家相比，一些重要的新技术领域的发展水平差距被逐渐拉大。70 年代后期，信息科技发展方向开始重新迈入正轨。1978 年，全国科学大会通过了《1978—1985 年全国科学技术发展规划纲要》，简称“八年规划”。规划中制定了庞大的科技发展领域，明确了 108 个科学技术研究重点，将其中农业、能源、材料、电子计算机、激光、空间科学、高能物理、遗传工程等 8 个综合性科学技术领域、新兴技术领域和主导学科放在优先发展的重要地位。1982 年，国务院明确提出科学技术研究必须面向和推动经济建设，把“八年规划”中的 108 项研究重点调整为 38 项国家级“六五”攻关项目，重点发展对国民经济起重大作用和有较大经济效益的领域，使科技力量的矛头对准经济建设。

第三阶段：信息科技及其产业化迅速发展阶段（1986—1996 年）。

自“六五攻关计划”实施以来，我国利用科技发展推动经济建设的方针更加突出。《国家科技攻关计划》中把微电子、信息技术、新材料和生物技术等11项新兴技术列为攻关项目，促使了大批技术科研成果迅速转化为生产力，极大地调动了我国科技力量向经济建设方面的转移，加快了科技产业化的进程。但是，由于经济效益的滞后性、宏观性和计划体制等因素影响，基础性研究和军用高技术发展却遇到了一系列困难。1986年3月5日，王大珩等4位科学家提出了发展中国高技术的方案，这引起了政府的高度重视，并很快制定和批准了《高技术研究发展计划纲要》，简称“863计划”，确定了生物技术、航天技术、信息技术、先进防御技术、自动化技术、能源技术和新材料技术等对我国未来经济和社会发展有重大影响的技术，作为我国高科技发展的重点领域。

第四阶段：信息科技以市场为导向的创新阶段（1997年至今）。

随着社会主义市场经济体制的逐步完善，我国从20世纪90年代开始全面调整信息科技资源及管理机制，加快发展高新技术及其产业化步伐，着手建设面向21世纪的国家创新体系。1996年原国家科委主持编制了《2001—2010年国家高新技术研究发展计划纲要》，又称“5863计划”。1998年5月，中国科学院实施知识创新试点工程。1999年8月中共中央、国务院作出了“加强技术创新，发展高科技，实现产业化”的决定。十五届四中全会关于国有企业改革和发展的决议指出，“要以市场为导向，用先进技术改造传统产业”；“要形成以企业为中心的技术创新体系，推进产学研结合，促进科技成果向现实生产力转化”。目前，科技创新是我国经济结构战略性调整的主要动力，是“十五计划”的重要内容。高科技产业已经成为我国经济发展最具潜力的增长点。显然，市场导向化科技创新是我国发展战略的需要，也是我国经济发展必不可少的步骤。

1.2 我国软件发展历程

1.2.1 软件的概念

软件由应用程序、数据与相关的说明文档组成，在计算机系统中与硬件依附在一起。应用程序是一系列可执行的指令序列，是事先按照功能设计和性能要求而编写的；数据是程序能正常操纵信息的数据结构；说明文档是与程序开发维护和使用有关的各种图文数据。

软件的发展历史经过了四五十年，人们对软件的认识也经历了一个由浅到深的过程。在计算机系统的早期发展中，硬件通常用来执行一个单一的程序，而这个程序又是为一个特定的目的而编写的。早期的硬件具有较好的通用性，而软件却具有非常大的局限性，大多数软件是由使用该软件的个人或机构研制的，软件往往带有强烈的个人主义。早期的软件开发也没有遵循什么系统的方法，软件设计是在某个开发者的头脑中完成的。而且，软件成品除了源代码外，几乎没有软件说明书等文件。

随着计算机的普及，软件规模变得越来越大，编码变得越来越复杂，人与人、人与机器间的相互沟通变得更加困难。在软件开发与维护过程中，文档就体现出越来越重要的价值，甚至比软件产品本身还重要。因此，“软件就是程序”的观念逐渐被摒弃。

软件的特点如下所述。

（1）软件是一种通过人们智力活动，把知识与技术转化为信息的一种产品，同时是一种抽象的逻辑实体，只能通过观察、分析、思考、判断等方式来了解它的特性和功能。软件不像硬件那样，一旦研制成功，就可以重复制造，然后在制造过程中控制质量，以保证产品的最终质量；软件的开发没有明显的制造过程，一旦研制成功，后面只是大量复制相同内容的副本。在软件的制造过程中几乎不会引入新的质量问题，所以软件的开发主要决定了软件的质量。软件故障往往是在开发阶段产生、而在测试时没有发现的问题，所以要保证软件质量，必须在软件开发的过程中加强管理和测试工作。同时由于软件的复制是非常容易的事情，必须在技术上和法律上采取有力的措施，严格控制任意复制软件的行为。

（2）软件开发至今仍然采用手工开发方式，很多软件仍然是“定制”的，这使得软件的开发效率受到很大的限制。近年来出现的软件复用技术、自动生成技术和其他一些有效的软件开发工具或软件开发环境，一定程度上提高了软件的开发效率，但在软件项目中采用的比率较低。就软件工作而言并不轻松，开发工作是一种高强度的脑力工作。

（3）软件的开发是一个复杂的过程。软件的复杂性可能来自于它所反映的实际问题的复杂性，也可能来自于程序逻辑结构的复杂性。因而管理是软件开发过程中至关重要的内容。

（4）软件的开发和运行受到计算机硬件系统的限制。在软件的开发和运行中，必须以硬件环境为基础。有的软件依赖于某种硬件系统，有的依赖于某种操作系统，这给软件的使用造成了很多不便。为了消除这种依赖关系，在软件开发中提出了软件移植问题，并将软件的可移植性作为衡量软件质量的一个重要因素。

（5）在软件的运行和使用期间，没有硬件那样的机器磨损、老化问题。但是软件也存在退化问题，也需要维护。软件的退化问题主要是因为在软件的生存周期中，为了使它能够克服之前没有发现的故障、使它能够适应硬件、软件环境的变化以及用户新的要求，必须多次修改软件，每次修改都会引入新的不可知的错误，连续多次修改后，会提高软件的失效率。

（6）软件的成本是昂贵的。软件开发需要投入大量高强度的脑力劳动，成本很高，风险也非常大，目前软件的开销已大大超过了硬件的开销。

（7）很多软件的开发涉及社会因素。如机构、管理、体制和人们的观念和心理等方面的许多问题，都影响着软件的开发和运行。

1.2.2 软件的发展阶段

17 世纪 60 年代，Augusta Ada 为 Lovelace Charles Babbage 的分析机（analytic machine）编写流程，其中包括计算三角函数、级数相乘、伯努利函数等。在 20 世纪 40 年代末，随着 ENIAC（Electronic Numerical Integrator and Calculator）问世，以编写软件为职业的人开始出现，他们多是经过训练的数学家和电子工程师。到了 20 世纪 60 年代，美国大学里开始出现专门教授学生编写软件的专业，并且对该专业毕业的大学生、研究生授予计算机专业的学位。伴随着信息产业的迅速发展，软件对人类社会的作用也显得越来越重要，人们对软件的认识也更为深刻。

在发展过程中，软件技术主要经历了以下四个发展阶段。

第一阶段：20 世纪 50 年代初期至 20 世纪 60 年代中期。

软件技术经历了程序设计阶段，软件生产以个体化为主。由于软件规模不大，几乎没有什么系统化的标准可遵循，对软件的开发也没有一个好的管理方法。大多数的软件由使用者自己开发、编写、使用，其中也很少涉及软件文档的编写。程序设计阶段早期并没有软件的概念，开发工作主要是围绕硬件进行。软件规模很小，所使用的工具也很单一，开发者之间也没有明确的分工。

第二阶段：20 世纪 60 年代中期至 70 年代末期。

软件技术经历了程序系统阶段，多道程序设计、多用户系统引入了人机交互的新概念。此阶段出现了实时系统和第一代数据库管理系统，软件产品的使用和软件作坊也相继出现。软件的应用范围更广阔，一个程序能够有多达上百的用户。

随着计算机软件规模越来越大，应用范围越来越广，软件的维护需要花费人们更多的精力和资源。然而此阶段依然没有解决程序个人化特性的问题，人们开始有了“软件危机”感。

第三阶段：20 世纪 70 年代中期开始。

软件技术经历了软件工程阶段。随着分布式系统、高带宽数字通信系统、实时数据访问控制系统等应用技术的迅速发展，人们对计算机软件的需求变得更高，同时也使得软件开发的效率和质量成为人们关注的焦点。因此，以软件产品化、系列化、工程化、标准化为特征的软件产业迅猛发展，推动了软件工程学的进步。

第四阶段：20 世纪 80 年代中期至今。

这一阶段已经不着重于一台计算机系统和程序的应用，而是面向计算机和软件的综合应用。Internet 和世界范围的信息网提供了一个基本的架构，使得计算机体系结构迅速从集中的主机环境转变为分布式的客户机/服务器环境，由复杂的操作系统控制强大的桌面机、局域网络和广域网络，然后辅以先进的软件应用。计算机科学与软件技术正朝社会信息化和软件产业化的方向发展，技术的软件工程阶段逐步向社会信息化的计算机阶段过渡，一些新技术的蓬勃兴起、面向对象的开发方法和其他技术方法，在许多领域中表现出强大的生命力。

表 1.1 给出 4 个阶段典型技术的比较。

表 1.1　　4 个阶段典型技术比较

阶段	第一阶段	第二阶段	第三阶段	第四阶段
典型技术	面向批处理 有限的分布 自定义软件	多用户 实时 数据库 软件产品	分布式系统 嵌入“智能” 低成本硬件 消费者的影响	强大的桌面系统 面向对象技术 专家系统、人工神经网络 并行计算、网格计算

1.2.3 软件在我国的发展

从 1978 年改革开放到今天的 30 多年间，我国软件产业经历了从最初的起步阶段到今天的繁荣强盛，为我国综合信息化提供了坚实的信息化基础。在这期间，我国产生了许多软件龙头企业和软件英雄，同时我国软件产业在经历了初期的低谷、中期的摸索与转型之后，逐步开始走向世界。下面从 3 个阶段来看看我国软件产业的发展。

第一阶段：起步初期（1978—1988 年）。

1978 年，第十一届三中全会召开，确立了对外开放、对内发展经济的重要方针，中华民族开始走向复兴的道路，同时软件行业的形成也在逐步酝酿之中。1980 年，我国软件产业开始初现端倪，中关村科技创业之路由此开始，以中国科学院物理研究所研究员陈春先为首的一批科技人员，在北京成立了“北京等离子体学会先进技术发展服务部”，该服务部借鉴了美国硅谷的发展模式，是我国第一个民办的科研机构，也是我国民营科技企业的前身。同一年，在北京大学召开了我国第一届软件工程科学研讨会，计算机总局颁布试行《软件产品计价收费办法》。

1984 年 9 月 6 日，我国软件行业协会正式成立，软件行业协会的成立标志着我国将软件作为一个新兴的产业开始经营。软件开始从硬件中剥离出来，成为一个独立的产业，开始了自己的发展历程，同时软件作为一个独立的学科和行业，出现在国家科技和行业发展规划中。

1986 年 3 月，邓小平批示了《关于跟踪研究外国战略性高技术发展的建议》的意见，由此启动了“863”计划，这是一个提高国家整体科技水平、缩小我国与世界科学研究水平差距的战略性计划，开启了中国挑战尖端、以创新推动发展的新时代。

1987 年，软件工程标准化委员会通过了《软件开发需求文件》和《软件测试文件》，为我国软件开发确立了一套行业标准。

1988 年，邓小平提出了“科学技术是第一生产力”，明确了科学在当时我国发展过程中的位置，此后，我国软件产业迅速发展。随着软件人才的不断涌现以及不懈努力，在 1988 年前后，我国软件产业迎来了最初的繁荣时期，可以说，我国软件发展初期的成绩是非常显著的，为以后我国软件的腾飞奠定了坚实的基础。

第二阶段：软件行业迅速发展后呈现危机（1988—1998 年）。

在接下来的软件产业发展十年当中，随着软件概念越来越清晰，盗版也随之而来，同时国际上的一些软件巨头对我国软件进行了一定程度的压迫，但是此时，我国软件仍然经历了历史上第一个繁荣时期。

电脑在中国的普及首先遇到的问题就是如何将英文操作系统变为中文的操作界面，由此国内各种中文系统平台相继产生。王志东在 1991 年开发出了中文之星；鲍岳桥在 1992 年开始研发 UCDOS；中文 Windows 平台的开发厂家也有 20 余家，其中以中文之星、中文大师、RICHWIN、UCWIN 等为主；在输入法方面，长城集团与北京大学在 1991 年合作推出了智能 ABC 汉字输入法。这种输入法入门简单，只要会拼音就能上手。随着 Windows 的普及，微软拼音、全拼、郑码等也成为不同用户群体使用的输入法；在办公软件方面，各软件厂商开发出了 WPS、巨人汉卡等 20 多种字处理软件，20 多种在市场上流行的编码方法；在杀毒软件方面，公安部病毒研究小组在 1989 年推出了中国最早的杀毒软件 Kill，深圳华星在 1990 年推出了华星防病毒卡，由此，市场上开始流行的防病毒卡多达五六十种。随着江民、瑞星、金山、交大铭泰等国内杀毒软件厂商的出现，国产杀毒软件把持了大部分市场。

1994 年前后，随着 CD-ROM 和光盘的普及，盗版软件的产生迅速破坏了软件产业健康的发展。对于当时我国的计算机使用者而言，使用仅几块钱的盗版软件比高达千元的正版软件更容易接受。盗版的泛滥，加速了中国软件行业的重新整合。许多软件公司在盗版软件的猖狂使用下，被迫倒闭或转型。

除盗版软件之外，国外软件巨头此时也逐渐地进入我国软件市场。面对微软、赛门铁克等国际软件企业，刚刚处于起步阶段的我国软件企业显然不是对手。在盗版与国际巨头的双重压迫下，我国软件企业在经历了最初的繁荣之后迅速停滞，在困难中继续探索发展之路，在这种情况下，存活下来的软件企业也非常之少。

20 世纪 90 年代末期，我国互联网开始萌芽。从 1994 年我国正式接入国际互联网，到瀛海威时空的成立，再到中国计算机公用互联网 CHINANET 建成，以互联网为契机的我国软件业正在迎来新的发展机遇。

第三阶段：我国软件复兴繁荣阶段（1998 年至今）。

1998 年，原信息产业部成立。当时，国务院对原信息产业部的定位是：原信息产业部负责振兴电子信息产品制造业、通信业、软件业，推进国民经济与社会服务信息化。此时以用友、金蝶、安易为首的财务软件厂家所开发的财务软件在我国市场上占有大部分的份额，财务软件成为应用软件中发展最为成功的一种产品。

进入 21 世纪，我国软件业迎来了新的曙光，并开始呈现复兴的迹象：2000 年，我国的第一款网络游戏运营，数字娱乐产业崛起。同年，我国颁布实施了《鼓励软件产业和集成电路产业发展政策》、《软件企业认定标准及管理办法（试行）》和《软件产品管理办法》，对规范软件企业及其认定标准提出了新的办法；2001 年，我国成功加入 WTO，自此正式获得和国际市场对话的权利；2002 年，国办 47 号文件《振兴软件产业行动纲要》发布，第一届软交会在大连召开，之后每年一届的软交会在一定程度上反映了我国软件产业发展的情况，产业聚集效应开始呈现。同时博客开始进入中国，宣告了互联网春天的来临，以新浪、腾讯、网易等代表的互联网公司先后在国际市场上市，以中国概念股的姿态夺得了资本市场的认可。

2004 年以来，我国迅速成为了世界第四大经济实体。我国的软件产业也迎来了高速发展时期，进军海外市场成为我国民族软件复兴的必经之路。2005 年，《中华人民共和国电子签名法》自 4 月 1 日起在全国正式实施。这对我国软件产业的发展具有重大意义；《软件政府采购实施办法（征求意见稿）》在我国政府采购网上公示，并征求企业意见，政府带头采购国产软件，对于推进我国软件发展和信息化推进工作具有重要的战略意义。

2007 年，国务院发布《保护知识产权行动纲要》，加大了行政司法对知识产权的保护力度，同时确立了软件统计分类体系，将软件产业单独列入国民经济统计中的。

从 1998—2011 年这十几年间，我国软件产业发展较快，产业规模增速迅猛。2007 年软件收入 5834.3 亿元。2007 年的前五年，平均增速接近 40%，这与 5 年前相比增加了 5 倍多。企业数 14373 家，平均增速是 25%，2007 年较 2002 年增长了 3 倍。从业人员达到 152.9 万人。到了 2009 年，我国软件产业完成软件业务收入 9513 亿元，同比增长 25.6%，软件出口 196 亿美元。面对金融危机，虽然软件产业的增长速度有所放缓，但总体增长水平依然强劲。2011 年，我国软件产业保持快速发展的态势，月均增速达 30%，截至 2011 年 8 月底，软件行业收入规模已超过万亿元。

1.3 面向对象基础

1.3.1 面向对象技术

在学习面向对象编程时，必须先了解面向过程编程。面向过程程序设计的基本任务是编写计算机执行的指令序列，并把这些指令以函数的方式组织起来。通常使用流程图组织这些行为，并描述从一个行为到另一个行为的控制流。当程序员集中精力开发函数的时候，很少会去注意那些被多个函数使用的数据。在这些数据身上发生了什么事情？那些使用这些数据的函数又对它们产生了什么影响？在多函数程序中，许多重要的数据被放置在全局数据区，这样它们可以被所有的函数访问。每个函数都可以具有它们自己的局部数据。在面向过程程序设计中，算法+数据结构=程序，以算法为核心，操纵数据。在多个程序员合作开发的过程中，程序员之间很难读懂别人的代码，造成代码不能重用。

发明面向对象程序设计方法的主要出发点是弥补面向过程程序设计方法中的一些缺点。OOP（Object Oriented Programming）把数据看作程序开发中的基本元素，并且不允许它们在系统中自由流动。它将数据和操作这些数据的方法紧密连接在一起，并保护数据不会被外界的方法意外地改变。OOP 允许程序员将问题分解为一系列实体——这些实体被称为对象（Object），然后围绕这些实体建立数据和方法。

OOP 的许多原始思想都来自于 Simula 语言，并在 Smalltalk 语言的完善和标准化过程中，得到更多的扩展和对以前的思想的重新注解。可以说，面向对象思想和面向对象编程语言几乎是同步发展、相互促进的。与函数式程序设计和逻辑式程序设计所代表的接近于机器的实际计算模型不同的是，OOP 几乎没有引入精确的数学描述，而是倾向于建立一个对象模型，它能够近似地反映应用领域内实体之间的关系，其本质是更接近于一种人类认知事物所采用的哲学观的计算模型。由此，导致了一个自然的话题，那就是 OOP 到底是什么？在 OOP 中，对象作为计算主体，拥有自己的名称、状态以及接收外界消息的接口。在对象模型中，产生新对象、旧对象销毁、发送消息、响应消息，就构成 OOP 计算模型的根本。

对象的产生有两种基本方式。一种是以原型（prototype）对象为基础产生新的对象；一种是以类（Class）为基础产生新对象。原型的概念已经在认知心理学中被用来解释概念学习的递增特性，原型模型本身就是企图通过提供一个有代表性的对象为基础，来产生各种新的对象，并由此继续产生更符合实际应用的对象。而“原型-委托”也是 OOP 中的对象抽象、代码共享机制中的一种。一个类提供了一个或者多个对象的通用性描叙。从形式化的观点看，类与类型有关，因此一个类相当于是从该类中产生的实例的集合。而这样的观点也会带来一些矛盾，比较典型的就是在继承体系下，子集（子类）对象和父集（父类）对象之间的行为相融性可能很难达到，这也就是 OOP 中常被引用的——子类型（subtype）不等于子类（subclass）。而在一种所有皆对象的世界观背景下，在类模型基础上还诞生出了一种拥有元类（metaclass）的新对象模型，即类本身也是一种其他类的对象。以上 3 种不同的观点定义了基于类（class-based）、基于原型（prototype-based）和基于元类（metaclass-based）的对象模型。

1.3.2 面向对象技术的发展历史

面向对象技术最初是从面向对象的程序设计开始的，它的出现以 20 世纪 60 年代 simula 语言为标志。80 年代中后期，面向对象程序设计逐渐成熟，被计算机界理解和接受，人们又开始进一步考虑面向对象的开发问题。这就是 90 年代 Microsoft Visual 系列 OOP 软件的流行的背景。

传统的结构化分析与设计开发方法是一个线性过程，因此，传统的结构化分析与设计方法要求现实系统的业务管理规范，处理数据齐全，用户能全面完整地了解其业务需求。

传统的软件结构和设计方法难以适应软件生产自动化的要求，因为它以过程为中心进行功能组合，软件的扩充和复用能力很差。

对象是对现实世界实体的模拟，因而能更容易地理解需求，即使用户和分析者之间具有不同的教育背景和工作特点，也可很好地沟通。

区别面向对象的开发和传统过程的开发的要素有：对象识别和抽象、封装、多态性和继承。

对象是一个现实实体的抽象，由现实实体的过程或信息性来定义。一个对象可被认为是一个把数据（属性）和程序（方法）封装在一起的实体，这个程序产生该对象的动作或对它接收到的外界信号的反应。这些对象操作有时称为方法。对象是个动态的概念，其中的属性反映了对象当前的状态。

类用来描述具有相同的属性和方法的对象的集合。它定义了该集合中每个对象所共有的属性和方法。对象是类的实例。

由上分析不难看出，尽管 OOP 技术更侧重建立用户的对象模型，但其都是以编程为目的的，而不是以用户的信息为中心的。

1.3.3 面向对象程序设计的特点

面向对象设计是一种把面向对象的思想应用于软件开发过程中，指导开发活动的系统方法，是建立在“对象”概念基础上的方法学。对象是由数据和相关的操作组成的封装体，与客观实体有直接的对应关系，一个对象类定义了具有相似性质的一组对象。而继承性是对具有层次关系的类的属性和操作进行共享的一种方式。所谓面向对象就是基于对象概念，以对象为中心，以类和继承为构造机制，来认识、理解、刻画客观世界和设计、构建相应的软件系统。面向对象程序设计的特点主要有封装性、继承性和多态性。

（1）封装性

封装是一种信息隐蔽技术，它体现于类的说明，是对象的重要特性。封装使数据和加工该数据的方法封装为一个整体，以实现独立性很强的模块，使得用户只能见到对象的外特性（对象能接收哪些消息，具有哪些处理能力），而对象的内特性（保存内部状态的私有数据和实现加工能力的算法）对用户是隐蔽的。封装的目的在于把对象的设计者和对象者的使用分开，使用者不必知晓行为实现的细节，只需用设计者提供的消息来访问该对象。

（2）继承性

继承性是子类自动共享父类之间数据和方法的机制。它由类的派生功能体现。一个类直接继承其他类的全部描述，同时可修改和扩充。继承具有传递性，继承分为单继承（一个子类只有一父类）和多重继承（一个类有多个父类）。类的对象是各自封闭的，如果没继承性机制，则类对象中数据、方法就会出现大量重复。继承不仅支持系统的可重用性，还促进系统的可扩充性。

（3）多态性

对象根据所接收的消息而做出动作。同一消息为不同的对象接收时可产生完全不同的行动，这种现象称为多态性。利用多态性，用户可发送一个通用的信息，而将所有的实现细节都留给接收消息的对象自行决定，这样，同一消息即可调用不同的方法。例如：Print 消息被发送给一图或表时调用的打印方法，与将同样的 Print 消息发送给一正文文件而调用的打印方法会完全不同。多态性的实现受到继承性的支持，利用类继承的层次关系，把具有通用功能的协议存放在类层次中尽可能高的地方，而将实现这一功能的不同方法置于较低层次，这样，在这些低层次上生成的对象就能给通用消息以不同的响应。在面向对象编程语言中可通过在派生类中重新定义基类方法（定义为重载方法或和基类方法一样）来实现多态性。

在面向对象方法中，对象和传递消息分别表现事物及事物间相互联系的概念。类和继承是适应人们一般思维方式的描述范式。方法是允许作用于该类对象上的各种操作。这种对象、类、消息和方法的程序设计范式的基本点在于对象的封装性和类的继承性。通过封装，能将对象的定义和对象的实现分开。通过继承，能体现类与类之间的关系，以及由此带来的实体的多态性，从而构成了面向对象的基本特征。

1.3.4 实体的抽象

对象是对现实实体的一个抽象，抽象是指当管理大量的信息时，能够集中对象的重要特性的能力。比如，在设计一个厨房的平面图时，可以集中厨房用具的形状及其相对尺寸，而忽略它们的颜色、样式及制造厂商这些属性。在 Java 程序中设计的对象将有类似的抽象化，因为它们忽略了许多体现真实对象的其他许多属性，而是集中那些用于解决特定问题的必要属性。

就像在真实世界里，任何事物都是对象。对象可以是物质的（比如一辆汽车）或精神上的（比如一个想法）。对象可以是自然事物，例如一只动物或人造的事物（比如一台 ATM）。管理 ATM 的程序应该包含 BankAccount（银行账户）对象和 Customer（客户）对象。国际象棋程序应该包含 Board（棋盘）对象和 ChessPiece（棋子）对象。

使用图 1.1 中的表示法来描述对象，以及举例阐明面向对象的概念。这种表示法就是统一建模语言（Unified Modeling Languang，UML）。它是面向对象编程所用的一种标准。如图 1.1 所示，一个对象用一个矩形来表示，并由对象的 ID（可选择的）与类型来标识。对象的 ID 是计算机程序中所使用的名称。本例中，ATM 对象没有 ID，ChessPiece 对象被命名为 cp1。表示对象的标签总是有下划线的。

与真实的对象一样，程序中的对象也具有某些特有属性。比如，一个 ATM 对象应有一个表示当前可支出金额的 Cash 属性。一个 ChessPiece 对象应有一对 row（行）和 column（列）的属性，来表示它在棋盘上的位置。注意一个对象的某一属性其自身也是一个对象。ATM 的 Cash 属性以及棋子的 row 和 column 属性都是数字（number）类型的。

图 1.2 表示 2 个 ATM 对象及它们各自的属性。可以看到，对象的属性显示在 UML 图的第二部分。注意，每个属性都有一个值。于是 cBank：ATM 的 Cash 值为 8650.00，而 eBank：ATM 的 Cash 值只有 150.00。

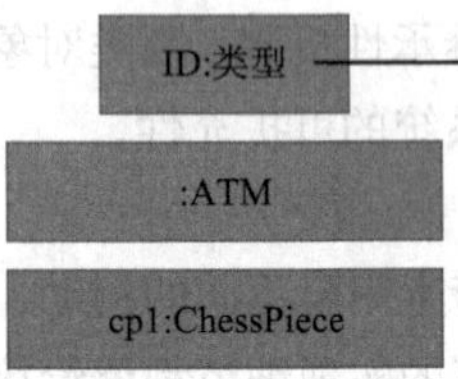

图 1.1　在 UML 中的对象表示方式

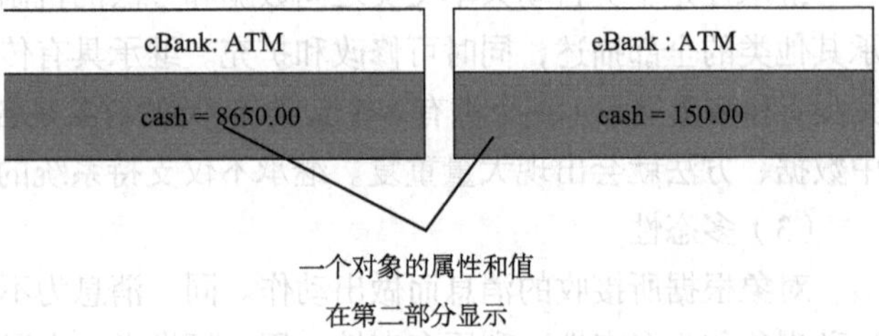

图 1.2　对象 UML 图的第二部分用来显示对象的属性和值

有时把一个对象的属性及其值的集合称为状态（state）。比如，cBank：ATM 的当前状态是拥有现金 8650.00。当然，这是 ATM 的简化状态，它应该包含许多其他属性，但这已经列出了你要关注的属性。

除了属性，对象还有操作或行为的特性。程序中的对象是动态的。它们执行操作，或者说操作作用于它们。实际上，用 Java 编程在很大程度上是让对象执行一些操作。比如，在国际象棋程序中，ChessPiece（棋子）有能力 moveTo()（移动）到棋盘的新位置。类似地，当客户按下 ATM 上的“当前余额”按钮时，这是在告诉 ATM 向客户 report()（报告）当前存款余额（注意使用圆括号把操作与对象、属性区分开来）。

与对象相关的操作可以用来向对象发送消息，并可以从对象中获得信息。消息是指把信息或数据从一个对象传给另一个对象，图 1.3 举例说明了它是如何工作的。在 UML 中，消息是用箭头来表示的。cp1：ChessPiece 执行 moveTo(3,4)操作。这里的数字 3 和 4 是参数，用来告诉小卒移动到哪一格（国际象棋棋盘有 8 行 8 列，每一个方格由其行和列位置表示）。通常，一个参数就是指消息的一个数据值。如果让小卒向前移动 2 行，应发出消息 moveTo(4,4)。

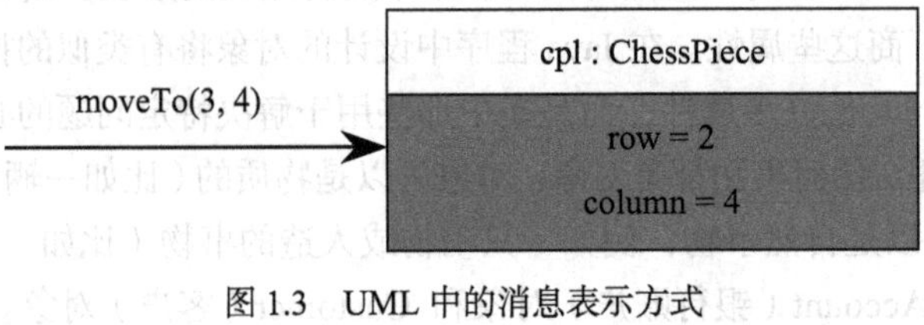

图 1.3　UML 中的消息表示方式

图 1.4 显示出了理想化的 ATM 交易的一系列消息。首先，一个 ATM 客户要求 ATM 告诉他自己账户的当前余额。然后，ATM 便会要求银行账户报告该客户当前余额。ATM 从银行账户收到 528.52 的值，并把它显示给客户。在本例中，消息没有使用参数，但是它有结果，结果是指返回给发出消息对象的信息或数据。

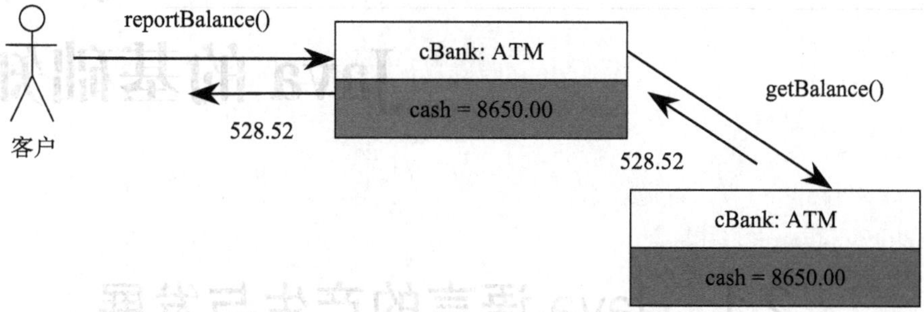

图 1.4　UML 显示客户和 ATM 的交互过程

显然，为了答复消息，对象必须得知道怎样执行所请求的操作。小卒必须得知道怎样移到指定的方格。ATM 必须知道怎样找到客户的当前余额。实际上，对象只能对与它所具有的操作和行为的相关消息做出反应。所以，不能让一个 ATM 向前移动 2 格，也无法让一个棋子告诉你账户的当前余额。

对消息做出反应或者执行操作，有时会造成对象状态的改变。比如，在执行 moveTo(3,4)操作以后，小卒将处于另一个不同的方格，它的位置将会改变。另一方面，一些消息（或操作）不会改变对象的状态，报告客户银行账户的余额，并不会改变这个余额。

本章小结

本章首先简单介绍了信息技术的发展历史、我国软件开发发展历程，然后介绍了面向对象的基本知识。主要目的在于让读者对信息技术和软件有一个初步的认识，对面向对象的思想有一个初步的了解。

习　题

1. IT 经历了几次革命？
2. 简述 IT 的发展趋势。
3. 软件经历了哪几个发展阶段？
4. 简述面向对象程序设计的特点。

第2章 Java的基础知识

2.1 Java语言的产生与发展

1. 早期的Java

Java平台和语言最开始只是SUN公司在1990年12开始研究的一个内部项目。SUN公司一个叫做帕特里克·诺顿的工程师被SUN自己开发的C和C语言编译器搞得焦头烂额，因为其中的API（Application Programming Interface）极其难用。帕特里克决定改用NeXT，同时他也获得了研究公司的一个叫做"Stealth 计划"项目的机会。

"Stealth计划"后来改名为"Green计划"，James Gosling（詹姆斯·高斯林）和麦克·舍林丹也加入了帕特里克的工作小组。他们和其他几个工程师一起在加利福尼亚州门罗帕克市沙丘路的一个小工作室里面研究开发新技术，瞄准下一代智能家电（如微波炉）的程序设计，SUN公司预料未来科技将在家用电器领域大显身手。团队最初考虑使用C 语言，但是很多成员包括SUN的首席科学家比尔·乔伊，发现C和可用的API在某些方面存在很大问题。

工作小组使用的是嵌入式平台，可以用的资源极其有限。很多成员发现C太复杂，以至很多开发者经常错误地使用。他们发现C缺少垃圾回收系统，还缺少可移植的安全性、分布程序设计和多线程功能。最后，他们想要一种易于移植到各种设备上的平台。

因此，比尔·乔伊决定开发一种集C语言和Mesa语言（Mesa语言是施乐旗下的帕罗奥多研究中心在1970年为Xerox Alto个人计算机开发操作系统时设计的程序设计语言。这种语言是在多进程环境下进行程序设计的一次尝试，对后来业界的发展影响很大）大成的新语言，在一份报告上，乔伊把它叫做"未来"，他提议SUN公司的工程师应该在C 的基础上，开发一种面向对象的环境。最初，高斯林试图修改和扩展C 的功能，他自己称这种新语言为C--，但是后来他放弃了。他将要创造出一种全新的语言，并命名为"Oak"（橡树），以他的办公室外的树而命名。由于商标和版权的原因，该语言后来被改名为 Java语言。

就像很多开发新技术的秘密工程一样，工作小组没日没夜地工作到了1992年的夏天，他们能够演示新平台的一部分了，包括Green 操作系统、Oak的程序设计语言、类库和其硬件。最初的尝试是面向一种类PDA设备，被命名为Star7，这种设备有鲜艳的图形界面和被称为"Duke"的智能代理来帮助用户。1992年12月3日，这台设备进行了展示。

同年11月，Green计划被转化成了"FirstPerson有限公司"，一个SUN公司的全资子公司团队也被重新安排到了帕洛阿尔托。FirstPerson 团队对建造一种高度互动的设备感兴趣，当时代华纳发布了一个关于电视机顶盒的征求提议书时，FirstPerson 改变了他们的目标，作为对征求意见书的响应，提出了一个机顶盒平台的提议。但是有线电视业界觉得 FirstPerson 的平台给予用户过多的控制权，因此 FirstPerson 的投标败给了 SGI。与 3DO 公司的另外一笔关于机顶盒的交易也没有成功，由于他们的平台不能在电视工业产生任何效益，公司再并回 SUN 公司。

2. Java 的幼年时期（1995—1998 年）

SUN 继 Green 项目后又经过了几年的研究，终于在 1995 年 5 月 23 日，在 Sun World'95 上正式发布 Java 和 HotJava 浏览器。在同年，有很多公司先后获得了 Java 许可证，如 Netscape 在 1995 年 8 月，Oracle 在 1995 年 10 月分别获得了 Java 许可证。Sun 在 1995 年发布第一个 Java 版本后，于 1996 年 1 月宣布成立新的业务部门——JavaSoft 部，这个部门主要负责开发、销售并支持基于 Java 技术的产品，由 AlanBaratz 任总裁。

1995 年，SUN 虽然推出了 Java，但这只是一种语言，而要想开发复杂的应用程序，必须要有一个强大的开发库支持才行。因此，SUN 在 1996 年 1 月 23 日发布了 JDK1.0。这个版本包括了两部分：运行环境（即 JRE）和开发环境（即 JDK）。在运行环境中包括了核心 API、集成 API、用户界面 API、发布技术和 Java 虚拟机（JVM）5 个部分。而开发环境还包括了编译 Java 程序的编译器（即 javac）。在 JDK1.0 时代，JDK 除了 AWT（一种用于开发图形用户界面的 API）外，其他的库并不完整。

SUN 在推出 JDK1.0 之后，在 1997 年 2 月 18 日发布了 JDK1.1。JDK1.1 相对于 JDK1.0 最大的改进就是为 JVM 增加了 JIT（即时编译）编译器。JIT 和传统的编译器不同，传统的编译器是编译一条，运行完后再将其扔掉，而 JIT 会将经常用到的指令保存在内容中，在下次调用时就不需要再编译了。这样 JDK 在效率上有了非常大的提升。

SUN 在推出 JDK1.1 后，接着又推出了数个 JDK1.x 版本。自从 SUN 推出 Java 后，JDK 的下载量不断飙升，在 1997 年，JDK 的下载量突破了 220000，而在 1998 年，JDK 的下载量已经超过了 2000000。

虽然在 1998 年之前，Java 被众多的软件企业所采用，但由于当时硬件环境和 JVM 的技术原因，它的应用很有限。当时 Java 主要只使用在前端的 Applet 以及一些移动设备中，但这并不等于 Java 的应用只限于这些领域。1998 年是 Java 开始迅猛发展的一年。在这一年中，SUN 发布了 JSP/Servlet、EJB 规范，并将 Java 分成了 J2EE（Java 2 Enterprise Edition）、J2SE（Java 2 Standard Edition）和 J2ME（Java 2 Mobile Edition）。

3. Java 的青少年时期（1998—2004 年）

到 1998 年，Java 已经走过了 3 个年头。从 JDK1.0 到 JDK1.1.8。JDK1.x 经过了 9 个小版本的发展，已经初具规模。至此，它已经走出了摇篮，可以去独闯世界了。

在 1998 年 12 月 4 日。SUN 发布了 Java 在历史上最重要的一个 JDK 版本——JDK1.2。这个版本标志着 Java 已经进入 Java2 时代。这个时期也是 Java 飞速发展的时期。

在 Java2 时代，SUN 对 Java 进行了很多革命性的变化，而这些革命性的变化一直沿用到现在，对 Java 的发展形成了深远的影响。JDK1.2 自从被分成了 J2EE、J2SE 和 J2ME 3 大块，得到了市场的强烈反响。Java2 除了上述的一些改进外，还增加了很多新的特性。其中最吸引眼球的当属 Swing 了。Swing 是 Java 的另一个图形库。它不但有各式各样先进的组件，而且连组件风格都可抽换。在 Swing 出现后，它很快就抢了 AWT 的风头。但 Swing 并不是为取代 AWT 而存在的，事实上 Swing 是建立在 AWT 之上的，就像 JFace 是建立在 SWT 之上一样。另外 Java2 还在多线程、集合类和非同步类上做了大量的改进。

从 JDK1.2 开始，SUN 以平均 2 年一个版本的速度推出新的 JDK。在 2000 年 5 月 8 日，SUN 对 JDK1.2 进行了重大升级，推出了 JDK1.3。

SUN 在 JDK1.3 中同样进行了大量的改进，主要表现在一些类库上（如数学运算、新的 Timer API 等）、在 JNDI 接口方面增加了一些 DNS 的支持、增加了 JNI 的支持，这使得 Java 可以访问本地资源了、支持 XML 以及使用新的 Hotspot 虚拟机代替了传统的虚拟机。

在 JDK1.3 时代，相应的应用程序服务器也得到了广泛的应用，如第一个稳定版本 Tomcat3.x，在这一时期得到了广泛的应用，WebLogic 等商业应用服务器也渐渐被接受。

转眼到了 2002 年。SUN 在这一年的 2 月 13 日发布了 JDK 历史上最为成熟的版本——JDK1.4。在进入 21 世纪以来，曾经在.NET 平台和 Java 平台之间发生了一次声势浩大的孰优孰劣的论战，Java 的主要问题就是性能。 因此，这次 SUN 将主要精力放到了 Java 的性能上。在 JDK1.4 中，SUN 对 Hotspot 虚拟机的锁机制进行改进，使 JDK1.4 的性能有了质的飞跃。同时由于 Compaq、Fujitsu、SAS、Symbian、IBM 等公司的参与，使 JDK1.4 成为发展最快的一个 JDK 版本。到 JDK1.4 为止，使用者已经可以使用 Java 实现大多数的应用了。

4. Java 的壮年时期（2004 年至今）

虽然从 JDK1.4 开始，Java 的性能有了显著的提高，但 Java 又面临着另一个问题，那就是复杂。虽然 Java 是纯面向对象语言，但它对一些高级的语言特性（如泛型、增强的 for 语句）并不支持。而且和 Java 相关的技术，如 EJB2.x，也由于它们的复杂而很少有人问津。也许是 SUN 意识到了这一点。因此，在 2004 年 10 月，SUN 发布了大家期待已久的版本——JDK1.5，同时，SUN 将 JDK1.5 改名为 J2SE5.0。和 JDK1.4 不同，JDK1.4 的主题是性能，而 J2SE5.0 的主题是易用。SUN 之所以将版本号 1.5 改为 5.0，就是预示着 J2SE5.0 较以前的 J2SE 版本有着很大的改变。

SUN 不仅为 J2SE5.0 增加了诸如泛型、增强的 for 语句、可变数目参数、注释（Annotations）、自动拆箱（unboxing）和装箱等功能，同时，也更新了企业级规范，如通过注释等新特性改善了 EJB 的复杂性，并推出了 EJB3.0 规范。同时又针对 JSP 的前端界面设计而推出了 JSF。这个 JSF 类似于 ASP.NET 的服务端控件，通过它，可以很快地建立起复杂的 JSP 界面。

2005 年 6 月，JavaOne 大会召开，SUN 公司公开 Java SE 6。此时，Java 的各种版本已经更名，以取消其中的数字“2”：J2EE 更名为 Java EE，J2SE 更名为 Java SE，J2ME 更名为 Java ME。 2009 年，Oracle 公司收购了 SUN 公司。2011 年 7 月，Oracle 发布 Java SE 7.0。

在 Java 发展的十几年时间里，经历了无数的风风雨雨。现在，Java 已经成为一种相当成熟的语言了。在这 10 年的发展中，Java 平台吸引了数百万的开发者，在网络计算遍及全球的今天，更是有 20 亿台设备使用了 Java 技术。

5. Java 的相关技术

（1）JDBC（Java Database Connectivity）提供连接各种关系数据库的统一接口，作为数据源，可以为多种关系数据库提供统一访问，它由一组用 Java 语言编写的类和接口组成。JDBC 为工具/数据库开发人员提供了一个标准的 API，据此可以构建更高级的工具和接口，使数据库开发人员能够用纯 Java API 编写数据库应用程序，同时，JDBC 也是个商标名。

（2）EJB（Enterprise JavaBeans）使得开发者方便地创建、部署和管理跨平台的基于组件的企业应用。

（3）Java RMI（Java Remote Method Invocation）用来开发分布式 Java 应用程序。一个 Java 对象的方法能被远程 Java 虚拟机调用。这样，远程方法激活可以发生在对等的两端，也可以发生在客户端和服务器之间，只要双方的应用程序都是用 Java 写的。

（4）Java IDL（Java Interface Definition Language）提供与 CORBA（Common Object Request Broker Architecture）无缝的互操作，这使得 Java 能集成异构的商务信息资源。

（5）JNDI（Java Naming and Directory Interface）是一组在 Java 应用中访问命名和目录服务的 API，提供 Java 平台之间的统一的无缝连接。这个接口屏蔽了企业网络所使用的各种命名和目录服务。

（6）JMAPI（Java Management API）为异构网络（异构网络是由不同制造商生产的计算机、网络设备和系统组成的，大部分情况下运行在不同的协议上支持不同的功能或应用）上系统、网络和服务管理的开发提供一整套丰富的对象和方法。

（7）JMS（Java Message Service）提供企业消息服务，如可靠的消息队列、发布和订阅通信、以及有关推拉（Push/Pull）技术的各个方面。

（8）JTS（Java transaction Service）提供存取事务处理资源的开放标准，这些事务处理资源包括事务处理应用程序、事务处理管理及监控。

（9）JMF（Java Media Framework API），可以帮助开发者把音频、视频和其他一些基于时间的媒体放到 Java 应用程序或 applet 小程序中去，为多媒体开发者提供了捕捉、回放、编解码等工具，是一个弹性的、跨平台的多媒体解决方案。

（10）Annotation（Java Annotation），在已经发布的 JDK1.5（tiger）中增加新的特色叫 Annotation。Annotation 提供一种机制，将程序的元素如：类、方法、属性、参数、本地变量、包和元数据联系起来。这样编译器可以将元数据存储在 Class 文件中。这样虚拟机和其他对象可以根据这些元数据来决定如何使用这些程序元素或改变它们的行为。

（11）JavaFX。JavaFX 技术使用户能利用 JavaFX 编程语言开发富互联网应用程序（RIA）。JavaFX Script 编程语言（以下称为 JavaFX）是 Sun 微系统公司开发的一种 declarative、staticallytyped（声明性的、静态类型）脚本语言。JavaFX 技术有着良好的前景，包括可以直接调用 Java API 的能力。因为 JavaFXScript 是静态类型，它同样具有结构化代码、重用性和封装性，如包、类、继承和单独编译和发布单元，这些特性使得使用 Java 技术创建和管理大型程序变为可能。

（12）JMX（Java Management Extensions，即 Java 管理扩展）是一个为应用程序、设备、系统等植入管理功能的框架。JMX 可以跨越一系列异构操作系统平台、系统体系结构和网络传输协议，灵活地开发无缝集成的系统、网络和服务管理应用。

（13）JPA（Java Persistence API），JPA 通过 JDK 5.0 注解或 XML 描述对象-关系表的映射关系，并将运行期的实体对象持久化到数据库中。

6. Java 的著名开源项目

（1）Spring Framework（Java 开源 J2EE 框架）

Spring 是一个解决了许多在 J2EE 开发中常见问题的强大框架。Spring 提供了管理业务对象的一致方法，并且鼓励了注入对接口编程而不是对类编程的良好习惯。Spring 的架构基础是基于使用 JavaBean 属性的 Inversion of Control 容器。然而，这仅仅是完整图景中的一部分：Spring 在使用 IoC 容器作为构建所有架构层的完整解决方案方面是独一无二的。Spring 提供了唯一的数据访问抽象，包括简单和有效率的 JDBC 框架，极大地改进了效率，并且减少了可能的错误。Spring 的数据访问架构还集成了 Hibernate 和其他 O/R mapping 解决方案。Spring 还提供了唯一的事务管理抽象，它能够集成各种底层事务管理技术，例如 JTA 或者 JDBC 事务，提供一个一致的编程模型。Spring 提供了一个用标准 Java 语言编写的 AOP 框架，它给 POJOs 提供了声明式的事务管理和其他企业事务——如果你需要——还能实现你自己的 aspects。这个框架足够强大，使得应用程序能够抛开 EJB 的复杂性，同时享受着和传统 EJB 相关的关键服务。Spring 还提供了可以和 IoC

容器集成的强大而灵活的 MVC Web 框架。

（2）WebWork（Java 开源 Web 框架）

WebWork 是由 OpenSymphony 组织开发的，致力于组件化和代码重用的拉出式 MVC 模式 J2EE Web 框架。WebWork 目前的最新版本是 2.1，现在的 WebWork2.x 前身是 Rickard Oberg 开发的 WebWork，但现在 WebWork 已经被拆分成了 Xwork1 和 WebWork2 两个项目。Xwork 简洁、灵活功能强大，它是一个标准的 Command 模式实现，并且完全从 web 层脱离出来。Xwork 提供了很多核心功能：前端拦截机（interceptor），运行时表单属性验证，类型转换，强大的表达式语言（OGNL-the Object Graph Notation Language），IoC（Inversion of Control 倒置控制）容器等。WebWork2 建立在 Xwork 之上，处理 HTTP 的响应和请求。WebWork2 使用 ServletDispatcher 将 HTTP 请求的变成 Action（业务层 Action 类）、session（会话）application（应用程序）范围的映射、request 请求参数映射。WebWork2 支持多视图表示，视图部分可以使用 JSP Velocity、FreeMarker、JasperReports、XML 等。在 WebWork2.2 中添加了对 AJAX 的支持，这支持是构建在 DWR 与 Dojo 这两个框架的基础之上。

（3）Struts（Java 开源 Web 框架）

Struts 是一个基于 Sun J2EE 平台的 MVC 框架，主要是采用 Servlet 和 JSP 技术来实现的。由于 Struts 能充分满足应用开发的需求，简单易用，敏捷迅速，在过去的一年中颇受关注。Struts 把 Servlet、JSP、自定义标签和信息资源（message resources）整合到一个统一的框架中，开发人员利用其进行开发时不用再自己编码实现全套 MVC 模式，极大地节省了时间，所以说 Struts 是一个非常不错的应用框架。

（4）Hibernate（Java 开源持久层框架）

Hibernate 是一个开放源代码的对象关系映射框架，它对 JDBC 进行了非常轻量级的对象封装，使得 Java 程序员可以随心所欲地使用对象编程思维来操纵数据库。Hibernate 可以应用在任何使用 JDBC 的场合，既可以在 Java 的客户端程序使用，也可以在 Servlet/JSP 的 Web 应用中使用。最具革命意义的是，Hibernate 可以在应用 EJB 的 J2EE 架构中取代 CMP，完成数据持久化的重任。

（5）Quartz（Java 开源 Job 调度）

Quartz 是 OpenSymphony 开源组织在 Job scheduling 领域的又一个开源项目，它可以与 J2EE 与 J2SE 应用程序相结合，也可以单独使用。Quartz 可以用来创建简单或为运行十个、百个，甚至是好几万个 Jobs 这样复杂的日程序表。Jobs 可以做成标准的 Java 组件或 EJBs。Quartz 的最新版本为 Quartz 1.5.0。

（6）Velocity（Java 开源模板引擎）

Velocity 是一个基于 Java 的模板引擎（template engine）。它允许任何人仅仅简单地使用模板语言（template language）来引用由 Java 代码定义的对象。当 Velocity 应用于 Web 开发时，界面设计人员可以和 Java 程序开发人员同步开发一个遵循 MVC 架构的 Web 站点。也就是说，页面设计人员可以只关注页面的显示效果，而由 Java 程序开发人员关注业务逻辑编码。Velocity 将 Java 代码从 Web 页面中分离出来，这样为 Web 站点的长期维护提供了便利，同时也为我们在 JSP 和 PHP 之外又提供了一种可选的方案。Velocity 的能力远不止 Web 站点开发这个领域，例如，它可以从模板（Template）产生 SQL 和 PostScript、XML，它也可以被当作一个独立工具来产生源代码和报告，或者作为其他系统的集成组件使用。Velocity 也可以为 Turbine Web 开发架构提供模板服务（Template Service）。Velocity+Turbine 提供一个模板服务的方式，允许一个 Web 应用以一个真正的 MVC 模型进行开发。

（7）iBatis（Java 开源持久层框架）

使用 iBatis 提供的 ORM 机制，对业务逻辑实现人员而言，面对的是纯粹的 Java 对象，这一层与通过 Hibernate 实现 ORM 而言基本一致，而对于具体的数据操作，Hibernate 会自动生成 SQL 语句，iBatis 则要求开发者编写具体的 SQL 语句。相对 Hibernate 等“全自动 ORM”机制而言，iBatis 以 SQL 开发的工作量和数据库移植性上的让步，为系统设计提供了更大的自由空间。作为“全自动”ORM 实现的一种有益补充，iBatis 的出现显得别具意义。

（8）Compiere ERP&CRM（Java 开源 ERP 与 CRM 系统）

Compiere ERP&CRM 为全球范围内的中小型企业提供综合型解决方案，覆盖从客户管理、供应链到财务管理的全部领域，支持多组织、多币种、多会计模式、多成本计算、多语种、多税制等国际化特性，易于安装，易于实施，易于使用。只需要短短几个小时，就可以使用申购-采购-发票-付款、报价-订单-发票-收款、产品与定价、资产管理、客户关系、供应商关系、员工关系、经营业绩分析等强大功能了。

（9）Roller Weblogger（Java 开源 Blog 博客）

这个 weblogging 设计得比较精巧，源代码是很好的学习资料。它支持 weblogging 应有的特性，如：评论功能、所见即所得 HTML 编辑、TrackBack、提供页面模板、RSS syndication、blogroll 管理和提供一个 XML-RPC 接口。

（10）Eclipse（Java 开源开发工具）

Eclipse 平台是 IBM 向开放源码社区捐赠的开发框架，它之所以出名，并不是因为 IBM 宣称投入开发的资金总数——4 千万美元，而是因为如此巨大的投入所带来的成果：一个成熟的、精心设计的、可扩展的体系结构。

（11）NetBeans（Java 开源开发工具）

NetBeans IDE 是一个为软件开发者提供的自由、开源的集成开发环境。用户可以从中获得他所需要的所有工具，用 Java、C/C++ 甚至是 Ruby 来创建专业的桌面应用程序、企业应用程序、Web 和移动应用程序。此 IDE 可以在多种平台上运行，包括 Windows、Linux、Mac OS X 以及 Solaris，它易于安装，且非常方便使用。

（12）XPlanner（Java 开源项目管理）

Xplanner 是一个基于 Web 的 XP 团队计划和跟踪工具。XP 独特的开发概念如 iteration、user stories 等，XPlanner 都提供了相对应的管理工具，XPlanner 支持 XP 开发流程，并解决利用 XP 思想来开发项目所碰到的问题。XPlanner 特点包括：简单的模型规划、虚拟笔记卡（Virtual note cards、iterations、user stories）与工作记录的追踪，未完成 stories 将自动迭代，工作时间追踪，生成团队效率，个人工时报表，SOAP 界面支持。

（13）HSQLDB（Java 开源 DBMS 数据库）

HSQLDB（Hypersonic SQL）是纯 Java 开发的关系型数据，并提供 JDBC 驱动存取数据。支持 ANSI-92 标准 SQL 语法。而且它占的空间很小，大约只有 160K，拥有快速的数据库引擎。

（14）Liferay（Java 开源 Portal 门户）

Liferay 代表了完整的 J2EE 应用，使用了 Web、EJB 以及 JMS 等技术，特别是其前台界面部分使用 Struts 框架技术，基于 XML 的 portlet 配置文件可以自由地动态扩展，使用了 Web Services 来支持一些远程信息的获取，使用 Apahce Lucene 实现全文检索功能。

（15）JetSpeed（Java 开源 Portal 门户）

Jetspeed 是一个开放源代码的企业信息门户（EIP）的实现，使用的技术是 Java 和 XML。用户可以使用浏览器，支持WAP协议的手机或者其他的设备访问Jetspeed架设的信息门户获取信息。Jetspeed 扮演着信息集中器的角色，它能够把信息集中起来，并且很容易地提供给用户。

（16）JOnAS（Java 开源 J2EE 服务器）

JOnAS 是一个开放源代码的 J2EE 实现，在 ObjectWeb 协会中开发，整合了 Tomcat 或 Jetty 成为它的 Web 容器，以确保符合 Servlet 2.3 和 JSP 1.2 规范。JOnAS 服务器依赖或实现以下的 Java API：JCA、JDBC、JTA 、JMS、JMX、JNDI、JAAS、JavaMail。

（17）JFox3.0（Java 开源 J2EE 服务器）

JFox 是 Open Source Java EE Application Server，致力于提供轻量级的 Java EE 应用服务器。从 3.0 开始，JFox 提供了一个支持模块化的 MVC 框架，以简化 EJB 以及 Web 应用的开发。

7. Java 的语言特性

在 Java 白皮书里提到了 Java 语言具有如下关键特性。

（1）Java 语言是简单的。Java 语言的语法与 C 语言和 C++语言很接近，使得大多数程序员很容易学习和使用 Java。另一方面，Java 丢弃了 C++ 中很少使用的、很难理解的、令人迷惑的那些特性，如操作符重载、多继承、自动的强制类型转换。特别地，Java 语言不使用指针，并提供了自动的废料收集，使得程序员不必为内存管理而担忧。

（2）Java 语言是面向对象的。Java 语言提供类、接口和继承等原语，为了简单起见，只支持类之间的单继承，但支持接口之间的多继承，并支持类与接口之间的实现机制（关键字为 Implements）。Java 语言全面支持动态绑定，而 C++ 语言只对虚函数使用动态绑定。总之，Java 语言是一个纯面向对象的程序设计语言。

（3）Java 语言是分布式的。Java 语言支持 Internet 应用的开发，在基本的 Java 应用编程接口中有一个网络应用编程接口（java net），它提供了用于网络应用编程的类库，包括 URL、URLConnection、Socket、ServerSocket 等。Java 的 RMI（远程方法激活）机制也是开发分布式应用的重要手段。

（4）Java 语言是健壮的。Java 的强类型机制、异常处理、废料自动收集等是 Java 程序健壮性的重要保证。对指针的丢弃是 Java 的明智选择。Java 的安全检查机制使得 Java 更具健壮性。

（5）Java 语言是安全的。Java 通常被用在网络环境中，为此，Java 提供了一个安全机制，以防恶意代码的攻击。除了 Java 语言具有的许多安全特性以外，Java 对通过网络下载的类具有一个安全防范机制（类 ClassLoader），如分配不同的名字空间以防替代本地的同名类、字节代码检查，并提供安全管理机制（类 SecurityManager）让 Java 应用设置安全哨兵。

（6）Java 语言体系结构是中立的。Java 程序（后缀为 java 的文件）在 Java 平台上被编译为体系结构中立的字节码格式（后缀为 class 的文件），然后可以在实现这个 Java 平台的任何系统中运行。这种途径适合于异构的网络环境和软件的分发。

（7）Java 语言是可移植的。这种可移植性来源于体系结构的中立性，另外，Java 还严格规定了各个基本数据类型的长度。Java 系统本身也具有很强的可移植性，Java 编译器是用 Java 实现的，Java 的运行环境是用 ANSI C 实现的。

（8）Java 语言是解释型的。如前所述，Java 程序在 Java 平台上被编译为字节码格式，然后可以在实现这个 Java 平台的任何系统中运行。在运行时，Java 平台中的 Java 解释器对这些字节码进行解释执行，执行过程中需要的类在连接阶段被载入到运行环境中。

（9）Java 是高性能的。与那些解释型的高级脚本语言相比，Java 的确是高性能的。事实上，Java 的运行速度随着 JIT（Just-In-Time）编译器技术的发展越来越接近于 C++。

（10）Java 语言是多线程的。在 Java 语言中，线程是一种特殊的对象，它必须由 Thread 类或其子（孙）类来创建。通常有两种方法来创建线程：其一，使用形式为 Thread（Runnable）的构造器将一个实现了 Runnable 接口的对象包装成一个线程；其二，从 Thread 类派生出子类并重写 run 方法，使用该子类创建的对象即为线程。值得注意的是，Thread 类已经实现了 Runnable 接口，因此，任何一个线程均有它的 run 方法，而 run 方法中包含了线程所要运行的代码。线程的活动由一组方法来控制。Java 语言支持多个线程的同时执行，并提供多线程之间的同步机制（关键字为 synchronized）。

（11）Java 语言是动态的。Java 语言的设计目标之一是适应于动态变化的环境。Java 程序需要的类能够动态地被载入到运行环境，也可以通过网络来载入所需要的类。这也有利于软件的升级。另外，Java 中的类有一个运行时的表示，能进行运行时的类型检查。

Java 语言的优良特性使得 Java 应用具有无比的健壮性和可靠性，这也减少了应用系统的维护费用。Java 对对象技术的全面支持和 Java 平台内嵌的 API 能缩短应用系统的开发时间并降低成本。Java 的“编译一次、到处可运行”的特性，使得它能够提供一个随处可用的开放结构和在多平台之间传递信息的低成本方式。

2.2　配置 Java 开发环境

在学习一门语言之前，首先需要把相应的开发环境搭建好。要编译和执行 Java 程序，JDK（Java Development Kit）是必备的，下面将具体介绍下载并安装 JDK 和配置环境变量的方法。

2.2.1　下载 JDK

JDK 可以在 Oracle 的官方网站（http://www.oracle.com/technetwork/java/index.html）中下载。下面以 JDK 6 Update 30（本书的示例代码在该版本中调试通过）为例，介绍 JDK 的下载，具体步骤如下。

（1）打开 IE 浏览器，在地址栏中输入 http://www.oracle.com/technetwork/java/index.html，并按下 Enter 键，进入到图 2.1 所示的页面。

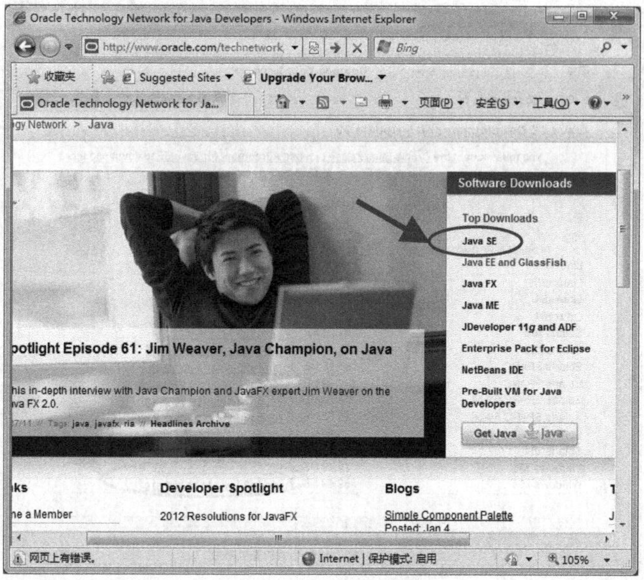

图 2.1　Java 主页面

（2）在图 2.1 所示页面右侧的 Software Downloads 栏目中，单击 Java SE 的下载页（图中红色标注的位置），在该页面中提供了最近发布的不同版本的 JDK 下载的超链接，如图 2.2 所示。

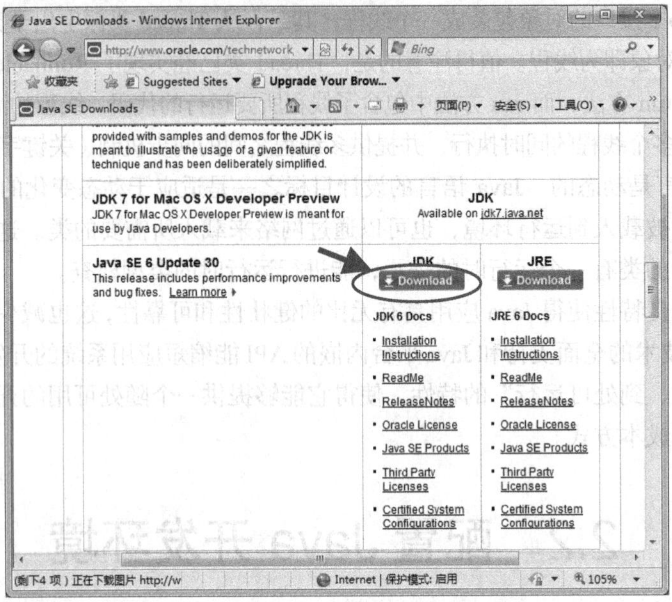

图 2.2　JDK 的下载页

从图 2.2 中可以看到，在 JDK 的下载页有两个选项提供下载，一个是 JDK，另一个是 JRE。在程序开发过程中，通常安装 JDK 的环境，而程序编译并打包发布之后，可以直接在 JRE 环境中运行，下面是 JDK 和 JRE 的区别。

① JRE 是 Java Runtime Environment，是 Java 程序的运行环境。

② JDK 是面向开发人员使用的 SDK，它提供了 Java 的开发环境和运行环境。SDK 是 Software Development Kit，一般指软件开发包，包括函数库、编译程序等。

（3）单击 JDK SE 6 Update 30 下面的 Downloads 按钮，将进入到下载页面，如图 2.3 所示。

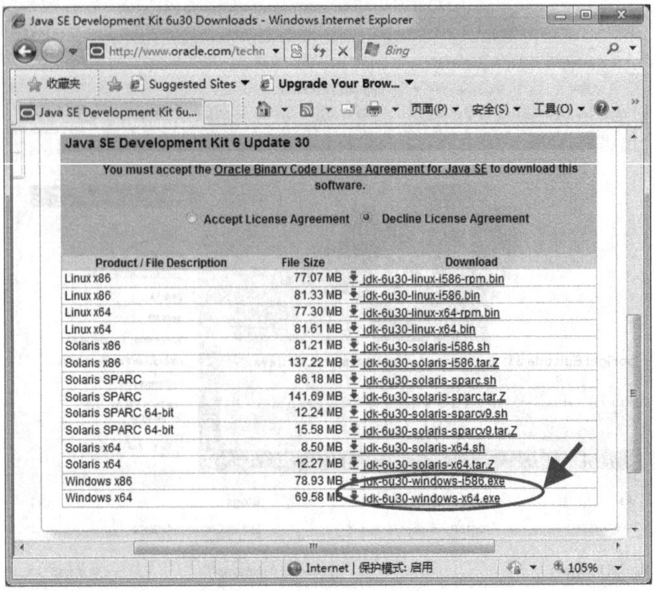

图 2.3　JDK 的下载中心

（4）进入 JDK 下载中心之后，页面会默认选择“Decline License Agreement”选项，如果此时单击图 2.3 中红色标注的“jdk-6u30-windows-i586.exe”超链接，则会弹出图 2.4 所示的警告。

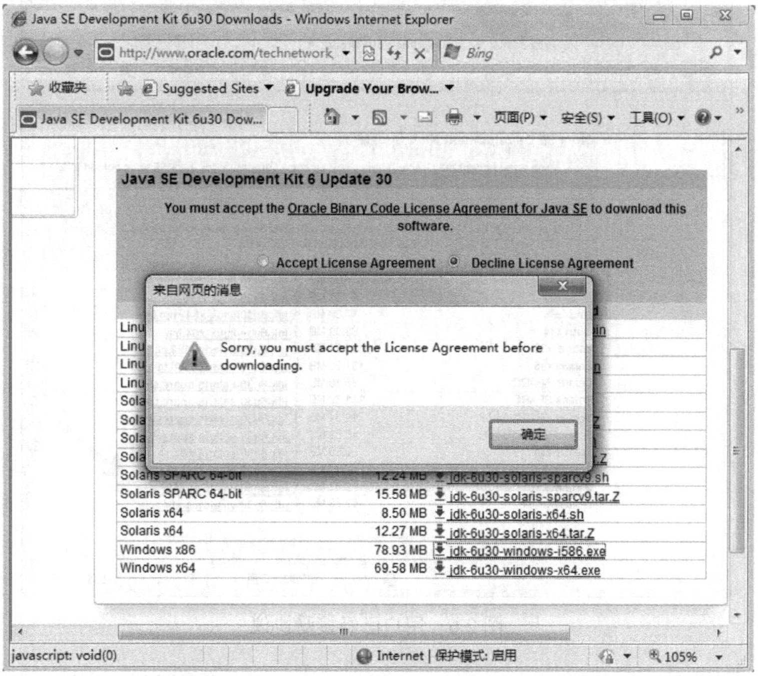

图 2.4 错误警告

（5）由于 JDK 是 Oracle 公司的产品，因此只有用户接受它的使用条款才可以下载。单击图 2.5 中所示标注。

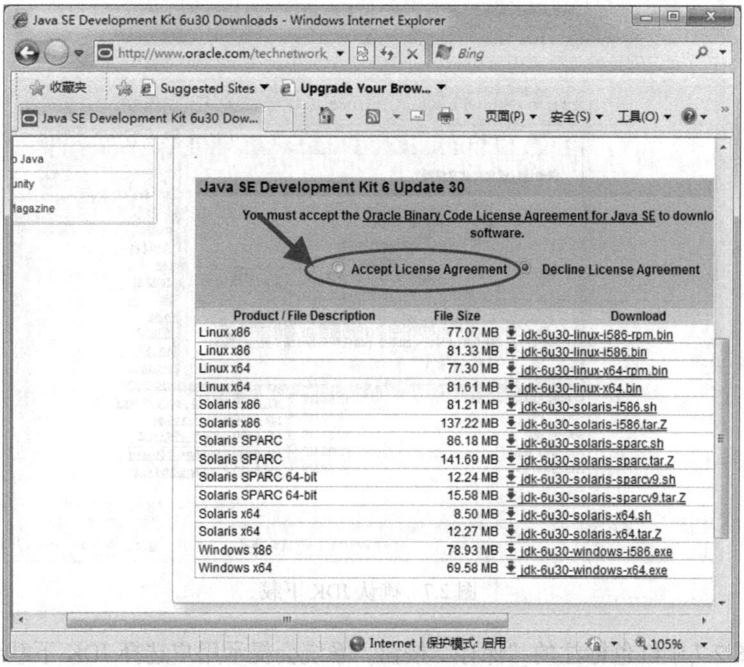

图 2.5 接受用户协议

（6）此时，页面会变为用户接受协议之后的画面，如图 2.6 所示。

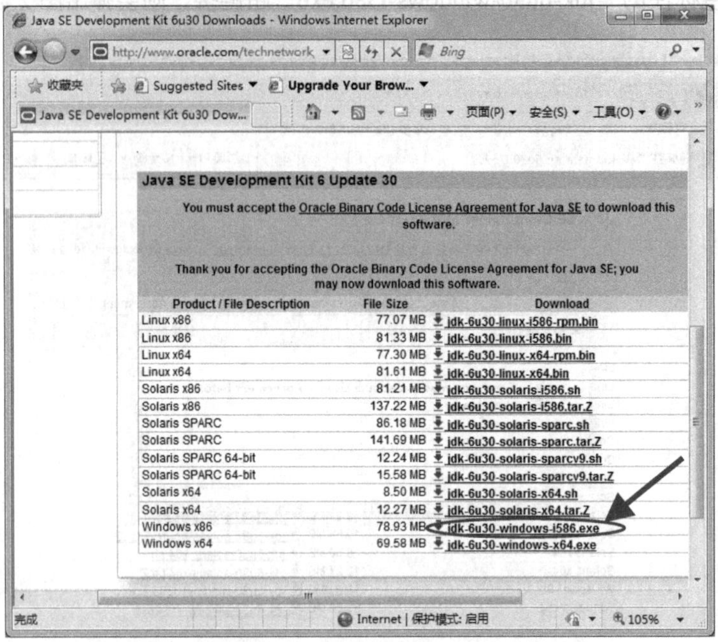

图 2.6 用户已经接受协议

（7）单击图 2.6 中红色标注的“jdk-6u30-windows-i586.exe”超链接，会出现图 2.7 的下载确认页面。

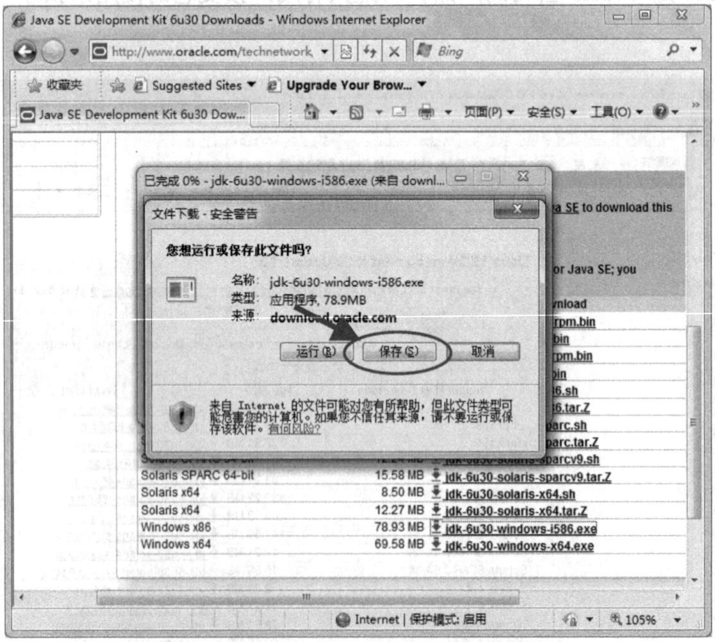

图 2.7 确认 JDK 下载

（8）单击图 2.7 中红色标注的“保存”按钮，系统会提示用户选择 JDK 下载到本地磁盘之后的保存路径，如图 2.8 所示。

（9）本书中以“D:\software”作为 JDK 本地保存的目录，用户可根据自己的需要下载到相应的本地路径下，然后单击图 2.8 中“保存”按钮，会弹出图 2.9 所示的下载过程。

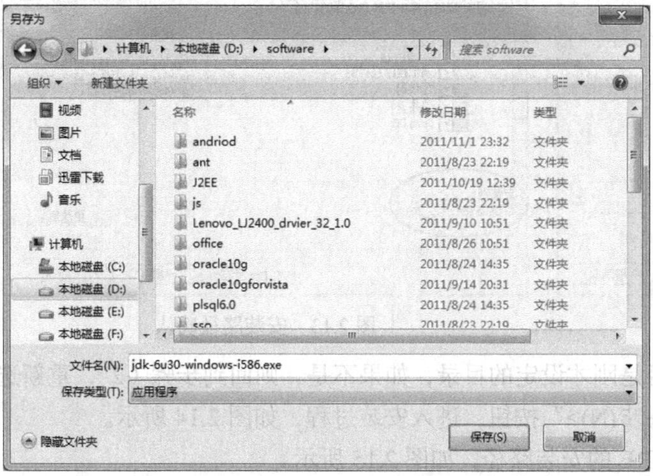

图 2.8　设置 JDK 本地保存路径

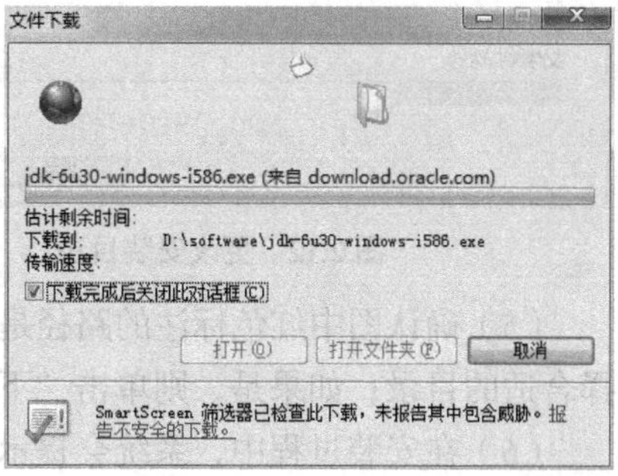

图 2.9　JDK 下载过程

此时，等待 JDK 下载完成即可。

2.2.2　安装 JDK

JDK 安装包（名称为“jdk-6u30-windows-i586.exe”）下载完毕后，就可以在需要编译和运行 Java 程序的机器中安装 JDK 了，具体安装步骤如下。

（1）关闭所有正在运行的程序，双击“jdk-6u30-windows-i586.exe”文件开始安装，如图 2.10 所示。

（2）单击“下一步(N) >”按钮，进入 JDK 安装目录对话框选择安装组件，如图 2.11 所示。

图 2.10　安装 JDK 界面

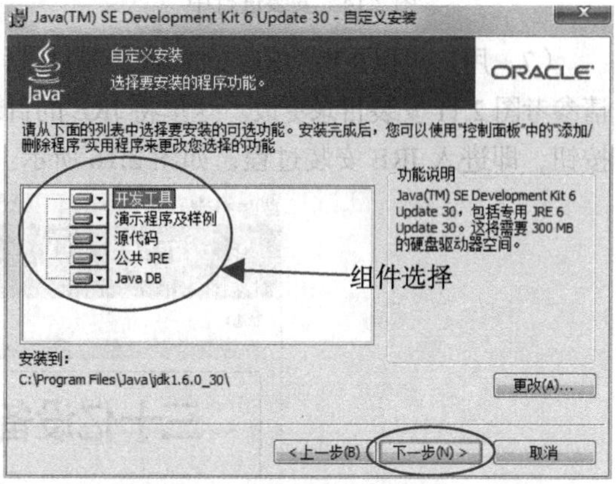

图 2.11　安装目录选择

（3）这里组件安装就按照系统默认选择即可，单击图中的“更改(A)”按钮，可以修改 JDK 的本地安装目录，例如将 JDK 安装到“C：\java\jdk1.6.0_30”目录下面，如图 2.12 所示。

（4）单击“确定”按钮之后，安装回到自定义目录界面，如图 2.13 所示。

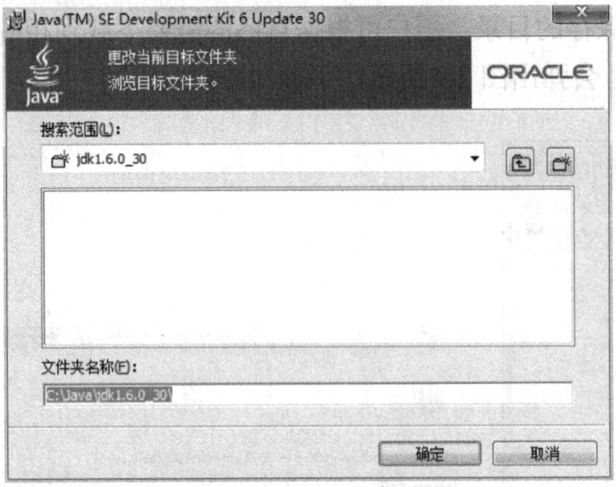

图 2.12　更改安装目录

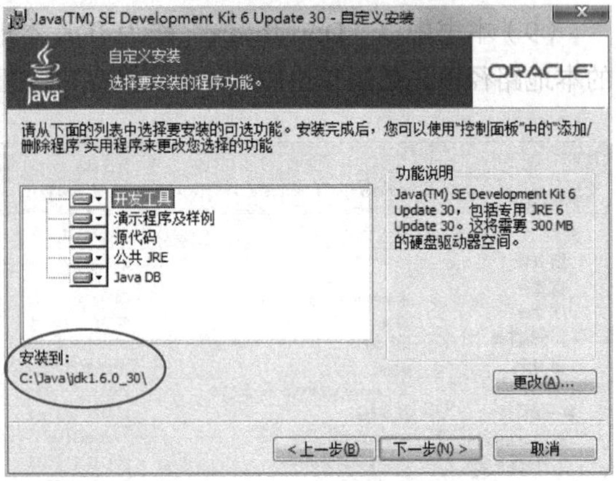

图 2.13　安装路径确认

（5）确认图中红色标注的路径是否是刚才设定的目录，如果不是，则回到步骤（2），重新选择合适的目录；如果是，则单击“下一步(N)>”按钮，进入安装过程，如图 2.14 所示。

（6）在安装过程中，系统会提示 JRE 的安装路径，如图 2.15 所示。

图 2.14　安装进行中

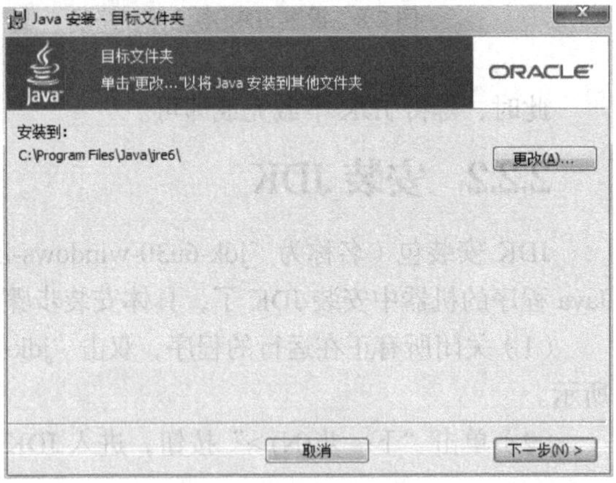

图 2.15　设置 JRE 安装路径

（7）用户可以更改 JRE 的默认安装目录，单击“更改(A)”按钮即进入目录选择，具体操作请参考图 2.11 安装目录更改。这里将 JRE 的目录设置为“C：\java\jre6”，然后单击“下一步(N)>”按钮，即进入 JRE 安装过程，如图 2.16 所示。

图 2.16　JRE 安装中

（8）等待 JRE 安装完成，最后系统会弹出安装成功的界面，如图 2.17 所示。

（9）到这一步之后，JDK 安装的过程就已经结束，单击“完成(F)”按钮即可。

JDK 安装成功之后，进入到“C:\Java\jdk1.6.0_30”目录下，目录结构如图 2.18 所示。

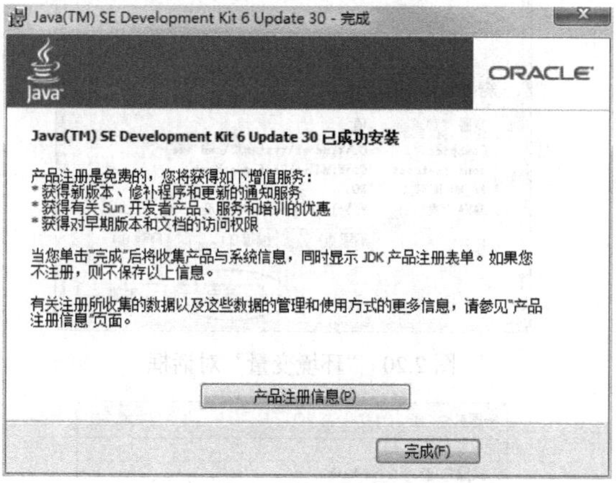

图 2.17　成功界面

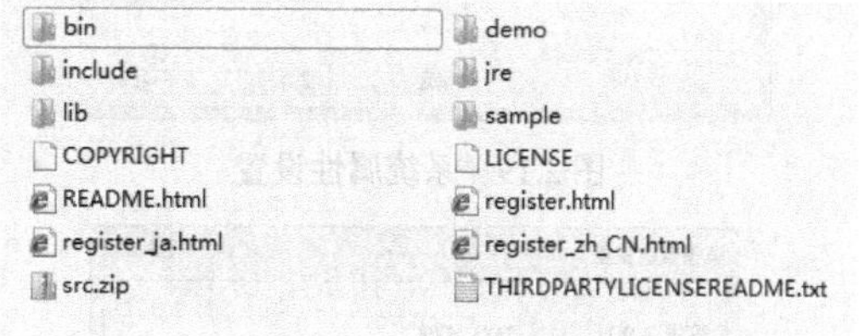

图 2.18　JDK 目录结构

下面是对 JDK 目录结构的简单介绍。

① bin：包含一些可执行的程序，包括编译器和一些工具。

② demo：一些 Java 的演示程序。

③ include：用于本地方法调用的文件。

④ jre：包含 Java 运行时的环境文件。

⑤ lib：包含 Java 的类库文件。

⑥ src.zip：类库源文件压缩文件。

2.2.3　Windows 系统下配置和测试 JDK

1. 配置 JDK 环境

安装完 JDK 后，需要设置环境变量及测试 JDK 配置是否成功，具体步骤如下。

（1）在“我的电脑”上单击鼠标右键，在弹出的菜单中选择“属性”选项。在打开的“系统特性”对话框中选择“高级”选项卡，如图 2.19 所示。

（2）单击“环境变量”按钮，打开“环境变量”对话框。在这里可以添加针对单个用户的“用户变量”和针对所有用户的“系统变量”，如图 2.20 所示。

（3）单击“系统变量”区域中的“新建”按钮，将弹出如图 2.21 所示的“新建系统变量”对话框。

（4）在“变量名”文本框中输入“JAVA_HOME”，在“变量值”文本框中输入 JDK 的安装路径“C:\Java\jdk1.6.0_30”，单击“确定”按钮，完成环境变量 JAVA_HOME 的配置。这里需要注意的是，配置的是 JDK 的安装目录，不是 JRE 的安装目录。

（5）在“系统变量”中查看“Path”变量，如果不存在，则新建变量 PATH，如图 2.22 所示。

如果存在 Path 变量，则选中该变量，单击“编辑”按钮，将打开“编辑系统变量”对话框，在该对话框的“变量值”文本框的起始位置添加内容“%JAVA_HOME%\bin;”，添加过程如图 2.23 所示。

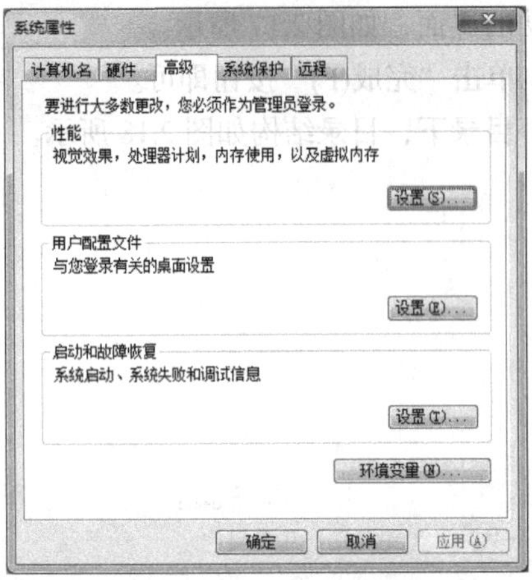

图 2.19　系统属性设置

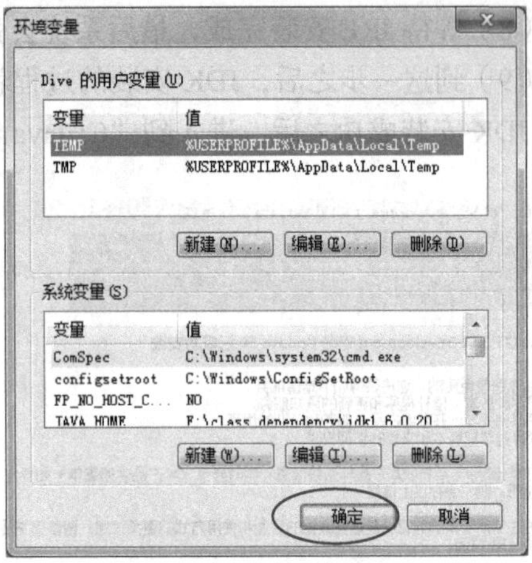

图 2.20　“环境变量”对话框

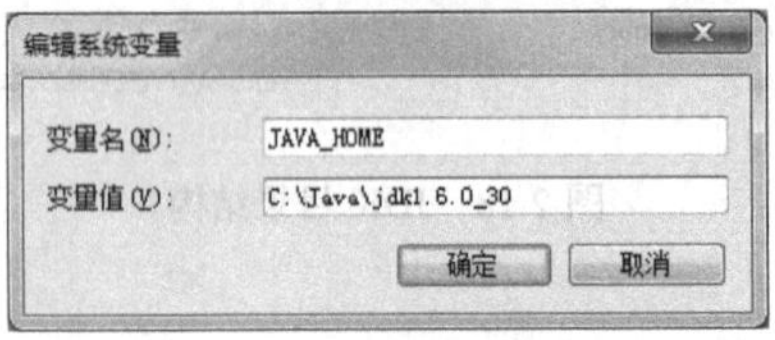

图 2.21　新建系统变量

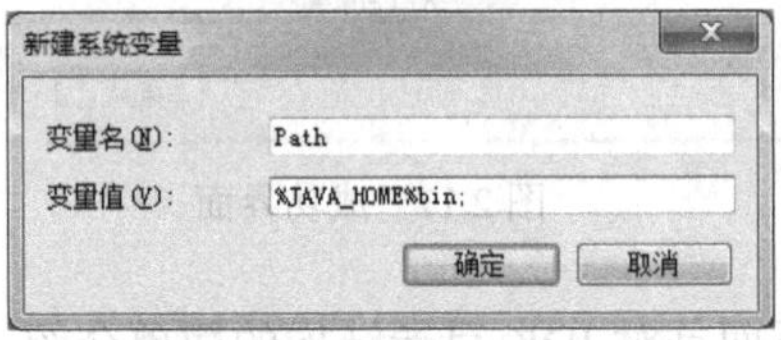

图 2.22　新建 Path 变量

（6）单击“确定”按钮返回到“环境变量”对话框。在“系统变量”中查看“CLASSPATH”变量，如果不存在，则新建变量“CLASSPATH”，变量的值为“;%JAVA_HOME%\lib\dt.jar;%JAVA_HOME%\lib\tools.jar”，添加界面如图 2.24 所示。

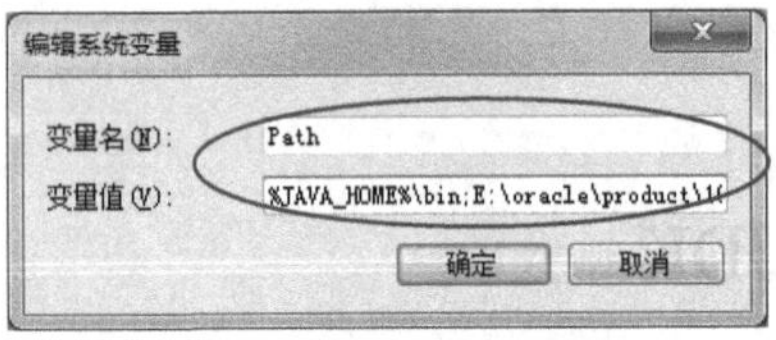

图 2.23　编辑 Path 变量

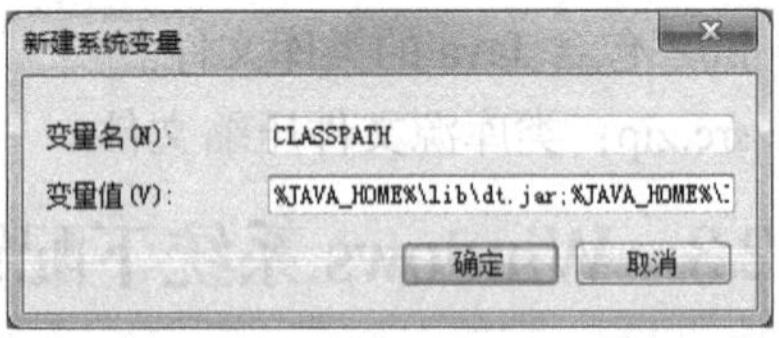

图 2.24　添加 CLASSPATH 环境变量

2. 测试 JDK 是否配置成功

JDK 程序的安装和配置完成后，可以测试 JDK 是否能在机器上运行。

（1）选择“开始/运行”命令，在打开的“运行”窗口中输入“cmd”命令，将进入到控制台环境中，如图 2.25 所示。

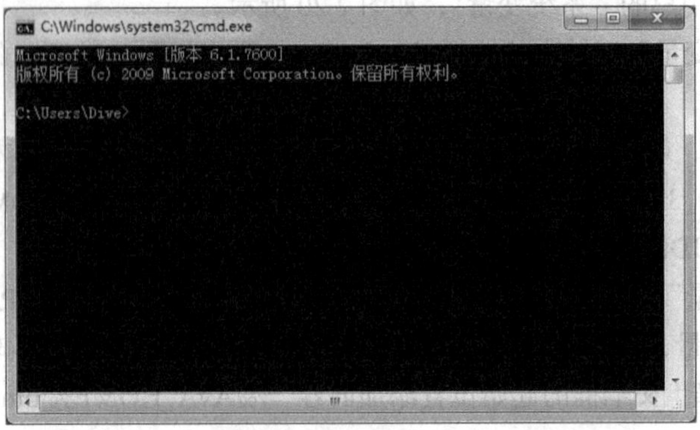

图 2.25　系统控制台

（2）在命令提示符后面直接输入“javac”，按下“Enter”键，系统会输出 javac 的帮助信息，如图 2.26 所示。如果 javac 输出相关的命令信息，说明已经成功配置了 JDK，否则需要仔细检查上面步骤的配置是否正确。

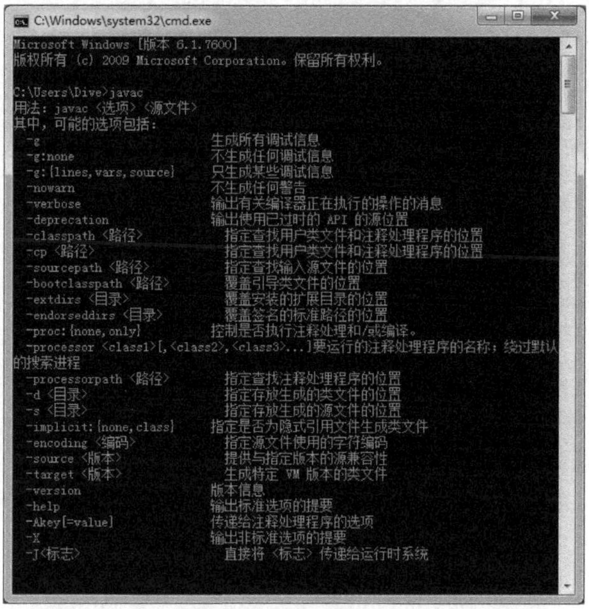

图 2.26　测试 JDK 安装配置是否成功

JDK 安装完成之后，就可以进行 Java 程序的开发，下面来看看开发 Java 程序需要经历的 4 个阶段。

（1）编写源代码程序。

（2）编译源代码程序为目标代码程序。

（3）在 Java 虚拟机中运行目标代码程序。

（4）查看程序运行结果。

图 2.27 展示了 Java 程序开发的过程。

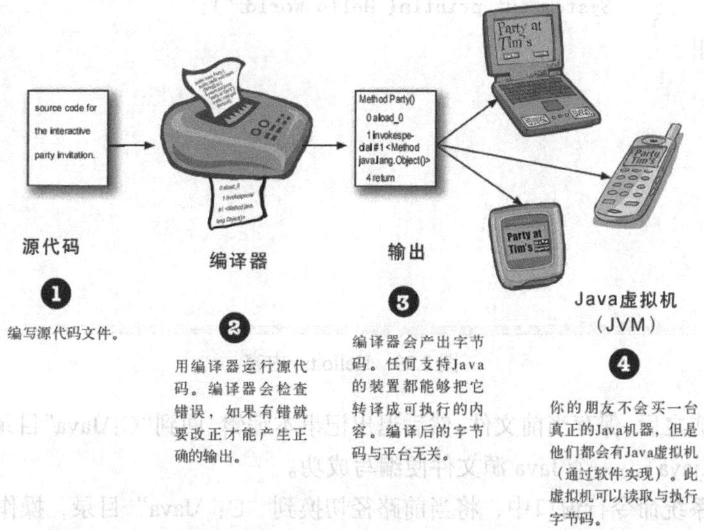

图 2.27　Java 程序开发步骤

3. JDK 常用命令介绍

下面简单介绍几个 Java 中常用的命令，命令位于“C:\Java\jdk1.6.0_30\bin”目录下，所有的命令都是以.exe 可执行文件类型存在，如图 2.28 所示。

图 2.28 Java 命令

（1）javac.exe

javac 是用来编译 Java 源文件为目标文件（字节码文件）的一个命令。在 Java 中，源文件必须以.java 为后缀名，经过 javac 命令编译之后，生成.class 后缀名的目标文件，然后目标文件被 Java 虚拟机执行。

这里先编写一个简单的 java 源文件，在“C：\Java”目录下新建一个文本文件“Hello.txt”，使用记事本打开 Hello.txt 进行编辑，输入如图 2.29 所示的内容。

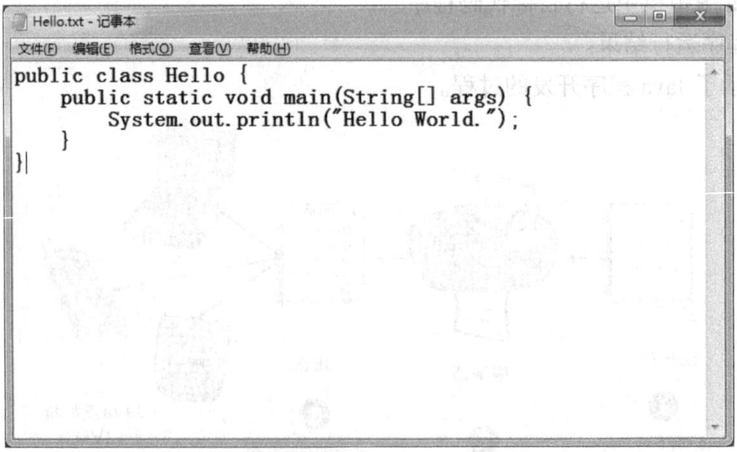

图 2.29 Hello.txt 内容

内容输入完成之后，保存当前文件。然后退出记事本编辑，回到“C：\Java”目录下，将“Hello.txt”重命名为“Hello.java”，一个 Java 源文件便编写成功。

然后进入到系统命令行窗口中，将当前路径切换到“C：\Java”目录，操作如图 2.30 所示。

然后使用 javac 命令编译 Hello.java 源文件，如图 2.31 所示。

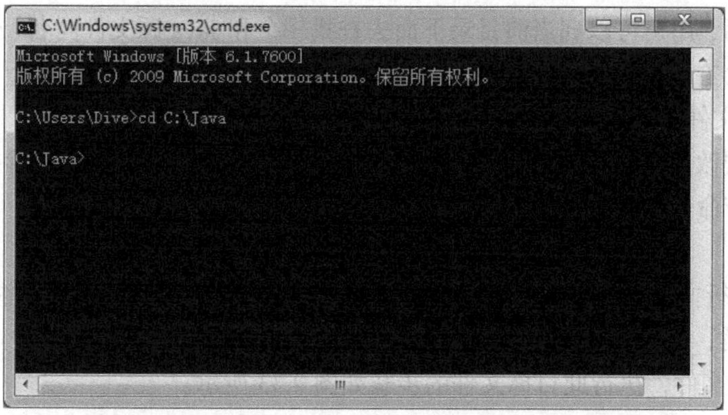

图 2.30　命令行下切换目录

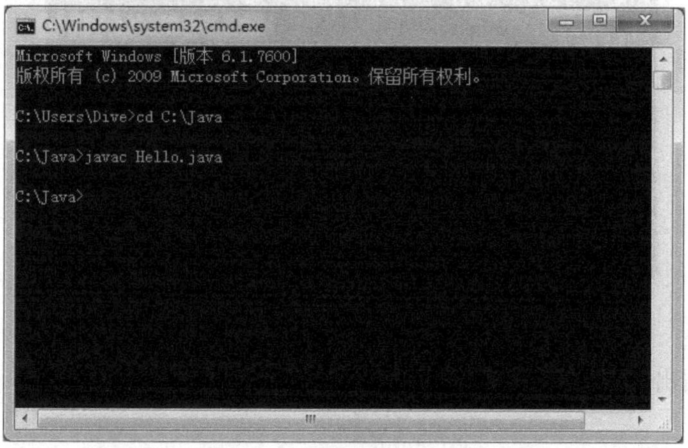

图 2.31　命令行切换目录

当文件编译成功之后，会新出来一行接受用户输入命令的提示。如果编译过程出现错误，如 Java 源文件不存在或者源文件代码有问题，系统就输出相应的错误信息。一个 Java 源文件不存在的错误信息如图 2.32 所示。

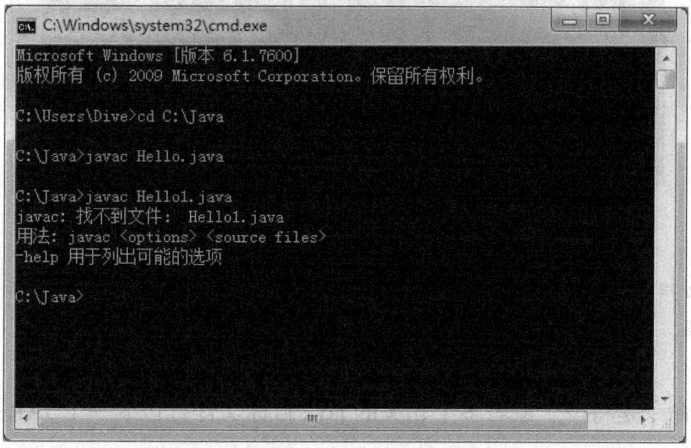

图 2.32　错误信息提示

编译成功之后，用户可以到当前目录下面去查找一个和 Java 源文件同名、但后缀名不同的文件，例如这里便会在“C：\Java”目录下生成一个名为“Hello.class”的文件，这个.class 文件就是 Java 中的目标文件。到此，用 javac 来编译源文件的工作就完成了。

如果用户需要改变 Java 目标文件的生成位置，或者想了解 javac 其他带参数的功能，请参考图 2.27 中 javac 带命令的参数说明。

（2）java.exe

java.exe 可执行文件用来执行 Java 目标代码，产生输出结果。Java 通过虚拟机来装载和执行已经编译完成的类，通过 java 命令来执行后缀为.class 的目标代码文件。在（1）中已经产生了 Hello.class 的目标文件，执行此目标文件的步骤如图 2.33 所示。

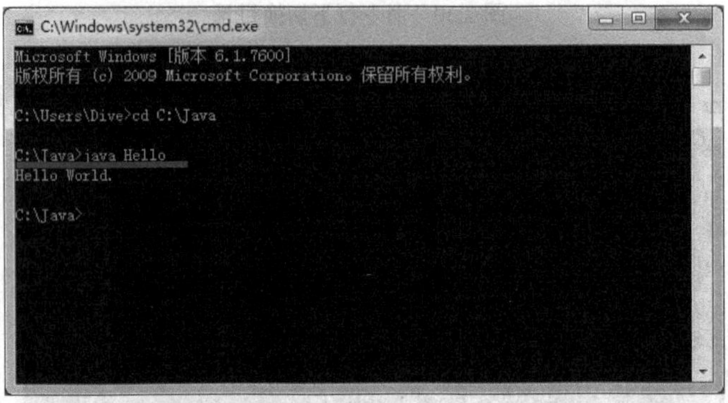

图 2.33　执行.class 文件

从图中可以看出，在使用 java 命令执行目标代码时的通用格式如下。

```
java 文件名
```

在运行目标文件时，Java 虚拟机根据“文件名+.class”的搜索规则去查找目标文件，所以图中的“java Hello”所执行的目标文件是“Hello.class”。同时在命令执行完之后，输出了“Hello World”的结果，这个就是该程序执行的输出结果。

如果用户想查看当前 JDK 的版本，可以使用“java -version”命令来获得，如图 2.34 所示。

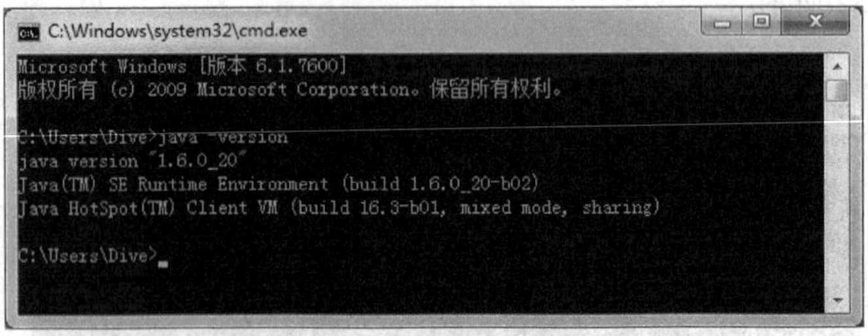

图 2.34　获取 JDK 版本

想获得更多的 java 命令带参数的使用说明，可以直接输入“java”，系统会在命令窗口中把所有的参数罗列出来，如图 2.35 所示。

（3）jar.exe

JDK 中的 jar 命令是将一个或者多个相关的 java 目标文件打包成一个 JAR 包或者 ZIP 包格式的压缩文件。

JAR 全称 Java Archive File，是 Java 的一种文档格式。JAR 文件非常类似 ZIP 文件，一般来讲，它就是 ZIP 文件的形式，所以通常称为 JAR 文件包。JAR 文件与 ZIP 文件的不同之处在于，JAR 文件的内容中包含了一个“META-INF/MANIFEST.MF”文件（该文件描述了 JAR 文件包的信息），这个文件是在生成 JAR 文件的时候自动创建的。

现在将前面的 Hello.class 制作成一个 JAR 包，打包过程如图 2.36 所示。

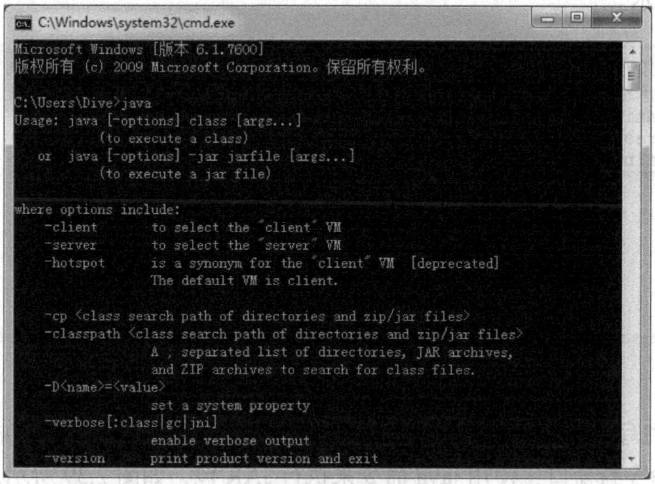

图 2.35　java 命令帮助

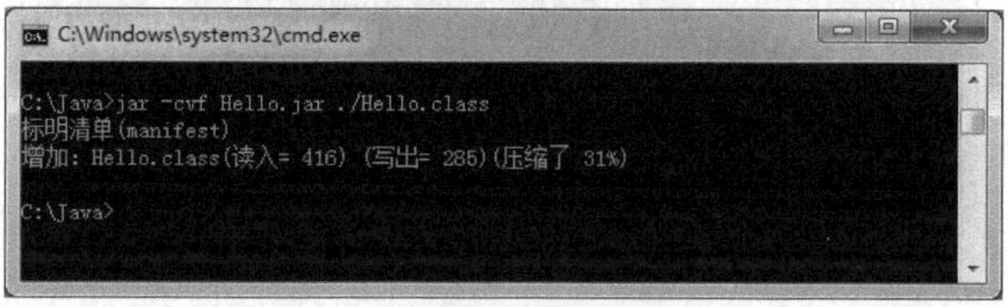

图 2.36　打包.class 文件

图中使用了“-cvf”参数，具体含义用户可通过直接输入 jar 命令来获得；然后后面跟的“Hello.jar”代表生成的 JAR 文件名称和位置，当前是指定到当前目录生成 JAR 文件，这里用户可以指定 JAR 文件到其他目录下；最后的“./Hello.class”指定哪些目标文件需要被打进 JAR 包中。注意命令参数间是通过空格（“ ”）来界定的，所以在指定目标文件的时候，名称里面一定不要带空格。

上面打包过程已经生成了一个 JAR 包，可以通过 jar 命令来查看 JAR 文件的目录结构，如图 2.37 所示。

图 2.37　查看 JAR 包内容

从图中可以看出，在生成 JAR 包的时候，自动生成了“META-INF/MANIFEST.MF”这个文件。生成的 JAR 包可以像 ZIP 一样进行解压操作，同时可以使用 java 命令来执行 JAR 包中的目标文件。

① 使用解压缩软件打开 Hello.jar，然后进入到 META-INF 目录下，将 MANIFEST.MF 文件打开编辑，添加“Main-Class: Hello”到文件中然后保存，Main-Class 用来指定 JAR 文件可执行的入口，如图 2.38 所示。

图 2.38 修改 MANIFEST.MF

图中 Hello 的书写规则跟使用 java 命令来执行目标文件时一致，切记写成“Hello.class”。

② 通过系统命令行窗口，使用 java 命令来执行 JAR 包，如图 2.39 所示。

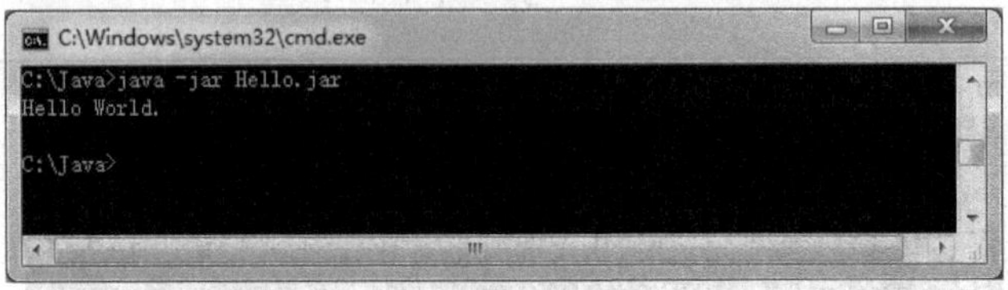

图 2.39 执行 JAR 文件

（4）javadoc.exe

javadoc.exe 是 JDK 根据 Java 源码及说明语句来生成 HTML 文档的命令，最常用的 JDK 使用文档就是通过 javadoc 命令来生成的。

修改前面的 Hello.java 源文件，给程序添加一些注释，使用记事本直接打开即可，如图 2.40 所示进行修改并保存。

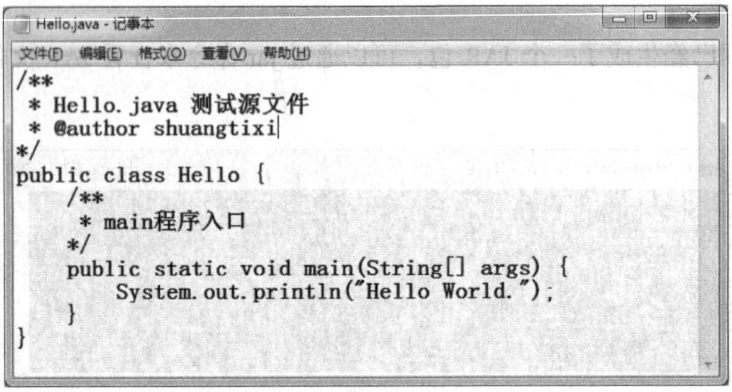

图 2.40 修改 Hello.java

修改完成之后，使用 javadoc 命令来生成对源文件的说明文档，如图 2.41 所示。

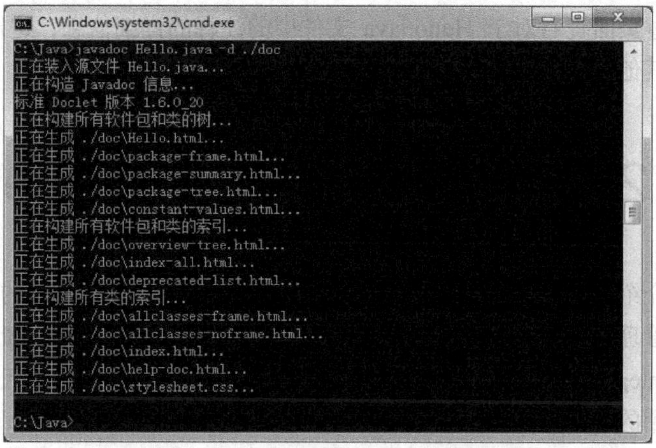

图 2.41　生成 html 文档

命令执行完成之后，到“C:\Java\doc”目录下面就可以看到所有的生成文件，如图 2.42 所示。

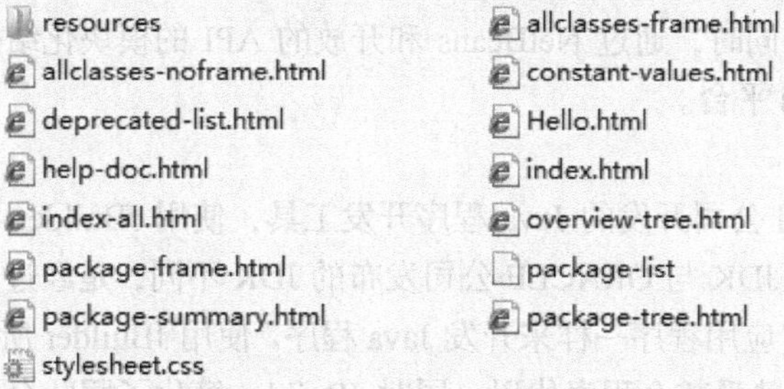

图 2.42　生成的文档目录

打开图中的 index.html，就可以看到生成的 html 文档内容，如图 2.43 所示。

图 2.43　html 内容

用户就可以通过页面查看对于 Hello.java 文件中的注释的详细信息，这样就可以很方便地将编写的程序功能供其他使用者查看、理解及使用。

2.3 Java 开发工具 Eclipse

通过前面一节介绍的利用 JDK 自带的命令来编写程序显然是比较麻烦的，特别是当源程序很多的时候更不容易管理，当程序中有错误的时候，也不能得到及时的编译反馈，由此各种用来 Java 程序开发的 IDE（Integrated Development Environment）集成开发环境工具产生了。

下面是几个常用的 Java 程序开发工具。

（1）NetBeans

NetBeans 是开放源码的 Java 集成开发环境，适用于各种客户机和 Web 应用。NetBeans 是业界第一款支持创新型 Java 开发的开放源码 IDE。开发人员可以利用业界强大的开发工具来构建桌面、Web 或移动应用。同时，通过 NetBeans 和开放的 API 的模块化结构，第三方能够非常轻松地扩展或集成 NetBeans 平台。

（2）JBuilder

JBuilder 是 Borland 公司开发的 Java 程序开发工具，使用 JBuilder 可以快速有效地开发各种 Java 应用，它所基于的 JDK 与 ORACLE 公司发布的 JDK 不同，是经过了修改之后，以方便开发人员能够像开发 Delphi 应用程序一样来开发 Java 程序。使用 JBuilder 所写的程序清晰，即使是初学者，也可以很轻松地熟悉整个程序代码。同时 JBuilder 简化了团队合作，它所使用的互联网工作室技术使不同地区、甚至不同国家的人联合开发一个项目成为了可能。JBuilder 同时对计算机的硬件要求也较高，特别消耗内存，会使程序运行速度变慢。

（3）JDeveloper

JDeveloper 是 Oracle 公司为构建具有 J2EE 功能、XML 和 Web Services 的复杂的、多层的 Java 应用程序提供了一个完全集成的开发环境。它能够为运用 Oracle 数据库和应用服务器的开发人员提供特殊功能和增强数据库的性能。JDeveloper 既是一个好的 Java 开发工具，又是 ORaCAL Web 服务的延伸，支持 Apache SOAP（Simple Object Access Protocol，简单对象访问协议），以及 9i AS 的可扩充环境，与 XML 和 WSDL 语言紧密相关。对于初学者而言，JDeveloper 比较复杂，同时上手也比较难。

（4）Eclipse

Eclipse 是一个成熟的可扩展的 Java 开发工具。它的平台体系结构是在插件概念的基础上构建的，插件是 Eclipse 平台最具特色的特征之一，也是区别于其他 Java 开发工具的特征之一，通过扩展 Eclipse，可以实现 Java Web 开发、J2ME 程序开发，甚至可以作为其他语言的开发工具，比如 PHP、C++等。

本书的 Java 程序都是基于 Eclipse 开发工具，所以下面重点介绍 Eclipse。

2.3.1 Eclipse 简介

Eclipse 是一个开放源代码的、基于 Java 的可扩展开发平台。就其本身而言，它只是一个框架和一组服务，用于通过插件组件构建开发环境。幸运的是，Eclipse 附带了一个标准的插件集，包括 Java 开发工具（Java Development Tools，JDT）。

Eclipse 最初是由 IBM 公司开发的替代商业软件 Visual Age for Java 的下一代 IDE 开发环境，2001 年 11 月贡献给开源社区，现在它由非营利软件供应商联盟 Eclipse 基金会（Eclipse Foundation）管理。2003 年，Eclipse 3.0 选择 OSGi 服务平台规范为运行时架构。 2007 年 6 月，稳定版 3.3 发布。2008 年 6 月发布代号为 Ganymede 的 3.4 版。

Eclipse 是著名的跨平台的自由集成开发环境（IDE）。最初主要用来 Java 语言开发，但是目前亦有人通过插件使其作为其他计算机语言比如 C++和 Python 的开发工具。Eclipse 本身只是一个框架平台，但是众多插件的支持使得 Eclipse 拥有其他功能相对固定的 IDE 软件很难具有的灵活性。许多软件开发商以 Eclipse 为框架开发自己的 IDE。

Eclipse 最初由 OTI 和 IBM 两家公司的 IDE 产品开发组创建，起始于 1999 年 4 月。IBM 提供了最初的 Eclipse 代码基础，包括 Platform、JDT 和 PDE。目前由 IBM 牵头，围绕着 Eclipse 项目已经发展成为了一个庞大的 Eclipse 联盟，有 150 多家软件公司参与到 Eclipse 项目中，其中包括 Borland、Rational Software、Red Hat 及 Sybase 等。Eclipse 是一个开发源码项目，它其实是 Visual Age for Java 的替代品，其界面跟先前的 Visual Age for Java 差不多，但由于其开放源码，任何人都可以免费得到，并可以在此基础上开发各自的插件，因此越来越受人们关注。近期还有包括 Oracle 在内的许多大公司也纷纷加入了该项目，并宣称 Eclipse 将来能成为可进行任何语言开发的 IDE 集大成者，使用者只需下载各种语言的插件即可。

虽然大多数用户很乐于将 Eclipse 当作 Java IDE 来使用，但 Eclipse 的目标不仅限于此。Eclipse 还包括插件开发环境（Plug-in Development Environment，PDE），这个组件主要针对希望扩展 Eclipse 的软件开发人员，因为它允许他们构建与 Eclipse 环境无缝集成的工具。由于 Eclipse 中的每样东西都是插件，对于给 Eclipse 提供插件，以及给用户提供一致和统一的集成开发环境而言，所有工具开发人员都具有同等的发挥场所。

基于 Eclipse 的应用程序的突出例子是 IBM 的 WebSphere Studio Workbench，它构成了 IBM Java 开发工具系列的基础。例如，WebSphere Studio Application Developer 添加了对 JSP、servlet、EJB、XML、Web 服务和数据库访问的支持。

Eclipse 是一个开放源代码的软件开发项目，专注于为高度集成的工具开发提供一个全功能的、具有商业品质的工业平台。它主要由 Eclipse 项目、Eclipse 工具项目和 Eclipse 技术项目 3 个项目组成，具体包括 4 个组成部分——Eclipse Platform、JDT、CDT 和 PDE。JDT 支持 Java 开发、CDT 支持 C 开发、PDE 用来支持插件开发，Eclipse Platform 则是一个开放的可扩展 IDE，提供了一个通用的开发平台。它提供建造块和构造并运行集成软件开发工具的基础。Eclipse Platform 允许工具建造者独立开发与他人工具无缝集成的工具，从而无需分辨一个工具功能在哪里结束，而另一个工具功能在哪里开始。

2.3.2 Eclipse 的安装与启动

1. 下载安装 Eclipse

安装 Eclipse 前需要安装 JDK，关于 JDK 的安装和配置，参见 2.2 节中的内容。从 Eclipse 的官方网站（http://www.eclipse.org/）下载最新版本的 Eclipse。本书中使用的 Eclipse 版本为 3.7.1。具体步骤如下。

（1）打开 IE 浏览器，在地址栏中输入“http://www.eclipse.org/”，单击回车键，Eclispe 官方网站如图 2.44 所示。

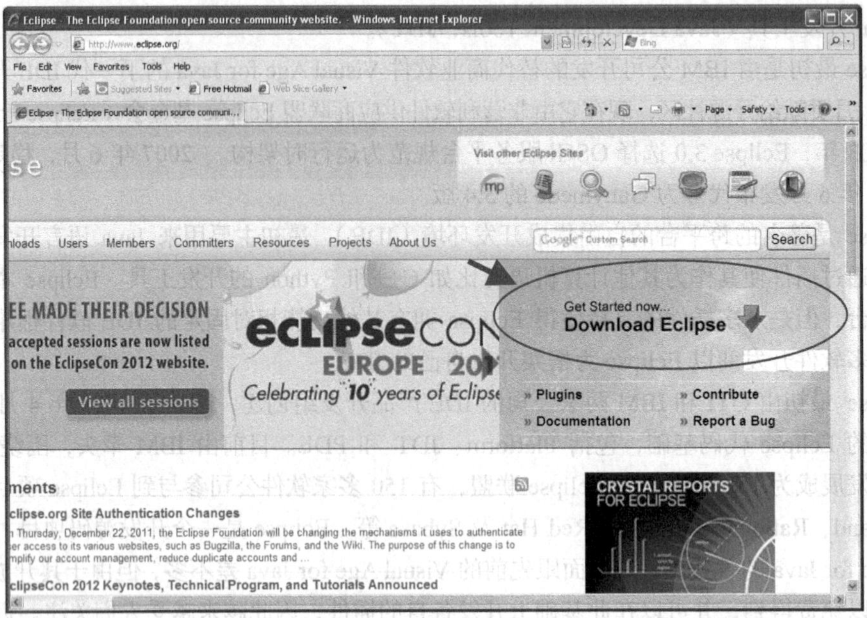

图 2.44　eclipse 官方网站

（2）单击上图中红色箭头标注位置的“Download Eclipse”按钮，进入图 2.45 所示的 eclipse 版本选择下载页面。

图 2.45　eclipse 版本选择页面

（3）单击上图中红色箭头标注位置的“Windows 32 Bit”超链接（可根据自己电脑系统版本选择适合的版本，如果是 64 位的系统，那么就单击“Windows 64 Bit”超链接），将进入下载镜像地址，如图 2.46 所示。

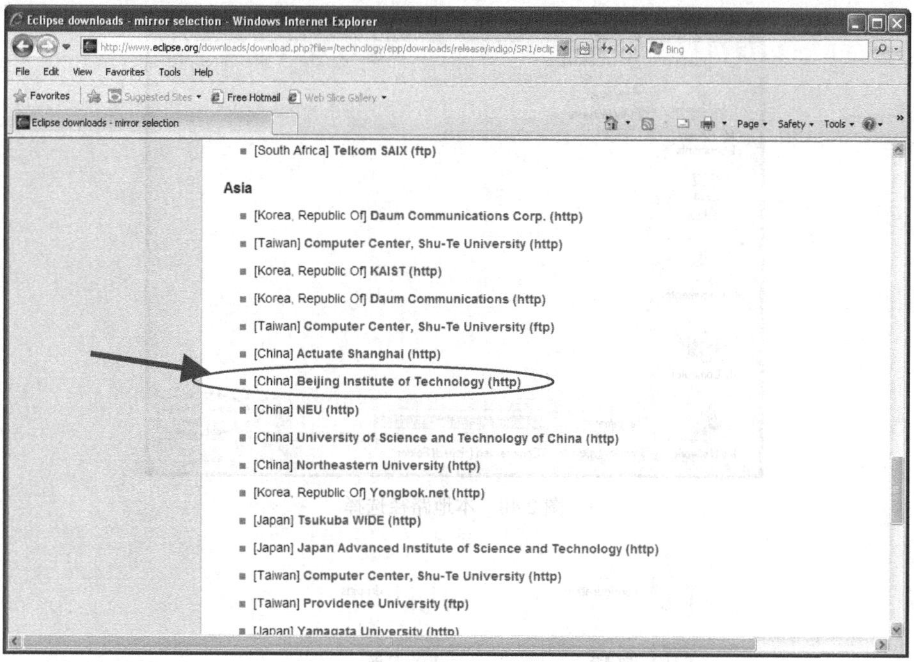

图 2.46　选择镜像下载地址

（4）单击上图 2.46 所示中红色箭头标注位置的“[China]Beijing Institute of Technology（http）”超链接（选择一个离自己最近的镜像地址进行下载），网页将弹出下载提示框，如图 2.47 所示。

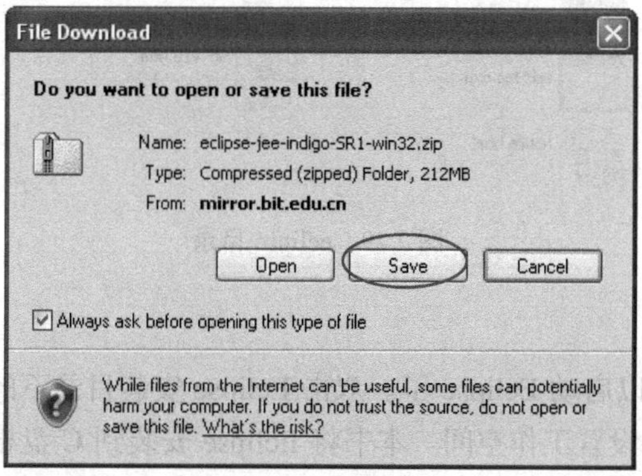

图 2.47　下载提示框

（5）单击图 2.47 所示中的“Save”按钮，将弹出选择一个本地路径进行保存的提示框，如图 2.48 所示。

本地路径选择好之后，单击图中的“Save”按钮即可，这时候就等待 Eclipse 全部下载到本地磁盘上面。

（6）安装 Eclipse

Eclipse 下载到本地之后是一个 zip 格式的压缩包，直接解压到本地路径即可，不需要其他的安装步骤。Eclipse 解压之后的文件目录如图 2.49 所示。

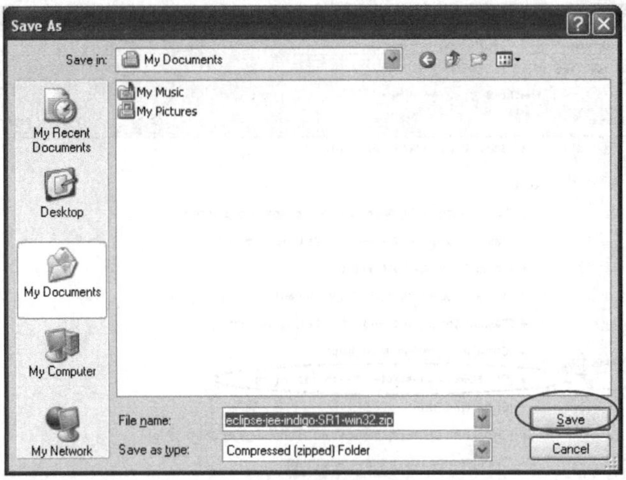

图 2.48　本地路径选择

图 2.49　eclipse 目录

2. 启动 Eclipse

在安装完成后，就可以启动 Eclipse 了。双击 Eclipse 安装目录下的 eclipse.exe 即可启动。在 Eclipse 初次启动时，需要设置工作空间。本书将 Eclipse 安装到 C 盘根目录下，将工作空间设置在“C:\worksapce”中，如图 2.50 所示。

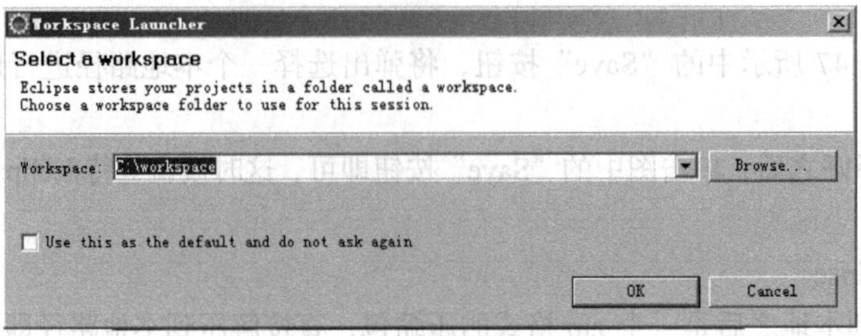

图 2.50　设置工作空间

工作空间设置完成后单击“OK”按钮，进入到 Eclipse 的欢迎界面，如图 2.51 所示。

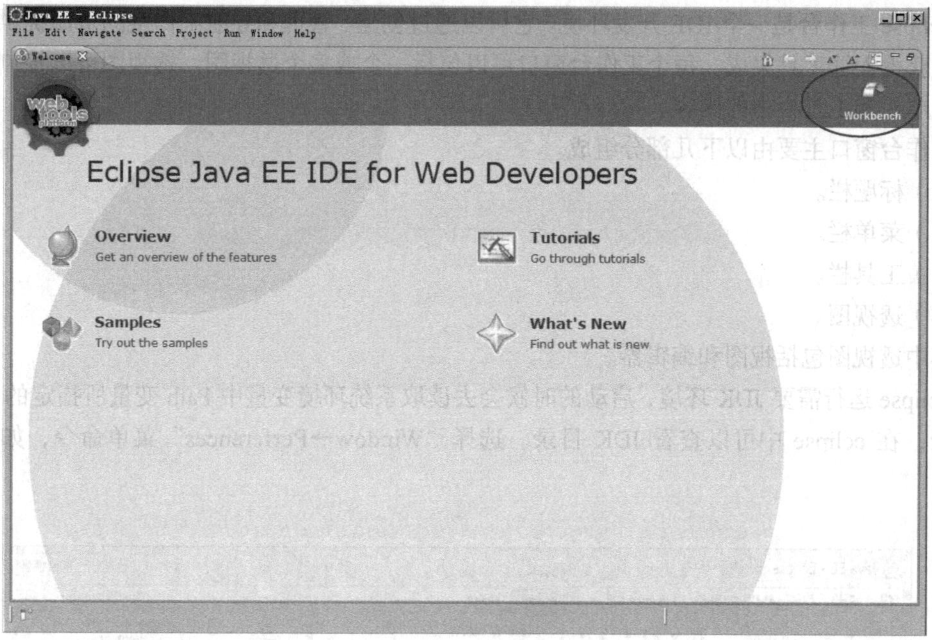

图 2.51　欢迎界面

单击欢迎界面右上方红色标注的“Workbench”按钮，就进入到 Eclipse 的工作台，如图 2.52 所示。

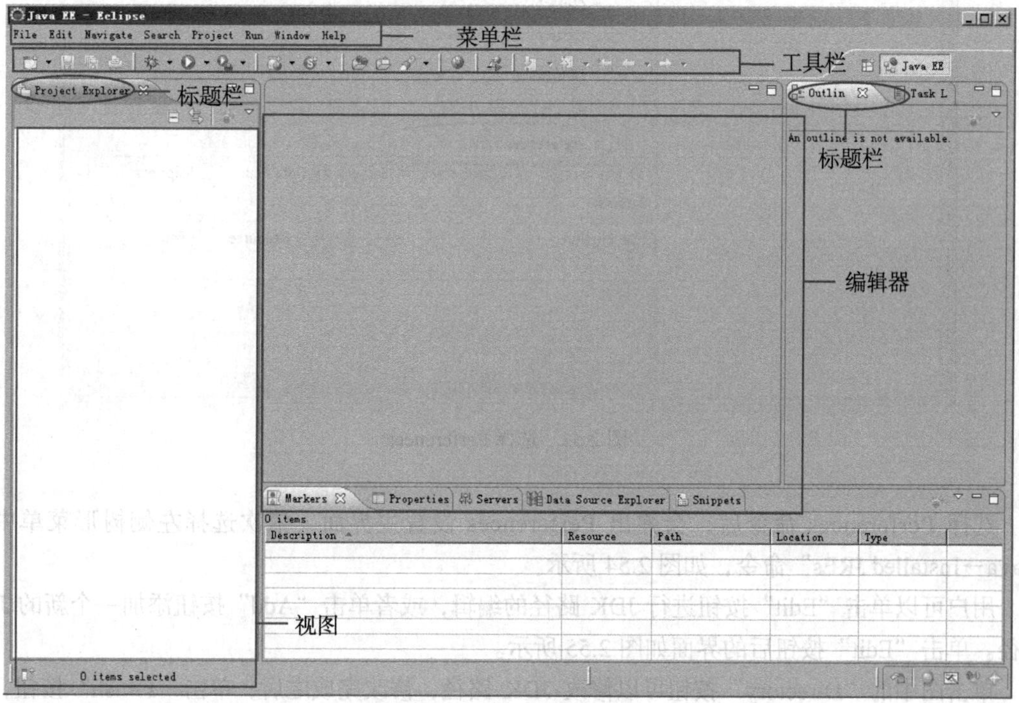

图 2.52　Eclipse 的工作台

Eclipse 工作台是一个 IDE 开发环境。它可以通过创建、管理和导航工作空间资源提供公共范例，来获得无缝工具集成。每个工作台窗口可以包括一个或多个透视图。透视图可以控制出现在某些菜单栏和工具栏中的内容。

工作台窗口主要由以下几部分组成。

（1）标题栏。

（2）菜单栏。

（3）工具栏。

（4）透视图。

其中透视图包括视图和编辑器。

Eclipse 运行需要 JDK 环境，启动的时候会去读取系统环境变量中 Path 变量所指定的 JDK 命令目录，在 eclipse 中可以查看 JDK 目录。选择“Window→Perferences”菜单命令，如图 2.53 所示。

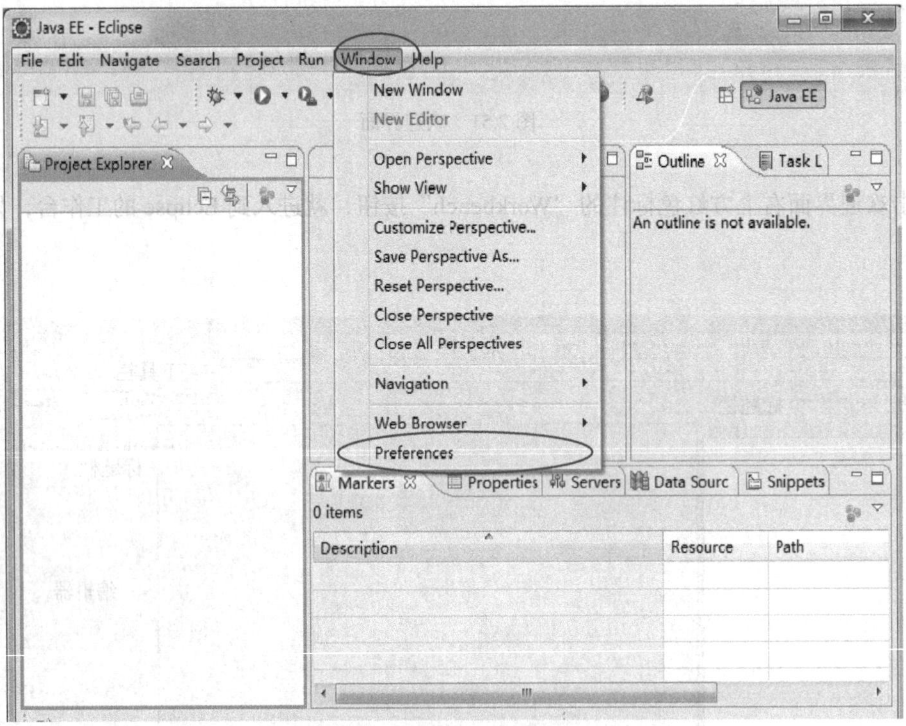

图 2.53　选择 Perferences

选择 Perferences 命令后，会弹出 Perferences 设置主界面，依次选择左侧树形菜单中的“Java→Installed JREs”命令，如图 2.54 所示。

用户可以单击“Edit”按钮进行 JDK 路径的编辑，或者单击“Add”按钮添加一个新的 JDK 路径。单击“Edit”按钮后的界面如图 2.55 所示。

单击图中的“Directory”按钮可以修改 JDK 路径，修改完成之后，单击“Finish”按钮，即完成 JDK 环境设置操作，接下来就可以使用 eclipse 编写 Java 程序。

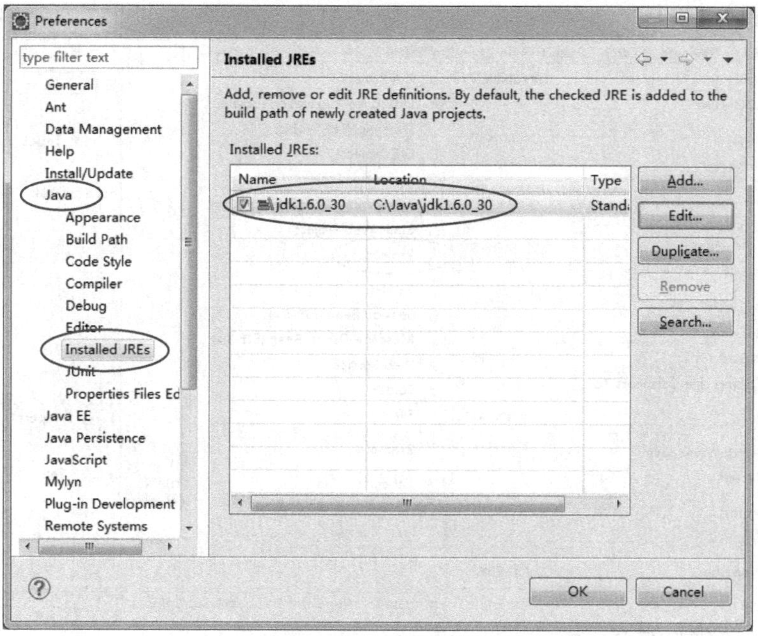

图 2.54　查看 JDK

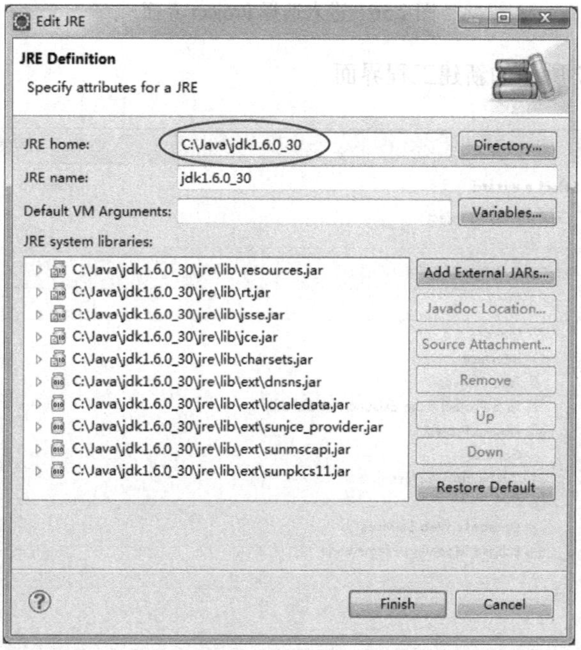

图 2.55　编辑 JDK

2.3.3　Eclipse 编写程序的流程

Eclipse 编写程序的流程必须经过新建 Java 项目、新建 Java 类、编写 Java 代码和运行程序 4 个步骤，下面将分别介绍。

1. 新建 Java 项目

（1）在 Eclipse 中选择“File→New→Project”菜单命令，如图 2.56 所示。

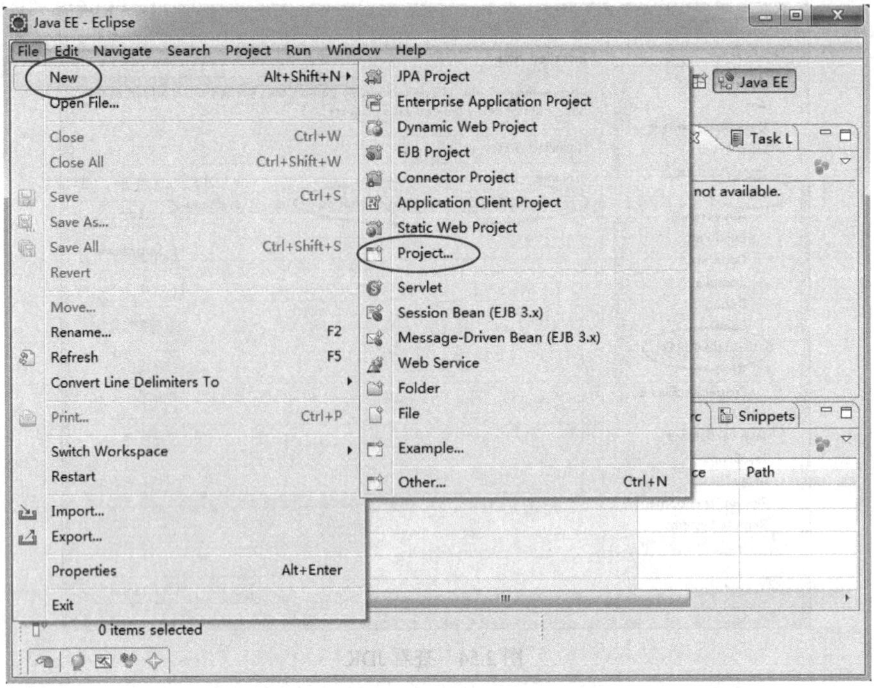

图 2.56 进入选择 Project 界面

（2）打开如图 2.57 所示的新建工程界面。

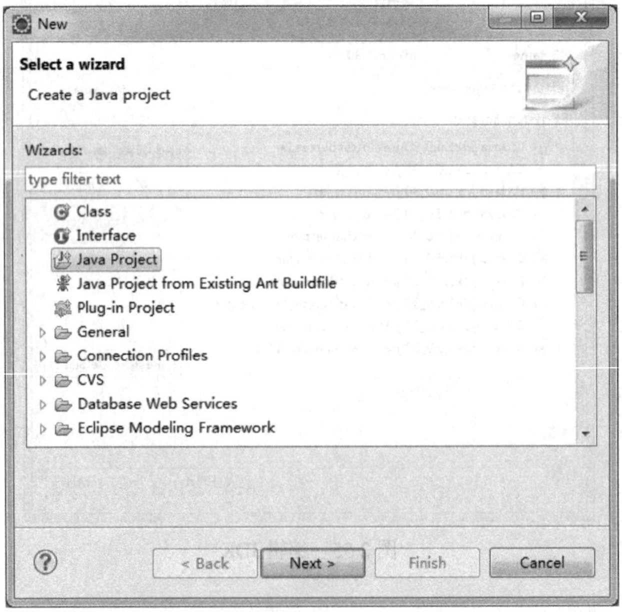

图 2.57 项目创建向导——选择项目类型

（3）选择“Java Project”选项，单击“Next”按钮，在弹出的对话框中设置项目名称和相关信息，如图 2.58 所示。这里设置项目名称为“SimpleExample”。

（4）单击“Next”按钮，进入到 Java 项目构建对话框，配置 Java 的构建路径，如图 2.59 所示。

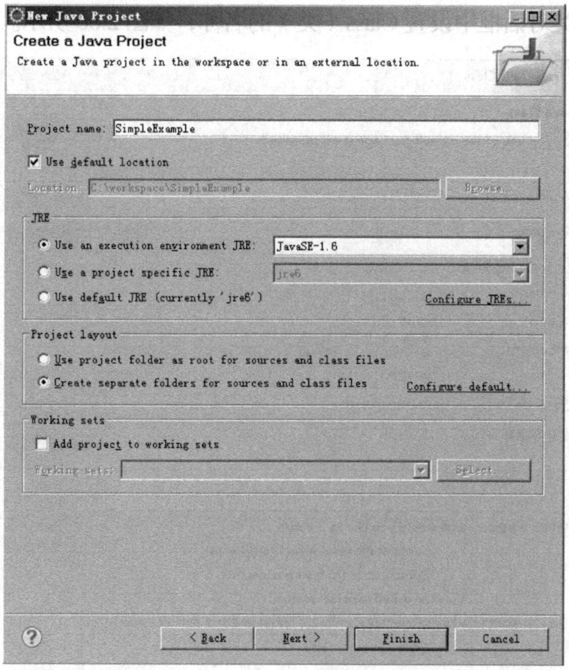

图 2.58　新建 Java 项目对话框

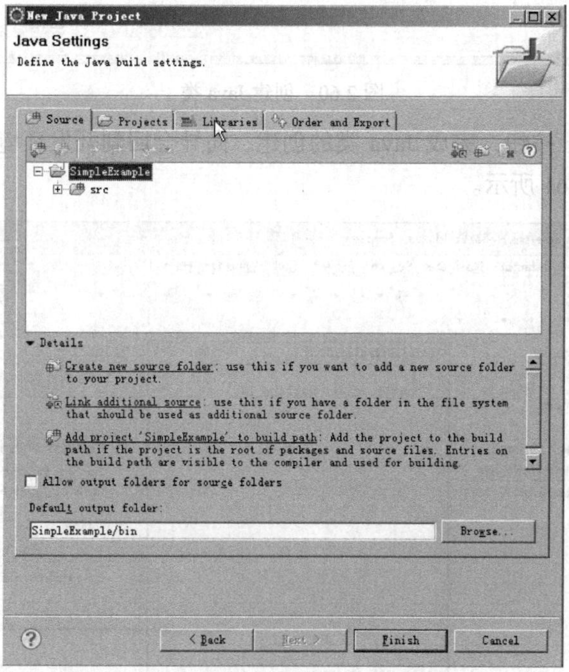

图 2.59　项目创建向导——Java 构建设置

也可以直接单击“Finish”按钮，跳过构建设置对话框，直接完成 Java 项目的构建。

2. 新建 Java 类

新建完 Java 项目以后，可以在项目中创建 Java 类，具体的步骤如下。

（1）在 Project Explorer 中，用鼠标右键单击要创建的 Java 类项目，在弹出的快捷菜单中选择“New/Class”菜单选项。

（2）在弹出的创建类对话框中设置 Class（类）的名称，如图 2.60 所示。其余项可以暂时不设置。

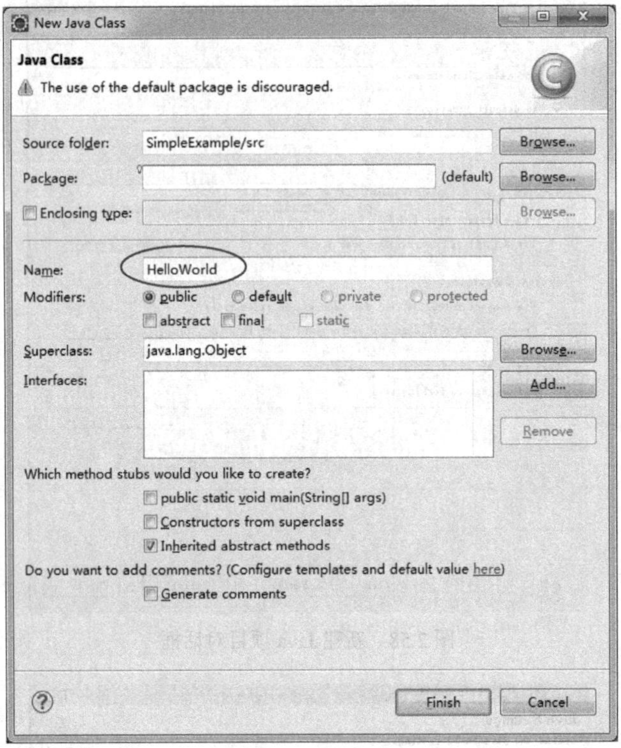

图 2.60　创建 Java 类

（3）单击“Finish”按钮，完成 Java 类的创建，向导会回到开发环境，并且自动打开创建的 HelloWorld 类，如图 2.61 所示。

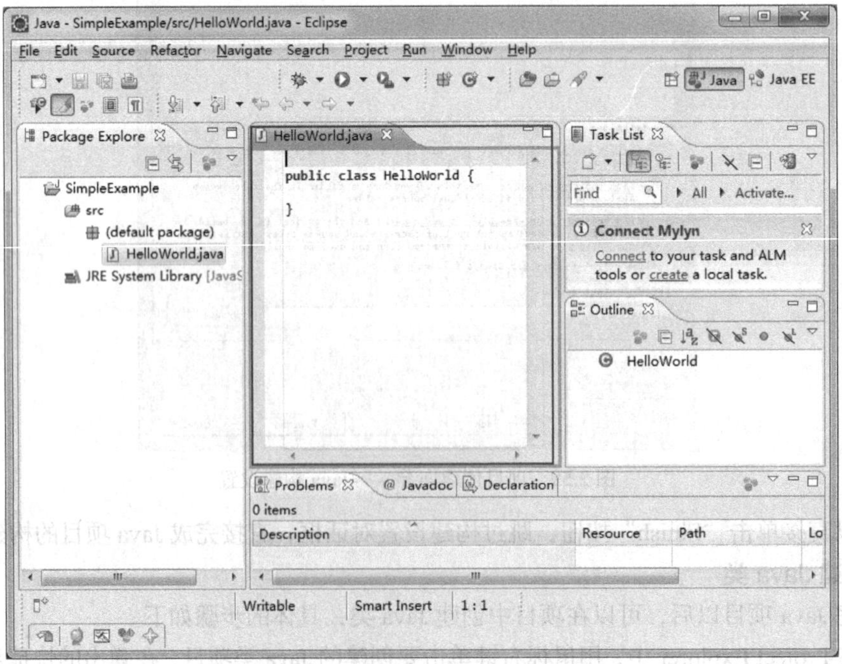

图 2.61　HelloWorld 创建后的工作区

3. 编写 Java 代码

使用向导建立 HelloWorld 类之后，Eclipse 会自动打开该类的源代码编辑器，在该编辑器中可以编写 Java 代码，即在图 2.62 中红色标注的位置编写代码，这里只是简单地输出一句话来看使用 eclipse 编写 Java 程序的过程，代码示例如图 2.62 所示。

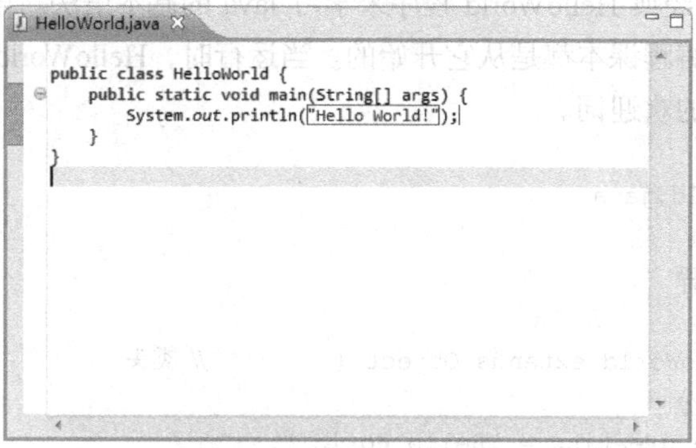

图 2.62　HelloWorld 代码

4. 运行程序

用鼠标右键单击图 2.63 中的代码区域，将弹出快捷菜单，选择“Run As/Java Application”命令，如图 2.63 所示。

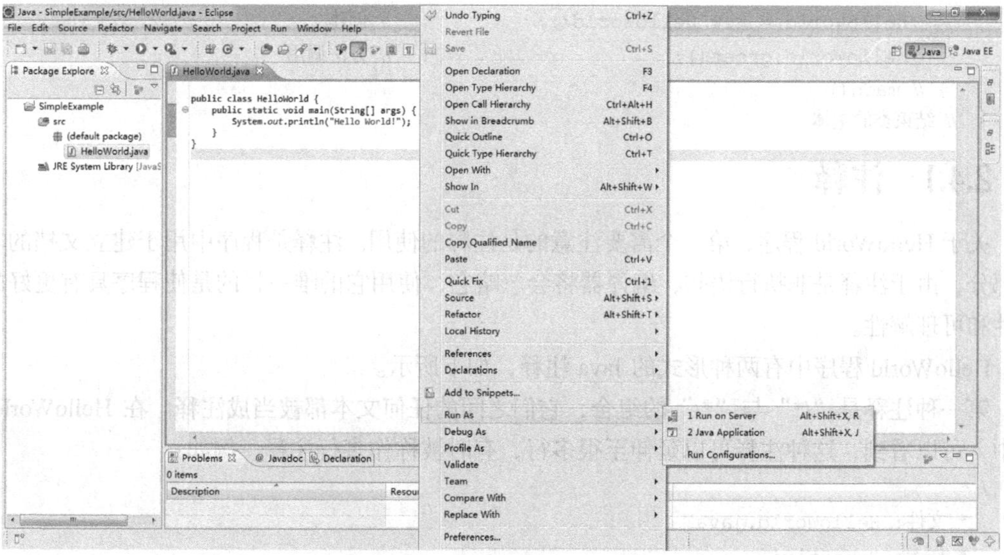

图 2.63　运行 HelloWorld 程序

此时，程序开始运行，运行结束后，在控制台视图中将显示程序的运行结果，如图 2.64 所示。

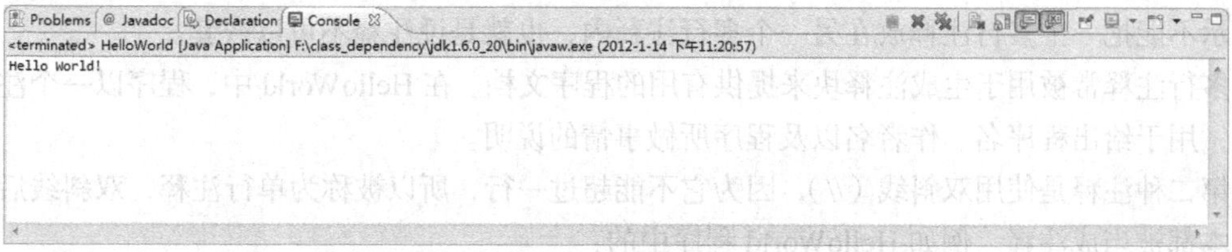

图 2.64　运行结果

2.4 Java 的基本语法

下面通过 Java 版的经典 HelloWorld 程序来学习 Java 的基本语法。该程序之所以称为经典，是因为几乎每个入门的编程课本都是从它开始的。当运行时，HelloWorld 程序将会在控制台屏幕上显示“Hello World”的欢迎词。

```
/ *
  * 文件: HelloWorld.java
  * 作者: Shuantixi
  * 描述: 打印欢迎字样
  * /
public class HelloWorld extends Object {          // 类头
   // 开始类的主体部分
   private String greeting = "Hello World!";
   public void greet() {                          // 方法定义
       // 开始方法的主体部分
       System.out.println(greeting);              // 输出语句
}
   public static void main(String args[]) {       // 方法头
      HelloWorld helloworld;                      // 声明
      helloworld = new HelloWorld();              // 创建
      helloworld.greet();                         // 方法调用
   } // main()
} // 结束类的主体
```

2.4.1 注释

关于 HelloWorld 程序，第一个需要注意的是注释的使用。注释是程序中用于建立文档的非执行部分，由于注释是非执行语句，编译器将会忽略它，使用它的唯一目的是使程序具有更好的可读性和可理解性。

HelloWorld 程序中有两种形式的 Java 注释，如下所示。

第一种注释是“/*”与“*/”的组合，它们之间的任何文本都被当成注释。在 HelloWorld 程序中，可以看到，这种注释可以延伸至很多行，有时被称作多行注释。例如：

```
/ *
  * 文件: HelloWorld.java
  * 作者: Shuantixi
  * 描述: 打印欢迎字样
  * /
```

当编译器遇到多行注释的开始“/*”时，它将忽略一切代码，直到找到对应的结束标志“*/”。这表示不能把一个多行注释放在另一个多行注释内，也就是说注释不可以嵌套。

多行注释常被用于生成注释块来提供有用的程序文档。在 HelloWorld 中，程序以一个注释块开始，用于给出程序名、作者名以及程序所做事情的说明。

第二种注释是使用双斜线（//），因为它不能超过一行，所以被称为单行注释，双斜线后的任何文本都被当成注释。例如 HelloWorld 程序中的：

```
HelloWorld helloworld;                    // 声明
```

对于单行注释，双斜线（//）可以加在一行的任何地方，其后的部分将被编译器所忽略。在 HelloWorld 程序中使用了很多单行注释来注释语言元素。

2.4.2 分号、块和空白

对于 HelloWorld 程序，另一件需要注意的事情是如何将程序整齐地排列在页面上。这是为了让程序易读好懂而有意这样做的。在 Java 中，程序表达式和语句可以由程序员随意安排。它们可以每行一条、每行几条或一条占几行。正因为程序布局如此松散，所以养成良好的程序设计风格以使程序易读，就显得非常重要。充分利用程序元素之间的空白有助于使程序更易读，也更具有吸引力。

1. 分号

在 Java 中，分号作为一个语句的结束标志，即在一个表达式需要结束的时候加上一个分号就成为了一条语句。在实际编程过程中，一行最多书写一条语句，一条语句有时候可以跨多行表示，例如下面的代码：

```
HelloWorld helloworld; // 声明
```

最后的分号就是一条语句的结束，通常不建议在一行里面写两条及以上的语句，例如：

```
HelloWorld helloworld;  helloworld = new HelloWorld();
```

这个时候，一行中存在两个分号即两条语句，虽然语法上面不存在任何问题，但是显然不利于代码的可读性及维护性。

2. 块

看一看 HelloWorld 中的语句是如何排列的。注意起始括号{和结束括号}是如何对齐的，以及如何使用单行注释符在结束括号后面加上注释的。在 Java 程序中使用大括号来标志不同的程序块，适当的缩进以及单行注释的使用会更容易判断大括号是如何配对的。

例如 HelloWorld 程序中：

```
public void greet() {
}
public static void main(String args[]) {
}
```

这里就是存在两个代码块：greet()方法块和 main()方法块，在块代码调用结束之后，块中的内存都会释放掉，即块中代码的生命期就是用{}大括号括起来的这部分。

3. 空白

空白在 Java 程序中具有很好的缩进效果，可以使得程序具有良好的可读性，通常在 Java 程序中使用 4 个空格来达到缩进的效果。例如，可以使用缩进来表示程序中的一个元素被包含在另一个元素之中。这样，HelloWorld 类的元素是在标志开始和结束的大括号内缩进的。在 main()方法内的元素是以缩进来表示它们是属于一个方法的，这样使用缩进来分辨程序的结构会使程序更加易读好懂。

例如 HelloWorld 中的代码：

```
public void greet() {
    System.out.println(greeting);
}
```

代码中需要注意以下几点。

（1）public、void、greet()之间都是用一个空格来隔开，避免多个空格导致可读性降低。

（2）在 greet()和{之间使用一个空格，有的开发者在这里不使用空格，但实际开发中一个好的空隙会让代码风格更加清晰。

（3）System.out 之前与上一行 public 之间空 4 个空格，有的时候也可以在开发工具中用一个 tab 键来替代。

（4）在每一次新编写一行代码的时候，注意上一行末尾如果没有其他代码，不要使用空格。有的时候如果因为开发者不小心在末尾多打了一个全角的空格，程序运行过程就会产生错误，而且这个错误不容易检查出来，所以这里一定要注意。

例如下面的代码就是不推荐的：

```
public void greet()  {
System.out.println(greeting);
}
```

2.4.3 标识符

在符合规则和约定的情况下，程序员可以为程序中的类、方法和变量命名。类、方法和变量的名字称为标识符，它们必须遵循下面的语法规则。

（1）标识符必须以字母（A 到 Z，a 到 z）、下划线（_）和‘$’符号开头。

（2）后跟任意数目的字母、数字（0 到 9）、下划线（_）和‘$’符号的组合。

（3）标识符不能和 Java 关键字相同。

（4）标识符区分大小写。

（5）标识符没有长度限制。

例如下面是合法的标识符：

①abc　②c1_c　③$A12　④Class　⑤_heh　⑥amountOfApple

下面是不合法的标识符：

①\abc　②“cc　③2abc　④class　⑤%cd　⑥”heh

除了标识符的语法规则外，Java 程序员为类、变量和方法命名时应该遵循一定的编程规范，如下所述。

（1）类名和接口名应该以大写字母开头，并且名字中的每个单词应以大写字母开始。

例如：HelloWorld 和 TextField。

（2）变量和方法的名字应以首字母小写，其余组成单词首字母大写。

例如：greeting、plentyOfMonkey、main()、getQuestion()和 getAnswer()。

（3）包的名字应该字母全部小写。

例如：com.shuangtixi、demo.chapterone。

（4）常量的名字全部大写，且单词之间用“_”分隔。

例如：GUESS_STEP、DEFAULT_COLOR。

这个约定的优点是只要看看程序中的元素是如何写的，就能很容易地区分它是类、方法、还是变量。（想要了解更多的 Java 风格约定，请看附录 A。）

Java 程序员应该遵循的另一个重要约定是可以使用描述性的标识符来给类、变量和方法命名，这样使程序更容易阅读。

2.4.4 Java 关键字

Java 有 50 个预定义的关键字，见表 2.1，它们是语言中有特殊意义的单词，并且被保留用于特殊用途。比如，在 HelloWorld 程序中所使用的关键字是：class，extends，private，public，static

和 void。

表 2.1　　　　　　　　　　　　　　Java 关键字

abstract	continue	for	new	switch
assert	default	goto	package	synchronized
boolean	do	if	private	this
break	double	implements	protected	throw
byte	else	import	public	throws
case	enum	instanceof	return	transient
catch	extend	int	short	try
char	final	interface	static	void
class	finally	long	strictfp	volatile
const	float	native	super	while

下面是 Java 关键字的简单介绍。

（1）abstract：抽象的，用在类的声明中来指明一个类是不能被实例化的，但是可以被其他类继承。一个抽象类可以使用抽象方法，抽象方法不需要实现，但是需要在子类中被实现。

（2）continue：用来中断当前循环过程，从当前循环的最后重新开始执行，如果后面跟有一个标签，则从标签对应的地方开始执行。

（3）break：用来改变程序执行流程，立刻从当前语句的下一句开始执行。如果后面跟有一个标签，则从标签对应的地方开始执行。

（4）for：用来声明一个循环。程序员可以指定要循环的语句、退出条件和初始化变量。

（5）while：用来定义一段反复执行的循环语句，循环的退出条件是 while 语句的一部分。

（6）do：用来声明一个循环，这个循环的结束条件可以通过 while 关键字来设置。

（7）static：表示静态的。用来定义一个变量为类变量，类只维护一个类变量的拷贝，不管该类当前有多少个实例；用来定义一个方法为类方法。类方法通过类名调用而不是特定的实例，并且只能操作类变量。

（8）goto：Java 为了避免使用 goto 带来的潜在错误，把 goto 设置为保留字。

（9）package：用来定义一个包来组织不同功能的类和接口。

（10）synchronized：在多线程操作中用来同步代码块。

（11）assert：表示断言，在程序开发的时候用来检查程序的安全性，在发布的时候通常都不使用 assert。

（12）if：用来生成一个条件测试，如果条件为真，就执行 if 下的语句。

（13）else：如果 if 语句的条件不满足就会执行该语句。

（14）switch：当条件等于某个具体的值时，运行某些语句的选择时，就可以采用 switch 选择语句。

（15）case：用来定义一组分支选择，如果某个值和 switch 中给出的值一样，就会从该分支开始执行。

（16）default：用在 switch 语句块中，当 case 语句都不满足条件的时候执行。

（17）this：代表当前使用的类的一个实例，可以用来访问类变量和类方法。

（18）super：对当前对象的父类对象的引用。

（19）boolean：用来定义一个布尔数据类型。

（20）byte：用来定义一个字节类型。

（21）char：用来定义一个字符数据类型。

（22）short：用来定义一个短整型数据类型。

（23）int：用来定义一个整型数据类型。

（24）long：用来定义一个长整型数据类型。

（25）float：用来定义一个浮点数据类型。

（26）double：用来定义一个双精度浮点数据类型。

（27）private：表示私有的，用来修饰方法和变量，表示这个方法或变量只能被这个类的其他元素所访问，或者用来修饰内部类。

（28）protectecd：表示受保护的，用来修饰方法和变量，表示这个方法或变量只能被同一个类中的、子类中的或者同一个包中的类中的元素所访问。

（29）public：表示公开的，用来修饰方法和变量，表示这个方法或变量能够被所有类中的元素访问。

（30）const：表示常量，作为保留字使用。

（31）native：Java 程序同 C 程序的接口。

（32）volatile：用在变量的声明中表示这个变量是同时被运行的几个线程异步修改的。

（33）strictfp：运算依据浮点规范 IEEE-754 来执行，使浮点运算更加精确，而且不同的硬件平台所执行的结果是一致的。

（34）try：用来定义一个可能出现异常的语句块。如果一个异常被抛出，一个可选的 catch 语句块会处理 try 语句块中抛出的异常。同时，一个存在的 finally 语句块会被执行，无论一个异常是否被抛出。

（35）catch：用来声明当 try 语句块中发生运行时错误或非运行时异常时运行的一个块。

（36）finally：用来定义不管在前面的 try 语句中是否有异常或运行时错误发生都会执行的一段代码。

（37）final：表示不变的。final 修饰的类不能被子类化， final 修饰的方法不能被重写，final 修饰的变量不能改变其初始值。

（38）class：用来声明一个类。

（39）interface：用来声明一个接口。

（40）instanceof：用来测试第一个参数的类型是否是第二个参数的类型，或者可以强制转化为第二个参数。

（41）transient：标记为 transient 的变量，在对象存储时，这些变量状态不会被持久化。当对象序列化的保存在存储器上时，不希望有些字段数据被保存，为了保证安全性，可以把这些字段声明为 transient。

（42）extend：在类的声明中是可选的，用来指明类需要继承的一个类。

（43）implements：在类的声明中是可选的，表示实现某个或多个接口。

（44）enum：在 Java 中表示枚举类型。

（45）new：用来实例化一个对象，给类分配内存空间。

（46）void：用在方法声明中说明这个方法没有任何返回值。

（47）return：用来结束一个方法的执行，后面可以跟一个方法声明中要求的类型值。

（48）import：在源文件的开始部分指明后面将要引用的一个类或整个包，这样就不必在使用的时候加上包的名字。

（49）throw：用来抛出一个异常对象或者任何实现 throwable 接口的对象。

（50）throws：用在方法的声明中，说明哪些异常是这个方法不处理的，由方法的调用者来处理。

关键字的一个重要限制是它们不能作为方法、变量或类的名字。

2.5 数 据 类 型

数据类型就是对内存位置的抽象表达。程序员可以利用多种数据类型：某些由编程语言定义，某些由外部库定义，还有些则由程序员来定义。很多编程语言都依赖于特定的计算机类型和对数据类型属性的具体编译实现，比如 word 和 integer 数据类型的大小等。另一方面，Java 的虚拟机负责定义其内置数据类型的各方面内容。这就意味着不管 Java 虚拟机运行在哪种操作系统之上，数据类型的属性都是完全一样的。

2.5.1 简单数据类型

简单数据类型是不能再简化的、内置的数据类型，由编程语言定义，表示真实的数字、字符和整数。Java 提供了几类简单数据类型表示数字和字符。简单数据类型通常划分为以下几种类别：实数、整数、字符和布尔值。这些类别中又包含了多种简单类型。比如说，Java 定义了的 float 和 double 两种简单类型，它们都属于实数类别，另外定义的 byte、short、int 和 long 4 种简单类型则都属于整数类别。此外还有一种简单类型 char 则属于字符类型。布尔值类别只有一种简单类型：boolean。表 2.2 详细列出了 Java 的简单数据类型。

表 2.2 Java 的简单数据类型

简单类型	大小	范围/精度
byte	1 字节	−128 到 127
int	4 字节	−2,147,483,648 到 2,147,483,647
long	8 字节	−9,223,372,036,854,775,808 到 9,223,372,036, 854,775,807
char	2 字节	Unicode 字符集
boolean	1 字节	true 或 false
float	4 字节	32 位 IEEE 754 精度
double	8 字节	64 位 IEEE 754 精度

2.5.2 引用数据类型

除了简单数据类型，Java 虚拟机还定义了引用（reference）这种数据类型。由于 Java 没有明确地定义指针类型，所以引用类型可以被认为就是指向实际值或者指向变量所代表的实际值的指针。一个对象可以被多于一个以上的引用所“指”。JVM 从不直接对对象寻址而是操作对象的引用。

引用类型分成 3 种，它们是：数组（array）、类（class）和接口（interface）。引用类型可以引用动态创建的类实例、普通实例和数组。引用还可以包含特殊的值，这就是 null 引用。null 引用在运行时并没有对应的类型，但它可以被转换为任何类型，引用类型的默认值就是 null，表示代码中该引用还没有指向一个真实存在的对象。

1. 数组

Java 数组（array）是动态创建的索引对象，这一点和类非常相似，此外，同类一样，数组只能索引数组的实例或者 null。

例如声明一个数组（具体的定义会在第 5 章介绍）如下。

```
int[] array;
```

这里声明了一个 int 类型的数组，并且定义了一个数组引用类型变量 array，现在它没有指向任何存在的对象，所以它的值为 null。

2. 类

类（class）指的是定义方法和数据的数据类型。从内部来看，JVM 通常把 class 类型对象实现为指向方法和数据的一套指针。定义 class 类型的变量只能引用类的实例或者 null。

例如声明一个类（具体的定义会在第 6 章介绍）如下：

```
public class FirstClass {

}
```

这里声明了一个类 FirstClass，可以使用类名来定义一个类引用类型变量，如：

```
FirstClass fc;
```

这个时候 fc 变量就是一个引用变量，它现在没有指向任何真实的对象，所以它的值被赋值为 null。

3. 接口

接口（interface）好比一种模板，这种模板定义了对象必须实现的方法，其目的就是让这些方法可以作为接口实例被引用。接口不能被实例化。类可以实现多个接口，并且通过这些实现的接口被索引。接口变量只能索引实现该接口的类的实例。在第 7 章会详细介绍接口的相关概念。

例如声明一个接口如下：

```
public interface FirstInterface {

}
```

这里声明了一个接口 FirstInterface，可以使用接口名来定义一个接口引用类型变量，如：

```
FirstInterface fi;
```

这个时候 fi 变量就是一个引用变量，它现在没有指向任何真实的对象，所以它的值被赋值为 null。

2.5.3 常量和变量

1. 常量

常量是指在程序运行过程中其值保持不变的量。每种基本数据类型均有相应的常量，例如布尔常量、整数常量、浮点常量及字符常量等。

（1）布尔常量

布尔常量只有 true 和 false 两个取值。它表示逻辑的两种状态，true 表示真，false 表示假。注意，Java 中的布尔类型是一个独立的类型，不对应于任何整数值，这点和 C 语言中的布尔值用 0 或非 0 来表示是完全不同的。

（2）整数常量

整数常量就是不带小数的数，但包括负数。在 Java 中整数常量分为 byte、short、int、long 4

种类型。在 Java 语言中对于数值数据的表示有以下 3 种形式。

① 十进制：数据以非 0 开头，例如：4、−15。

② 八进制：数据以 0 开头，其中每位数字范围为 0～7 。例如：054，012。

③ 十六进制：数据以 0x 开头，由于数字字符只有 10 个（0～9），所以表示十制时分别用 A～F 几个字母来代表十进制的 10～15 对应的值。因此，每位数字范围为 0～9， A～F。

Java 语言的整型常量默认为 int 类型，要将一个常量声明为长整型类型，则在数据的后面加 l 或 L。一般使用“L”而不使用“l”， 因为字母“l”很容易与数字“1”混起来。如：12 代表一个整型常量，占 4 个字节；12L 代表一个长整型常量，占 8 个字节。

（3）浮点常量

浮点常量也称实数。包括 float 和 double 两种类型。浮点常量有两种表示形式。

① 小数点形式：也就是以小数表示法来表示实数，如：6. 37，−0.023。

② 指数形式：也称科学表示法，如，3e-2 代表 0.03， 3.7e15 代表 $3.7*10^{15}$。这里，e 左边的数据为底数，e 右边的数是 10 的幂。另外要注意，只有实数才用科学表示法，整型常量不能用这种形式。

为了区分 float 和 double 两类常量，可以在常量后面加后缀修饰。float 类型常量以 F 或 f 结尾。double 类型常量以 D 或 d 结尾。如果浮点常量不带后缀，则默认为双精度常量，即 double 常量。

（4）字符常量

字符常量是由一对单引号括起来的单个字符或以反斜线(\)开头的转义符。如‘]’、‘4’、‘#’、‘d’。字符在计算机内是用编码来表示的。为了满足编码国际化要求，Java 的字符编码采用了国际统一标准的 Unicode 码，一个字符用 16 位无符号型数据表示。这样，Java 程序能够在不同的系统平台运行时保持一致性。

2. 变量

变量是 Java 程序中的基本存储单元，它的定义包括变量名、变量类型和作用域几个部分。

（1）变量名

变量名是一个合法的标识符，它是字母、数字、下划线或美元符“$”的序列，Java 对变量名区分大小写，变量名不能以数字开头，而且不能为保留字。合法的变量名如：myName、value_1、dollar$等。非法的变量名如：2mail、room#、class（保留字）等，变量名应具有一定的含义，以增加程序的可读性。

变量的声明格式为：

```
type identifier[=value][,identifier[=value]…];
```

type 代表变量类型，identifier 代表变量名。

（2）变量类型

Java 中变量类型可以为简单数据类型和引用数据类型中的任意一种类型。

例如：

```
int a,b,c;
double d1,d2=0.0;
```

其中，多个变量间用逗号隔开，代表多个变量属于同一种类型，例如 d2=0.0 对实型变量 d2 赋初值 0.0；上例中还声明了 3 个 int 类型的变量 a、b 和 c。

（3）变量作用域

一个变量的作用域代表该变量只能在某个作用范围之内才可以进行访问，超出作用域之后便不能访问该变量。变量的作用域是根据变量声明时所处的位置决定的，如果变量在类的块中声明，则作用域就是整个类的内部；如果变量在方法块中声明，那么变量就只有在该方法块中才能访问到，这时变量也称作局部变量。看下面的代码。

```
public void greet() {
      int a = 5;
      {
        int b = 6;
      }
  }
```

代码中 a 的作用域是在 greet(){}这个方法块中，即在这个方法中，在 a 声明之后都可以访问到变量 a；b 声明在{}大括号内，所以 b 的作用域只在该大括号中才有效，在大括号的外部是不能访问到变量 b 的。例如下面的代码就会报错。

```
public void greet() {
    int a = 5;
    {
      int b = 6;
    }
    a = b;   //这里已经出了b的作用域，不能够访问到
}
```

2.5.4 整型数据

Java 支持 4 种不同的整数：byte，short，int 与 long。它们之间的不同在于用来表示每种类型所用的内存位数不一样。

在 Java 里最常使用的整数类型是 int 型，它拥有 32 位。这也意味着 Java 可以表示 2^{32} 种不同的 int 值，其范围从−2147483648 到 2147483647，也即从-2^{31}到（$2^{31}-1$）。类似地：

（1）一个 8 位整数型数据，即 byte 型，能够表示 2^8 或 256 个不同值，范围从−128 到+127。

（2）一个 16 位的整数型数据，也即 short 型，能表示 2^{16} 个不同值，其范围从−32768 到+32767。

（3）一个 64 位的整数型数据，即 long 型，能够表示范围从-2^{63}到 $2^{63}-1$ 的所有整数值。

在通常情况下，如果 Java 中出现了一个整数数字，比如 27，那么这个数字就是 int 型的，如果希望将它声明为 byte 类型的，可以在数据后加上大写的 B：27B，表示它是 byte 型的；同样的 27S 表示 short 型；27L 表示 long 型的。表示 int 类型的数据可以省略，但是如果要表示 long 类型的，就一定要在数据后面加“L”或“l”。

2.5.5 浮点型数据

Java 语言支持两种基本的浮点类型：float 和 double。它们都依据 IEEE 754 标准，该标准为 32 位浮点和 64 位双精度浮点二进制小数定义了二进制标准。

浮点数这个名称是相对于定点数而言的，这个点就是小数点。浮点数就是指小数点可以根据需要改位置。

（1）float：单精度浮点型，占用 32 位内存空间，取值范围为 3.402823e+38 ～ 1.401298e−45（e+38 表示是乘以 10 的 38 次方，同样，e−45 表示乘以 10 的负 45 次方）占用 4 个字节。

（2）double：双精度浮点型，占用 64 位内存空间，取值范围为 1.797693e+308～4.9000000e−324 占用 8 个字节。

double 型比 float 型存储范围更大，精度更高，Java 中浮点型的数据在不声明的情况下都是

double 型的，如果要表示一个数据是 float 型的，必须在数据后面加上“F”或“f”。

由于存在 NaN 的不寻常比较行为和在几乎所有浮点计算中都不可避免地会出现舍入误差，解释浮点值的比较运算符的结果比较麻烦。如果必须比较浮点数来看它们是否相等，则应该将它们差的绝对值同一些预先选定的小正数进行比较，这样做就能测试它们是否“足够接近”。（如果不知道基本的计算范围，可以使用测试“abs（a/b−1）< epsilon”，这种方法比简单地比较两者之差要更准确。）甚至测试看一个值是比零大还是比零小也存在危险，因为会生成比零略大值的计算，事实上可能由于积累的舍入误差，会生成略微比零小的数字。

2.5.6 字符型数据

Java 中的字符型数据包含两个方面的内容，即字符常量和字符变量。

1. 字符常量

字符常量在 2.5.3 小节中已经介绍过，另外 Java 提供一种转义字符，以反斜杠（\）开头，将其后的字符转变为另外的含义，表 2.3 列出了 Java 中的转义字符。

与 C、C++不同，Java 中的字符型数据是 16 位无符号型数据，它表示 Unicode 集，而不仅仅是 ASCII 集，例如\u0061 表示 ISO 拉丁码的‘a’。

表 2.3 Java 的转义字符

转义字符	描述
\ddd	1 到 3 位 8 进制数据所表示的字符（ddd）
\uxxxx	1 到 4 位 16 进制数所表示的字符（xxxx）
\'	单引号字符
\\	反斜杠字符
r	回车
\n	换行
\f	走纸换页
\t	横向跳格

2. 字符变量

字符型变量的类型为 char，它在机器中占 16 位，其范围为 0～65535。字符型变量的定义如：

```
char c='a';  //指定变量 c 为 char 型，且赋初值为'a'
```

与 C、C++不同，Java 中的字符型数据不能用作整数，因为 Java 不提供无符号整数类型。但是同样可以把它当作整数数据来操作。

例如：

```
int three=3;
char one='1';
char four=(char)(three+one);//four='4'
```

2.5.7 布尔型数据

Java 语言用 boolean 表示布尔值，布尔值只有两种，true 表示真，false 表示假，且它们不对应于任何整数值。

在程序中，有时程序在执行过程中要做出选择，所以会利用条件表达式的真假来决定执行路径，而这个条件表达式的真假就是布尔值，常见于程序的分支控制结构。

例如：

```
boolean isEmpty=false;
boolean isFull=true;
```

2.5.8 简单数据类型之间的转换

在 Java 中，整型、实型、字符型被作为简单数据类型处理，这些类型由低级到高级分别为（byte，short，char）--int--long--float--double。简单数据类型之间的转换又可以分为低级到高级的自动类型转换和高级到低级的强制类型转换。

图 2.65 显示了简单数据类型转换。

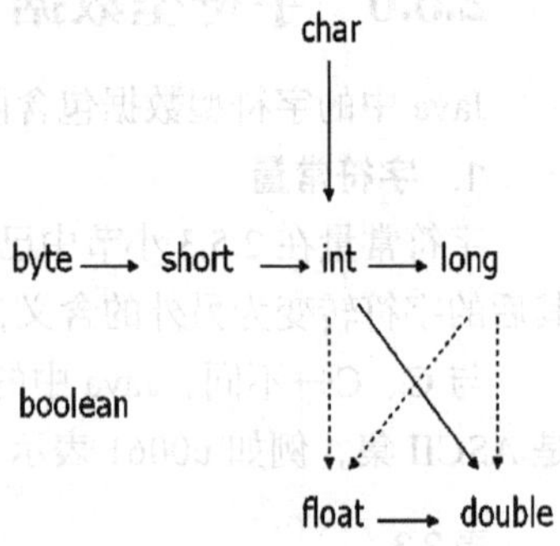

图 2.65 简单数据类型转换

在上图中，有 6 个实箭头，表示无数据丢失的转换；有 3 个虚箭头，表示可能有精度损失的转换。

下面是总的转换规则。

（1）布尔型和其他基本数据类型之间不能相互转换。

（2）byte 型可以转换为 short、int、long、float 和 double。

（3）short 可转换为 int、long、float 和 double。

（4）char 可转换为 int、long、float 和 double。

（5）int 可转换为 long、float 和 double。

（6）long 可转换为 float 和 double。

（7）float 可转换为 double。

在转换过程中分为两类：自动类型转换（图中实箭头）和强制类型转换（图中虚箭头）。

1．自动类型转换

低数据类型转化为高数据类型，称之为自动类型转换。

例如，下面的语句可以在 Java 中直接通过编译。

```
byte b = 1;
int i = b;
long l = b;
float f = b;
double d = b;
```

如果低级类型为 char 型，向高级类型（整型）转换时，会转换为对应 ASCII 码值，例如：

```
char c = 'd';
int i = c;
System.out.println("output:" + i);
```

输出：output：100

对于 byte、short、char 3 种类型而言，它们是平级的，因此不能相互自动转换。

例如下面的代码就会报错。

```
char c = 'd';
short i = c;
byte b = c;
```

因为 byte、short、int 3 种类型都是整型，因此如果操作整型数据时，最好统一使用 int 型。同时因为各种数据类型所表示的范围不一样，在进行操作时要注意，例如下面的代码：

```
float f = 100.22;
long l = 99999999999999999;
```

在 Java 中，double 是不能自动转化为 float 的；而 9999999999999999999 已经超出了 int 所能表示的范围，所以上面代码会报错，修改为下面的代码即可。

```
float f = 100.22f;
long l = 9999999999999999999l;
```

同时在操作过程中，对整型变量赋常量值时，如果该常量值在变量所能表示的范围之内，那么 Java 编译时会认为是正确的；如果给该整型变量赋值一个变量时，由于 Java 在编译的时候不能够确定变量的值，则可能存在超出表示范围的值，所以会报错误。例如下面的代码就是正确的。

```
byte b = 11;
short s = 256;
char c = 110;
```

上面代码中，虽然 11、256 和 110 都是 int 类型的，不能自动转换为低级别类型，但是由于这是直接常量赋值，Java 在编译的时候能够确定该低数据类型能够保存下此 int 值，所以编译是成功的。而下面的代码就是错误的。

```
int a = 10;
byte b = a;
short s = a;
char c = a;
```

虽然 10 都在 byte、short 和 char 的表示范围之内，但是由于是使用变量 *a* 进行赋值的，而 *a* 的值是需要在运行的时候才能够确定的，所以编译阶段就会报错。

2. 强制类型转换

将高数据类型转换为低数据类型时，因为存在精度丢失的可能，情况会复杂一些，但是也可以使用强制类型转换来达到目的，此时即使会丢失数据精度，程序仍然能够正常编译运行。

强制类型转换格式如下。

```
type identifier = (type) identifier;
```

其中，type 表示低级变量数据类型，*identifier* 表示变量名。

例如修改上面的代码为：

```
int a=10;
byte b=(byte)a;
short c=(short)a;
char f=(char)a;
```

可以想象，这种转换可能会导致溢出或精度的下降，因此在程序开发中慎用这种转换。

2.6 语　　句

Java 程序是语句的集合，集合是在程序中执行某种动作的代码段。当程序运行时，可以说它在执行语句，意思是它在执行语句中的动作。在 HelloWorld 程序中，诸如："private String greeting = "Hello World!";"、"System.out.println(greeting);" 等行都是一条一条的语句，注意这些行都是以分号结束的，Java 的规则是每条语句必须以分号结束，省略分号会造成语法错误。

声明语句用于声明一个特定类型的变量。在 Java 中，变量在使用前必须先被声明，如果不声明就产生语法错误。在最简单的情况下，一个声明语句通常是以变量类型开始，接着是变量的名字，最后以分号结束。

变量类型可以是简单数据类型和引用数据类型中的任意一种，比如 int、double 或 boolean，或者对于一个对象来说，它是对象类的名字，比如 String 或 HelloWorld。尽管 Java 约定变量的名字以小写字母开头，但如前所述，它可以是任何合法的标识符。在 HelloWorld 程序中，有一个简单的声明语句，如下所示。

```
HelloWorld helloworld;
```

这个例子声明了一个 HelloWorld 类型的类变量。变量名字是 *helloworld*，它的类型是 HelloWorld，它是我们例子中所定义的类的名字。现在举另外一个例子，下面的语句声明了两个 int 变量，分别取名为 int1 和 int2。

```
int int1;
int int2;
```

正如前文所提到的，int 是 Java 的一个简单数据类型，单词 int 是 Java 的关键词。

这里不进行更多的细节描述，声明一个变量可以使程序留出足够的内存空间，用来存放这种类型的数据。因此，在这个例子中，Java 将会保留足够的空间来存放一个 int 类型的数据。

赋值语句是把一个值存放（或赋值）到一个变量中的语句。赋值语句使用等号（=）作为赋值操作符。其最简单的形式是，等号的左边是一个变量，右边是某种类型的值。如同别的语句，赋值语句以分号结束：

```
变量名 = 数值;
```

当执行赋值语句时，Java 将首先确定右边是何种类型的数值，然后把它赋值（存放）给左边的变量。这里有些简单的例子：

```
String greeting;
int num1;
int num2;
greeting = "Hello World";
num1 = 50;
num2 = 10 + 15;
num1 = num2;
```

示例中声明了 3 个变量，一个字符串变量 greeting、两个整型变量 num1 和 num2。接下来就是 4 个赋值语句：第一条语句右边的值是字符串文本“Hello World”，它被存放于 *greeting* 字符串变量中，这里，*greeting* 必须是与右边相同的 String 型变量；第二条语句右边的值是 50，num1 用来存放这个值。这个赋值过程如图 2.66 中的（a）所示；第 3 条语句右边的值是 25，它是由 10 加上 15 所得到的，于是赋给 num2 的值是 25。这个赋值过程如图 2.66 中的（b）所示。当然，这里假设 *num2* 是个 int 变量；最后一条语句右边的值是 25，它是刚刚存放在变量 *num2* 的值，所以 25 被存放于 num1 中。这个赋值过程如图 2.66 中的（c）所示。

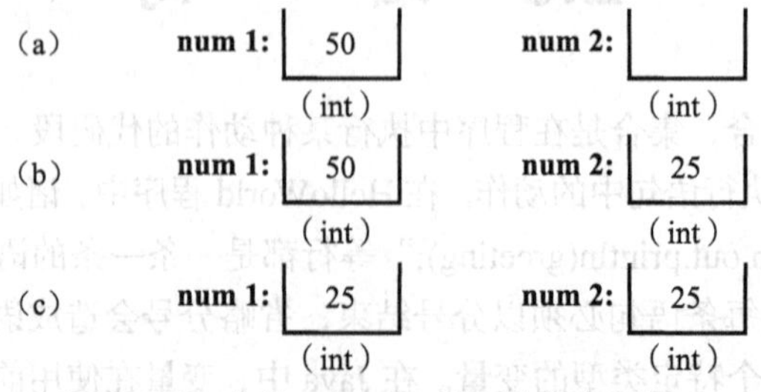

图 2.66　变量 *num*1 和 *num*2 的状态变化

示例中的最后一条赋值语句如下。

```
num1 = num2;
```

这可能会使初学者感到困惑，因此需要进一步阐述。在这个例子中，赋值操作符左右两边都是变量，但是它们有不同的意义。右边的变量被当作数值，如果这个变量存放 25，这就是它的值。实际上，赋值操作符右边的不论是什么，都被当作数值。左边的变量被当作内存区域，它将会存放这条语句执行的结果 25。这个语句的效果是把 num2 所存放的值复制到 num1 里，如图 2.67 所示。

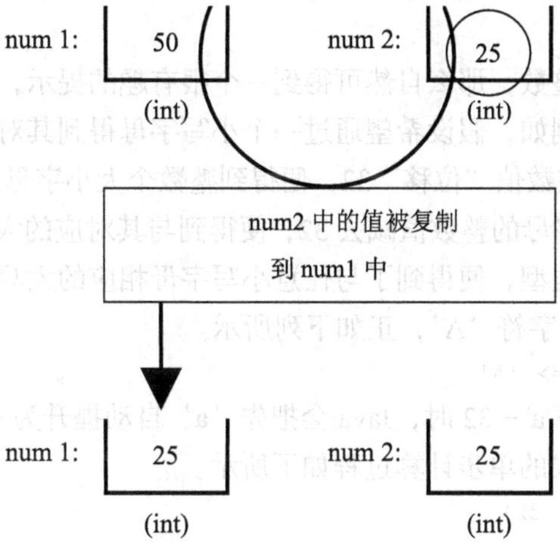

图 2.67　变量赋值过程

Java 中有许多其他类型的语句，下面的例子来自于 HelloWorld 程序，它将调用一个方法。

```
System.out.println(greeting);
helloworld.greet();
```

对于这些例子，后面将会有更加详细的讲述。到目前为止，需要提到的最后一种语句是复合语句块，它是包含在大括号{}里的一组语句。在 HelloWorld 程序中有 3 个这样的例子：HelloWorld 类定义块 public class HelloWorld{}、greet()方法块 public void greet(){}、main()方法块 public static void main(String[] args){}。

2.7　Java 应用程序

HelloWorld 是 Java 应用程序的一个例子。应用程序是“独立”的，这里的意思是说，它不需要依赖于别的程序，比如浏览器而可以独立地执行。每个 Java 应用程序必须包含一个 main()方法，它是程序执行的起点。对于一个包含了几个类的程序，由程序员来确定哪个类包含 main()方法。对于 HelloWorld 程序，不必担心如何确定，因为它只有一个类。

由于 main()方法作为 Java 应用程序的入口函数而具有独特性，所以它的首部必须声明如下。

```
public static void main(String args[]) {}
```

它必须声明为 public，这样才可以被外部访问。修饰符 static 表示 main()是类的方法。类的方法只与类本身相关，而不与类的对象相关。类的方法不是类的对象的一部分。实例方法是通过类的对象来调用的，而类的方法是通过类本身来调用的。这样，在类的对象生成之前，类的方法就可以被调用。作为程序执行的起点，main()必须是类的方法，这是因为在程序生成对象之前，Java 运行时的系统会首先调用 main()。

方法 main()的返回类型是 void，这意味着它不返回任何值。最后，注意 main()的参数表包含了一个取名为 args 的 String 参数的声明。它是程序运行时，传送 string 类型参数的数组，在第 4 章会有关于它的详细解释。

2.8 应用实例：字符转换

既然能把字符表示为整数，那么自然可得到一个很有趣的提示，那就是可以以整数运算的方式来进行各种字符运算。例如，假设希望通过一个小写字母得到其对应的大写字母。整个小写字母序列（‘a’ … ‘z’）的整数值“位移”32，便得到整数个大小字母序列（‘A’ … ‘Z’）的整数值，所以可以把任意小写字母的整数值减去 32，便得到与其对应的大写字母的整数值，最后把该整数结果显式转换为字符类型，便得到了与任意小写字母相应的大写字母。当执行强制类型转换(char)('a'−32)时，其结果为字符‘A’，正如下列所示。

```
(char)('a' - 32)   ==> 'A'
```

回忆前面所学，在计算'a' − 32 时，Java 会把先‘a’自动提升为一个 int 类型值，然后再执行减法计算。因而，该表达式的单步计算过程如下所示。

```
(1)(char)((int)'a' - 32)
(2)(char)(97 - 32)
(3)(char) (65)
(4)'A'
```

类似地，也可以把任意大写字母转换为相应的小写字母，只需对大写字母的整数值加上 32，然后把结果转换为 char 类型即可。

```
(char) ('J' + 32)   ==> 'j'
```

该表达式的单步计算过程如下所示。

```
(1)(char)((int)'J' + 32)
(2)(char)(74 + 32)
(3)(char) (106)
(4)'j'
```

可以把上述大小写操作封装到一个方法中，以实现把小写字母转换为大写字母。

```
char toUpperCase(char ch) {
   if ((ch >= 'a') && (ch <= 'z')) {
      return ch - 32 ;
   }
   return ch;
}
```

该方法使用单个 char 类型作为参数，并返回一个 char 类型的值。首先该方法检测 ch 是否是一个小写字母，即 ch 是否位于‘a’与‘z’之间。如果是小写字母，该方法把 ch 的值减去 32 并返回。如果不是小写字母，则直接返回 ch。然而，如果仔细分析其执行步骤，将会发现该方法中含有一个明显的语法错误。如果以表达式 toUpperCase('b')调用该方法，那么，既然‘b’位于‘a’与‘z’之间，方法将会返回‘b’− 32。由于 b 的整数值为 98，所以返回的值是 98-32，也即 66，这也是表示字符‘B’的整数值。然而，按定义，该方法应返回一个 char 类型值，所以最后一条语句将会产生下列语法错误。

```
Incompatible type for return. An explicit cast needed
to convert int to char.
>>    return ch - 32 ;
```

```
>>    ^
```

为了避免该错误，结果应于返回前被转换为 char 类型。

```
char toUpperCase (char ch) {
   if ((ch >= 'a') && (ch <= 'z')) {
        return (char)(ch - 32);
   }
   return ch;
}
```

同样也可以实现把大写字母转换为小写字母的方法，如下面代码所示。

```
char toLowerCase (char ch) {
   if ((ch >= 'A') && (ch <= 'Z')) {
        return (char)(ch + 32);
   }
   return ch;
}
```

另一种常用的转换类型是把一个字符数字转换为与其值相同的整数数字。例如，希望把字符数字‘9’转换为整数 9，可以利用这样一个规律，即字符数字‘9’比字符数字‘0’在字典顺序中高 9 个字符。因而，‘9’减‘0’可得到整数结果 9。

```
('9' - '0') ==> (57 - 48) ==> 9
```

更一般地，表达式 ch －‘0’可以转换任意字符数字为其相应的整数数字。可以把以上转换概括到一个方法中，让该方法可以把任意字符数字转换为其相应的整数数字。

```
int digitToInteger(char ch) {
    if ((ch >= '0') && (ch <= '9')) {
        return ch - '0';
   }
   return -1 ;
}
```

该方法使用了一个 char 类型参数，并返回一个 int 类型值。方法首先检测 ch 是不是一个合法的字符数字，如果是，则把它减去字符‘0’；如果不是，则该方法返回-1，表示接收到一个不合法的输入参数。显然，当一个对象需要调用该方法，它应该首先确定传递给该方法的值是一个字符数字。

注意到 digitToInteger()方法与 toUpperCase()方法被声明为静态方法，这样可以从（静态方法）main()方法中直接调用 toUpperCase()方法与 digitToInteger()方法，如果仅仅只打算对这两个方法进行测试的话，这样做是十分有用且合理的。

```
public class Test {
   public static void main(String argv[]) {
      char ch = 'a';
      int k = (int)'b';
      System.out.println(ch);
      System.out.println(k);
      ch = (char)k;
      System.out.println(ch);
      System.out.println(toUpperCase('a'));
      System.out.println(toUpperCase(ch));
      System.out.println(digitToInteger('7'));
   }
   public static char toUpperCase(char ch) {
      if ((ch >= 'a') && (ch <= 'z')) {
         return (char)(ch - 32);
```

```
        }
        return ch;
    }
    public static int digitToInteger(char ch) {
        if ((ch >= '0') && (ch <= '9')) {
            return ch - '0';
        }
        return -1 ;
    }
}
```

程序运行结果为：

```
a
98
b
A
B
7
```

本章小结

本章首先回顾了 Java 语言及其技术的产生与发展历程，目的在于让读者了解 Java 语言和技术产生的动机，Java 最早的目标是致力于为家电设备和机顶盒等提供一个简单易用的、可移植的开发平台，但是并没有取得成功。随着 Internet 的发展，Java 技术获到了广阔的发展空间，成为企业级和分布式运算等领域最主流的开发技术之一。

随后讨论了 Java 开发环境及其配置，主要介绍了 JDK 和 IDE（Eclipse）的安装和配置，然后介绍了第一个 Java 程序 HelloWorld，通过该程序讲解了 Java 的基本语法，包括注释、分号、块、空白、标识符、关键字、语句等。让读者对 Java 程序有一个最基本的认识。

数据类型是一门编程语言的基础，本章还介绍了 Java 的数据类型，包括简单数据类型和引用数据类型。同时较详细地介绍了简单数据类型里的整型、浮点型、字符型和布尔型。

习　　题

1. 关于 Java Application 的入口方法 main()的检验：

main()方法的参数名是否可以改变？

main()方法的参数个数是否可以改变？

该方法名是否可以改变？

2. 当一个程序没有 main()方法时，能编译吗？如果能编译，能运行吗？

3. 下列语句能否编译通过？

```
byte i = 127;
byte j = 128;
long l1 = 999999;
long l2 = 9999999999;
```

4. 下列语句能否编译通过？

```
float f1 = 3.5;
float f2 = 3.5f;
```

5. 验证 int 和 char，int 和 double 等类型是否可以相互转换。

6. 计算下列表达式，注意观察运算符优先级规则。若有表达式是非法表达式，则指出不合法之处，且进行解释。

（1）4+5 == 6*2　　（2）(4=5)/6

（3）9%2*7/3>17　　（4）(4+5)<=6/3

（5）4+5%3!=7-2　　（6）4+5/6>=10%2

7. 下列哪个是合法的 Java 标识符？

（1）Counter1　　（2）$index,

（3）name-7　　（4）_byte

（5）larray　　（6）2i

（7）try　　（8）integer

8. 下列各项中定义变量及赋值不正确的是哪个？

（1）int I = 32;

（2）float f = 45.0;

（3）double d = 45.0;

9. Java 语言中，整型常数 123 占用的存储字节数是哪个？

（1）1　　（2）2　　（3）4　　（4）8

10. 以下代码的编译运行结果是哪个？

```
public  class Test{
    public static void main(String[] args){
       int age;
       age = age + 1;
       System.out.println("the age is " + age);
    }
}
```

（1）编译通过，运行无输出

（2）编译通过，运行结果为“the age is 1”

（3）编译通过但运行时出错

（4）不能通过编译

11. 写出下列表达式的运行结果是哪个？

（1）6+3<2+7　　（2）4%2+4*3/2

（3）(1+3)*2+12/3　　（4）8>3&&6==6&&12<4

（5）7+12<4&&12-4<8　　（6）23>>2

第3章 Java语言的控制结构

3.1 运算符和表达式

3.1.1 运算符

在 Java 语言中，表达式是由运算符和操作数组成，运算符就是提供运算功能的符号。Java 中的运算符，大体上可分为算术运算符、关系运算符、逻辑运算符、位运算符、赋值运算符、转型运算符等，下面从运算的数据类型着手，分别介绍 Java 中的运算符。

1. 算术运算

算术运算是针对数值数据进行的运算，包括标准的代数运算：加（+）、减（−）、乘（*）、除（/）以及取模（%）运算，它们可以对多个不同类型的数据进行混合运算，为了尽最大可能地保持运算结果的准确性，在运算之前会进行相应数据类型的转换，将精度低的数据类型转变为精度最高的数据类型。转换规则如下。

（1）当用运算符把两个操作数组合到一起的时候，运算之前会将两个操作数转化为相同的类型。

（2）如果两个操作数中有一个是 double 类型的，则另一个操作数相应地转换成 double 类型。

（3）如果两个操作数中有一个是 float 类型的，则另一个操作数相应地转换成 float 类型。

（4）如果两个操作数中有一个是 long 类型的，则另一个操作数相应地转换成 long 类型。

（5）其他类型的操作，两个操作数都转换成 int 类型。

需要注意的是，在 Java 中乘号是"*"而不是"×"。算术运算符都是二元运算符，这意味着它们每次运算都需要两个操作数。表 3.1 对 Java 运算符以及其相应的标准代数运算进行了比较。

表 3.1　Java 中的标准代数运算符

运算	运算符	Java	代数
加	+	x+2	x+2
减	−	m−2	m−2
乘	*	m*2	2m 或 2×m
除	/	x/y	x÷y 或 $\frac{x}{y}$
取模	%	x%y	x modulo y（其中 x，y 都是整数）

尽管这些运算符看上去都非常相似，但是在程序中使用这些运算符时，还是应该注意一些与代数运算的重要区别。

算术运算的通用形式：

```
oper1 operator oper2
```

其中，oper1 和 oper2 代表参与运算的两个数，operator 代表运算符，由表 3.1 中的任意一个运算符替代。

（1）“/” 除法运算

考虑下列表达式。

```
3 / 2          ==> 结果为 1,        类型是整数
3.0 / 2.0      ==> 结果为 1.5 ,     类型为浮点数
3 / 2.0        ==> 结果为 1.5 ,     类型为浮点数
3.0 / 2        ==> 结果为 1.5 ,     类型为浮点数
```

在以上各个表达式中，都是用数 3 除以数 2。然而，依据不同的操作数类型，得到了不同的结果。

当两个操作数都为整数型时，比如 3/2，其运算结果也必为整数型，而且运算的结果是取商的过程。因此（3/2）运算结果为整数型值 1，由于整数型数据没有小数部分，所以 0.5 被截去了。整数型的除法（/）总是会得到一个整数结果。所以，（6/2）与（7/2）的运算结果值都应为 3。按照代数运算 7/2 的结果应该为 3.5，但是 3.5 不是一个整数型值，所以 7/2 的结果不能是 3.5。

当操作数之一为实数时，正如上例中其他 3 个表达式所示，结果就是一个实数。例如 3/2.0，2.0 为一个浮点数，所以运算结果为 1.5。这里就涉及运算结果的取舍问题，程序运行结果会向着操作数大的一方做转化。

因而，当对整数型数值和浮点型数值使用相同的运算符（/）时，实际上涉及两种不同的运算：整数型除法与浮点型除法。后面会讲到，这种对不同运算（整数除法与实数除法）使用同一种运算符的方法为运算符重载。

（2）“%” 取模运算

如果想得到一个整除后的余数该怎么做呢？Java 提供了取模运算符（%），它需要两个操作数。表达式（7%5）表示取 7 除以 5 后得到的余数，所以结果为 2。一般而言，表达式（m % n）（读作 m mod n） 可得到 *m* 除以 *n* 之后所得的余数。看看下面的例子。

```
7 % 5   ==> 7 对 5 取模等于 2
5 % 7   ==> 5 对 7 取模等于 5
-7 % 5  ==> -7 对 5 取模等于-2
7 % -5  ==> 7 对 -5 取模等于 2
```

对得到以上例子运算结果最好的办法是对操作数进行长整数除法，同时保留商与余数。比如，当使用长整数除法计算−7÷5 时，将得到商−1 与余数−2。这里的商恰好是−7/5 的值，而余数恰好是−7%5 的值。

在实际编程中，可能会经常遇到使用取模运算符的情况。例如，可以使用取模运算符来确定一个整数是奇数还是偶数，能够被 2 整除后余数为 0 的数是偶数。看下面的例子。

```
 if (N % 2 == 0){
      System.out.println(N + " is even");
}
```

更一般地，可以使用取模运算符来定义一个数对于 3,4,10，或任意其他数值的可除性。

（3）加、减、乘法运算

Java 运算符中的加、减和乘法运算和代数运算是一致的，注意在运算过程中乘法要先进行运

算。下面来看与加、减、乘 3 个运算符相关的例子。

```
7 + 5          ==> 7 加 5 之和等于 12
5 * 7          ==> 7 乘以 5 之积等于 35
7 - 5          ==> 7 减 5 等于 2
12 -5*2        ==> 先进行 5 乘以 2，操作结果为 10，再用 12 来减 10，最后等于 2
```

2. 自增与自减运算

Java 提供了一些一元运算符来使一个整型变量进行自增或自减的运算。

自增自减运算的通用形式：

```
operator oper
```

其中，oper 代表参与运算的一个整型操作数，operator 代表自增（++）和自减（--）运算符。

比如表达式 k++使用自增运算符++来增加整型变量 k 的值。表达式 k++等价于如下 Java 语句。

```
int k;
k = k + 1;  // k 加上 1，然后把结果赋给 k
```

一元运算符++只需要一个整型操作数，这里用变量 *k* 来操作。它使 *k* 的值增加 1，并把运算结果重新赋值给 *k*。另外该运算符还分为前置形式与后置形式两种用法。在表达式 *k*++中，运算符位于 *k* 之后，这意味着该运算符是作为后置形式使用，也即意味着自增运算在该操作数的值被使用后再进行。

对比表达式++*k*，这里++运算符位于操作数之前。在这种情况下，运算符被当作前置形式使用，也即意味着自增运算是在该操作数的值被使用前进行的。

对于变量 *k*，前置和后置形式如下：

```
k++    =====> 后置形式
++k    =====> 前置形式
```

当在语句中单独使用时，运算符的前置形式与后置形式，即 *k*++与++*k* 之间并没有实际区别。两种情况的结果都为 *k*=*k*+1。然而，当它们与其他运算符混合运算时，前置形式的运算符与后置形式的运算符就表现不同。比如在下面的代码中：

```
int j = 0, k = 0;           // 定义 j 和 k，其初始值都为 0
j = ++k;                    // k 和 j 都等于 1
```

变量 *k* 的值是在自增之后才赋给 *j*。该赋值语句被执行后，*j* 和 *k* 的值都变为 1。上述语句序列等价于：

```
int j = 0, k = 0;           //定义 j 和 k，其初始值都为 0
k = k + 1;
j = k;                      //k 和 j 都等于 1
```

前面是使用前置形式的自增运算符，下面来看看后置形式的自增运算符的例子。

```
int i = 0, k = 0;           //定义 j 和 k，其初始值都为 0
i = k++;                    // i 等于 0，k 等于 1
```

运算过程为变量 *k* 先把其值 0 赋给 *i*，然后 *k* 进行自增运算。在该赋值语句被执行后，*i* 的值为 0，而 *k* 的值为 1。上述语句序列等价于：

```
int i = 0, k = 0;           //定义 j 和 k，其初始值都为 0
i = k;
k = k + 1;                  // i 等于 0，k 等于 1
```

除了自增运算符，Java 还提供了自减运算符--，它也能够以前置形式或后置形式使用。

同样以变量 *k* 为例，前置和后置形式如下。

```
k--   =====> 后置形式
--k   =====> 前置形式
```

表达式--k 将会首先使 *k* 的值减 1，然后再让 *k* 参与其他运算操作；表达式 *k*--则先让 *k* 参与运算操作，再将 k 的值减 1。看看下面的代码。

```
int j = 0, k = 2;         // 定义 j 和 k，j 初始值都为 0，k 初始值为 2
j = --k;
```

例子中 *k* 先自减 1，值为 1，然后将 1 赋给 *j*，所以最终结果 *j* 和 *k* 都为 1。再看看下面的代码。

```
int j = 0, k = 2;
j = k--;
```

例子中先将 *k* 的值 2 赋给 *j*，然后 *k* 再自减 1，值变为 1，所以最终结果 *j* 的值为 2，*k* 的值为 1。

表 3.2 总结了自增运算符与自减运算符的规则。自增与自减这两个一元运算符拥有比任何二元算术运算符都高的运算优先级。

表 3.2　　Java 自增自减运算符

表达式	运算	含义
j=++k	前置形式自增	*k*=*k*+1;*j*=*k*;
j=k++	后置形式自增	*j*=*k*;*k*=*k*+1;
j=--k	前置形式自减	*k*=*k*−1;*j*=*k*;
j=k--	后置形式自减	*j*=*k*;*k*=*k*−1;

3. 赋值运算符

除简单赋值运算符（ = ）之外，Java 还提供了一些能把基本代数运算与赋值运算结合在一起的赋值运算符。这些运算符既可以用于整型操作数，也可用于浮点型操作数。

表 3.3 列出了可用于复合代数运算符的赋值运算符。对于这些运算，其含义都相同：先计算运算符右边的表达式，随后对计算结果与运算符左边的当前值执行代数运算（比如加法或乘法）。

表 3.3　　Java 的赋值运算符

运算符	运算	范例	含义
=	简单赋值	m=n;	*m*=*n*;
+=	加后赋值	m+=3;	*m*=*m*+3;
-=	减后赋值	m-=3;	*m*=*m*−3;
*=	乘后赋值	m*=3;	*m*=*m**3;
/=	除后赋值	m/=3;	*m*=*m*/3;
%=	取余数后赋值	m%=3;	*m*=*m*%3;

简单赋值运算符是最简单，也是最常用的运算符，用来将运算符右边等式的值赋给左边的变量。例如有一个整型变量 *k*，给 *k* 赋初始值为 3，应该如下书写。

```
k = 3;
```

复合代数运算符，例如+=运算符，允许使用者把加法运算与赋值运算组合到一个表达式中。如下语句：

```
k += 3;
```

等价于语句：

```
k = k + 3;
```

运算结果为 6。类似地，语句：

```
k += 3.5 + 2.0 * 9.3 ;
```

等价于语句：

```
k = k + (3.5 + 2.0 * 9.3);  // k = k + 22.1;
```

正如以上例子所示，当使用+=运算符时，先计算+=运算符右边的表达式，然后把结果赋给运算符左边的变量。其他 4 个复合运算符也是同样的运算顺序，例如下面代码：

```
k -= 3;        等价于  k = k-3;
k*= 3;         等价于  k = k*3;
k /= 3;        等价于  k = k/3;
k %= 3;        等价于  k = k%3;
```

4. 关系运算符

Java 中有一些可用于整数型数据的关系运算符：<，>，<=，>=，==及!=。这些运算符对应于代数运算符中的<，>，≤，≥，＝及≠。每个运算符都需要两个操作数（整数型或实数型），并返回一个布尔型结果。

关系运算的通用形式：

oper1 operator oper2

其中，oper1 和 oper2 代表参与运算的两个操作数，operator 代表关系运算符，在关系运算符两边的操作数满足关系运算含义的时候，结果就返回 ture，否则返回 false。表 3.4 罗列了常用的关系运算符。

表 3.4　　关系运算符

运算符	运算	Java 表达式
<	小于	5<10
>	大于	10>5
<=	小于等于	5<=10
>=	大于等于	10>=5
==	等于	5==5
!=	不等于	5!=4

注意到在 Java 的关系运算符中，有一些是使用两个符号来表示的。因此，大家熟悉的等号判断（＝）在 Java 中被“==”所替代。这确保了等于关系运算符可与赋值运算符区别开来。另外小于等于（<=）、大于等于（>=）及不等于（!=）都是由两个符号组成，它们取代了在代数运算中我们熟悉的≤，≥与≠。在这些情况下，两个符号的书写应该连贯。在 Java 中一个常见的错误就是在<=运算符的<符号与=符号之间出现了空格，如< =此类的写法。

在这些关系运算符中，不等运算符（<，>，<=及>=）和相等运算符（==与!=）的运算优先级高。当一个表达式里同时含有这两类不同的运算符时，具有判断大小语义的运算符将首先得到运算。若只包含其中一类表达式，则按从左至右的顺序进行计算。

关系运算符的运算优先级比代数运算符低，因而在同时含有关系运算符与代数运算符的表达式中，代数运算将首先被执行。在表 3.5 里可看到目前为止所介绍的所有数值运算符的优先级高低顺序。

表 3.5 包含关系运算的数值运算符优先级

优先级	运算符	运算
1	( )	圆括号
2	++ --	自增，自减
3	* / %	乘法，除法，取模
4	+ −	加法，减法
5	< > <= >=	关系运算符
6	== !=	判等运算符

看下面的代码。

```
++5 < 2--
```

运算顺序为：

（1）++5，结果为 6。

（2）由于<的优先级小于自减，所以执行 2--运算，因为 2--为后置运算，运算结果还是为 2。

（3）执行<关系运算符，此时 6<2 不符合小于的含义，所以结果返回 false。

在得到上述运算结果的时候，通常为了避免忘记优先级而带来的运算错误，可以使用“( )”来显示的改变运算的先后顺序，例如前面的例子可以修改为：

```
(++5) < (2--)
```

关系运算符通常和条件判断结构结合使用，关系运算的结果为布尔类型，所以任何判断需要布尔类型的情况下，都可以使用关系运算来获得。

5. 逻辑运算

和其他所有的简单数据类型一样，布尔类型也是由一些确定的数据（真假值）以及一些能在这些数据上进行操作的某些行为与运算组成。对布尔类型而言，有 4 种基本运算：逻辑与运算（表示为&&），逻辑或运算（表示为||），逻辑异或运算（表示为^），以及逻辑非运算（表示为!）。这些运算都可在表 3.6 中所示的真值表中找到定义。真值表通过给出所有可能的布尔值组合来定义布尔运算符。该表的头两列给出了在只有两个操作数 O1 与 O2 的情况下，所有的布尔值组合情况，其中操作数是指在一次运算中的一个值。注意在表的每一行中，分配给两个操作数的布尔值组合都不相同，这样所有可能的布尔值的组合情况都能够清晰明了。而表中剩下的列则给出了 O1 与 O2 在各种取值情况下，进行逻辑与、逻辑或、异或和非操作的结果值。

表 3.6 真值表 布尔运算符定义：逻辑与（&&），或（||），异或（^），非（!）

O1	O2	O1&&O2	O1||O2	O1^O2	!O1
true	true	true	true	false	false
true	false	false	true	true	false
false	true	false	true	true	true
false	false	false	false	false	true

首先看看在表中第三列定义的逻辑与运算，以便让读者能更好地理解逻辑与运算。逻辑与运算符是一个二元运算符，也即它需要两个操作数，这里是 O1 与 O2。若 O1 与 O2 皆为真（在 Java 中，“真”用英文单词 true 表示，“假”用 false 表示），则其值（O1&&O2）为真（如第一行所示）。若 O1，O2 中有一个为假，或两者同时为假，则表达式（O1&&O2）为假（如二至四行所示）。

布尔类型的逻辑或运算（表 3.6 第四列）也是一个二元运算。若 O1，O2 皆为假，则其值（O1||O2）

为假（如第四行所示）。若 O1，O2 中任意一个为真，或两者皆为真，则表达式（O1||O2）为真（如一至三行所示）。所以，或表达式（O1||O2）为假的条件只能是 O1，O2 同时为假。

布尔类型的逻辑异或运算（表 3.6 第五列）是一个二元运算，异或表达式（O1^O2）为假的条件是 O1 和 O2 的值相同，或者同时为真，或者同时为假。这里要特别注意异或和或的区别，或运算是只要两个操作数中一个为真，即运算结果为真，而异或运算是基于两个操作数的，当两个操作数一个为真、一个为假的情况时，结果才为真。看表 3.6 当中第五列的第二行和第三行，它们值为真时的情况。

逻辑非运算（表 3.6 中最后一列）是一个一元运算——它仅需一个操作数，此运算的作用是反转操作数的真假值。所以，当 O1 为真时!O1 为假，反之亦然。

结合前面的关系运算符，看看下面的代码。

```
(1) (5 > 2) && (3 < 4)
(2) (5 > 2) || (3 < 4)
(3) (5 > 2) ^ (3 < 4)
(4) !(5>2)
```

在代码中，(5>2)是一个关系运算，运算结果为 true；(3<4)也是一个关系运算，运算结果为 false，所以在进行逻辑运算的时候，结果依次如下。

```
(1) false
(2) true
(3) true
(4) false
```

运用逻辑运算符进行相关的操作时，会遇到一种很有趣的现象，称为短路现象。对于 true && false 运算，根据前面的介绍，知道运行的结果为 false，也就是说无论后面运算的结果是“真”还是“假”，整个语句的结果肯定是 false 了，所以系统就认为已经没有必要再进行比较下去了，也就不会再执行后面的运算，这就是编程时所说的短路现象。

所以，在进行逻辑与和或运算的时候，在条件比较的时候要注意下面两点。

（1）逻辑与（&&）运算尽量把结果最可能为假的条件放到前面。

（2）逻辑或（||）运算尽量把结果最可能为真的条件放到前面。

例如，看看下面的代码。

```
(5 > 2) && (3 < 4) || (2<3)
```

代码中既包含逻辑与运算，也包含逻辑或运算，上例中的运算结果顺序为：

（1）5>2，返回值为 true。

（2）3<4，返回值为 false。

（3）进行&&操作，即（1）的结果 true &&（2）的结果 false，返回值为 false。

（4）2<3，返回值为 true。

（5）进行||操作，即（3）的结果 false ||（4）的结果 true，最后结果为 true。

从上面的分析可以得出，代码将进行 5 步的运算，但是如果改变运算顺序如下：

```
(2<3) || (5 > 2) && (3 < 4)
```

则运算会先得到 2<3 的返回值 true，然后发现后面是一个逻辑与（||）运算，则系统会认为没有计算下去的需要，即整个结果返回 true，这样就减少了运算的次数，加快了运行速度。再修改上面的代码如下。

```
(2>3) || (5 > 2) && (3 < 4)
```

这个时候由于 2>3 返回值为 false，所以会进行后面的运算。同样 5>2 将返回 true，会接着进行 3<4 的运算，这样代码中所有的运算符都会被执行一次，按照前面所讲的，在碰到逻辑与操作

的时候，把结果最可能为假的放到前面，所以修改代码为：

```
(2>3) || (3 < 4) && (5 > 2)
```

这样，5>2 这个关系运算就不会得到执行。

6. 三元运算符

Java 支持三元运算符“? :”，这个运算符的形式如下。

```
condition?a:b
```

它表示如果条件 condition 为 true，则表达式的值为 a，否则，表达式的值为 b。

下面看一个简单的例子。

```
x>y?x:y
```

上面的表达式将返回 x、y 两个操作数中比较大的一个。例如，如果 x 等于 5，y 等于 9，则 x>y 值为 false，则三元运算的结果为 y，即返回 9；而如果 x 等于 8，y 等于 4，则 x>y 的值为 true，那么三元运算的结果为 x，即返回 8。

在使用三元运算符的时候，还可以在返回结果中嵌套三元运算，例如：

```
(5>3) ? (2<3? 4:5): (1>4? 7: 8);
```

这里可以看到，当运算判断 5>3 的结果为 true 时，会返回(2<3? 4:5)的值，这个时候里面同样是一个三元表达式，所以会进行另外一个三元表达式的运算，最终返回结果为 4。修改上面的代码为：

```
(5>3 && 1>3) ? (2<3? 4:5): (1>4? 7: 8);
```

这个时候，由于(5>3 && 1>3)的结果为 false，会返回(1>4? 7: 8)的值，这个三元表达式也是最简单的形式，所以最后的结果就将返回 8。

在进行此类三元运算的时候，只需要按照运算的顺序一步一步地计算下去，就可以得到正确的结果。通常来讲，三元运算虽然可以嵌套多个三元运算，但是这样的代码不利于维护，而且阅读起来也比较麻烦，所以要尽量少套用三元运算。

7. 位运算符

在介绍位运算符前，需要了解 Java 是如何来存储以及处理数据的。在计算机中，所有的数据都是以二进制的方式存储的，不管是 int 类型、float 类型、long 类型等不同的数据类型，最终在计算机中都会存储为“01”的形式。计算机是一种电子设备，由复杂的电子元器件组合而成，一个电子元器件有两种状态：带电和不带电。通常用数值 1 来表示带电状态，数值 0 来表示不带电状态，这样多个元器件的组合可以表示更多的状态，即可以表示更多的数据，例如 0 可以用 000 来表示，1 用 001 来表示，2 用 010 来表示，3 用 011 来表示，依此类推，7 用 111 来表示。一个元器件可表示一位（bit）数据，这种数据的表现形式就叫做二进制。在实际的电子设备中，将 8 个这样的元器件组合成一个单元，这样的单元叫做一个字节（byte）。一个字节能表示的数值范围是 0～255，即 0～（2^8−1）。8 个二进制位组成一个字节，其中最左边的一位称为“最高有效位”或“最高位”，最右边的一位称为“最低有效位”或“最低位”，每一个二进制位的值是 0 或 1。

有符号数二进制有 3 种表现形式：原码、反码、补码，下面以 8 位二进制作为示例进行说明。

（1）原码

原码表示法是机器数的一种简单的表示法。最高位表示符号位，0 表示正号，1 表示负号，其余位表示数值的大小。设有一数字为 A，A 用原码表示为$[A]_{原}$。

例如：

$[5]_{原}$ = 00000101

$[-5]_{原}$ = 10000101

在原码表示法中，对 0 有两种表示形式：

[+0]原 = 00000000

[−0]原 = 10000000

8 位二进制原码的表示范围：−127～+127。

（2）反码

反码可由原码得到，正数的反码与原码相同；负数的反码，符号位为“1”，数值部分按位取反。设有一数字为 A，A 用反码表示为[A]反。

例如：

[5]反 = 00000101

[−5]反 = 11111010

8 位二进制反码的表示范围：−127～+127。

（3）补码

补码也可以由原码得到，正数的补码和原码相同；负数的补码则是对它的原码（符号位保持不变）按位取反后，再在末位（最低位）加 1。在计算机中，负数都是使用补码的形式来存储的。

例如：

[5]补 = 00000101

[−5]补的计算过程为先求−5 的原码，即为 10000101，然后取反（除符号位）后结果为 11111010，最后在末位加 1，结果为 11111011。

所以，[−5]补 = 11111011。

8 位二进制补码的表示范围：−128～+127。

补码是计算机中一种重要的编码方式，如下所述。

（1）使用补码可以方便地将运算中的减法转为加法运算，运算过程得到简化。采用补码进行运算，所得结果仍为补码。

（2）与原码、反码不同，数值 0 的补码只有一个，即 [0]补=00000000。

下面以 int 为例，来看看 Java 中保存数据的方式。在 Java 中，1 int = 4 byte，1 byte = 8 bit。以此类推，1 个 int 型的数据在计算机中就是以 4 * 8 = 32 位（bit）的方式存储的。在 Java 中，int 是属于有符号类型的（Java 中不存在无符号 unsigned 类型），所以 32 位中的最高位是符号位，由此可以推理出 int 的储存大小区间：

−2147483648(-2^{32}) ～ 2147483647($2^{32}-1$)

二进制表示为：

```
10000000 00000000 00000000 00000000 ～ 1111111 11111111 11111111 11111111
```

从上面可知，数据、信息在计算机中都是以二进制形式保存的，这样就可以对整数的二进制位进行相关的操作，位运算符就是用来直接处理组成这些整数的各个二进制位。位运算符可以操作的数据类型有：byte、short、char、int、long。

位运算主要包括 4 个运算：位的“与”（&）、位的“或”（|）、位的“非”（～）、位的“异或”（^）。位运算符“&”（与）会在两个操作数都为 1 时，返回一个 1 的输出值，在其他情况下为 0；位运算符“|”（或）会在有一个操作数为 1 时，返回一个 1 的输出值；位运算符“^”（异或）会在两个操作数有且只有一个为 1 时，返回一个 1 的输出值；而位运算符“～”（取反）是一个单目运算符，它只有一个操作数，返回位操作数的“相反值”，如果操作数为 1，则取反操作数后，返回值为 0。

下面是 4 个位运算符的运算汇总示例。

（1）位与（&），二元运算符，如表 3.7 所示。

表 3.7　　位与（&）

A	B	A&B
1	1	1
1	0	0
0	1	0
0	0	0

求 3&5 的过程如下。

```
3 的二进制表示为:        0  0  0  0  0  0  1  1
5 的二进制表示为:        0  0  0  0  0  1  0  1
3&5 结果为:             0  0  0  0  0  0  0  1    ==>  结果为 1
```

（2）位或（|），二元运算符，如表 3.8 所示。

表 3.8　　位或（|）

A	B	A|B
1	1	1
1	0	1
0	1	1
0	0	0

求 3|5 的过程如下。

```
3 的二进制表示为:        0  0  0  0  0  0  1  1
5 的二进制表示为:        0  0  0  0  0  1  0  1
3|5 的结果为:           0  0  0  0  0  1  1  1    ==>  结果为 7
```

（3）位异或（^），二元运算符，如表 3.9 所示。

表 3.9　　位异或（^）

A	B	A^B
1	1	0
1	0	1
0	1	1
0	0	0

求 3^5 的过程如下。

```
3 的二进制表示为:        0  0  0  0  0  0  1  1
5 的二进制表示为:        0  0  0  0  0  1  0  1
3^5 的结果为:           0  0  0  0  0  1  1  0    ==>  结果为 6
```

（4）位非（～），一元运算符，如表 3.10 所示。

表 3.10　　位非（～）

A	～A
1	0
0	1

求～3 的过程如下。

```
3 的二进制表示为:        0  0  0  0  0  0  1  1
～3 的结果为:            1  1  1  1  1  1  0  0    ==>  结果为-4
```

8. **移位运算符**

一个字节由 8 位（bit）组成，每个位可以表示为 1 或 0 ，整个数的值使用二进制的形式来表示，以 2 为基数的算法来决定数值。即最右边的位代表 1 或 0，下一个位代表 2 或 0……第 *n* 位代表 $2^{(n-1)}$ 或 0。

在 Java 中，除了 char 以外，其他所有的整型数据类型的最左边一位都作为符号位。如果符号位为 1，这个数就是负数，并使用补码来表示。

在 Java 中，有 3 个移位运算符，如下所述。

（1）左移：<<　　　　（相当于乘以 2）

（2）带符号右移：>>　　（相当于除以 2）

（3）无符号右移：>>>

移位运算符的通用形式：

oper operator n

其中，oper 表示整型数据，operator 表示移位运算符，*n* 表示移位运算符将整型数据向左或向右移动 *n* 给定的位数，例如：

```
18<<2
```

因为 Java 中整数值默认被解释为 int 类型，所以 18 被当作 32 位数。因为 18 的高 24 位全部为 0，为简化起见，只考虑低 8 位：

00010010 (2^4+2^1)

在<<操作中，它在低位插入右操作数指定个数的 0，同时扔掉相同位数的高位，因此，经过左移操作后的二进制表示为：

01001000 (2^6+2^3)

它的十进制的值为 72，所以 18<<2 的结果为 72。

>>运算符将左操作数向右移动右操作数给定的位数，而扔掉相同位数的低位。向右移动后，高位“腾出”的空间用全 1 或者全 0 来填充。用 0 或 1 取决于原来这个左操作数最高位的值，如果最高位是 1，则用全 1 来填充，否则用全 0 来填充。这样，原来数据中的符号就不会丢失了。例如，原来的数为负数，其最高位为 1，通过>>操作后，最高位还是 1，它还是负数。因此，>>被称为“有符号右移运算符”。

例如：

```
18>>2
```

考虑低 8 位，因为前面 24 位全部为 0，右移也是用 0 来填充：

```
00010010  右移 2 位——>   00000100
```

所以，18>>2 的结果为 4。再如：

```
-18>>2
```

考虑低 8 位，因为前面 24 位全部为 1，右移也是用 1 来填充：

```
11101110  右移 2 位——>   11111011
```

所以，−18>>2 的结果为−5。

>>>移位运算符允许将有符号数当作无符号数来进行（向右）移位操作。当一个数被>>>向右移位时，低位数被丢弃，而在“腾出来”的高位填充上 0 。这样，无论这个数原来是否有符号，经过>>>移位后，都变成了正数。

例如：

```
18>>>2
```

考虑低 8 位，因为前面 24 位全部为 0，右移也是用 0 来填充：

```
00010010　右移 2 位——>　00000100
```

所以，18>>>2 的结果为 4。再如：

```
-18>>>2
```

−18 的二进制表示为：

```
11111111 11111111 11111111 11101110
```

右移 2 位，并用 0 来填充之后结果为：

```
00111111 11111111 11111111 11111011
```

所以−18>>>2 移位之后变为正数，根据上面的二进制结果，读者可以自己换算为十进制。

移位运算符<<、>>、>>>适用于整型数据的移位操作，可以操作的数据类型有：byte、short、char、int、long，其中对于低于 int 型的操作数，将自动转换成 int 型，然后进行移位操作，最终得到的结果为 int 型。

3.1.2　表达式

定义数据运算的表达式可以用来处理程序中的数据，表达式用于在 Java 程序中指定或产生一个值，比如对两个数进行相加，可以使用算术表达式，如 num1+num2。比较两个数，可以使用关系表达式，如 num1<num2。可以看到，这些表达式都使用了特别的符号，叫做操作符。

Java 表达式和操作符的类型决定于它们所操作的数据。例如，当对两个 int 值执行加法操作时，比如 5+10，这个表达式就会生成一个 int 型的结果。当用小于操作符比较两个数值时，这个表达式会生成一个 boolean 的结果：false 或 true。

需要注意的是，表达式自己不能单独存在，它们只能作为语句的一部分而存在。这里还有使用表达式的一些其他例子：

```
num = 7              // 对 int 类型的赋值表达式
num = square(7)      // 方法调用的结果对 int 类型的赋值表达式
num == 7             // 布尔型的相等比较表达式
```

第一个是赋值表达式，因为它把 7 赋值给 num，所以 num 的值为 7。第二个也是赋值表达式，但是它在右边有一个方法调用 square(7)（假设方法 square()已在程序中被恰当地定义了）。方法调用是另一种表达式。在这个例子中，它的值是 49。注意如果在赋值表达式后加一个分号，那么它就可以变成一个单独的赋值语句。第三个表达式是等值表达式。假设存放在左边的变量值是 7，那么它的值是 true。要注意的是赋值操作符（=）与等值操作符（==）之间的区别。

3.2　选择结构

在 Java 中，程序结构分为顺序、选择、循环 3 大结构，其中最简单的结构就是顺序结构。顺序结构就是一条一条的语句自上而下地依次执行，当代码中语句执行完时，程序就终止运行。看下面的语句。

```
语句 1;
语句 2;
语句 3;
语句 4;
语句 5;
```

程序中按照语句的先后顺序，从语句 1～5 的顺序执行下去，最终程序运行完毕。顺序结构可以构成一个简单的程序，通常使用的输入、运算和输出 3 个步骤的程序就是顺序结构。例如求圆的面积，该程序的执行顺序就是输入圆的半径 *r*，然后程序计算圆的面积 *s*=3.14**r***r*,最后输出圆的面积 *s* 即可。在实际程序开发中，顺序结构都是作为程序的一部分，和选择结构以及循环结构一起，构成一个相对复杂的程序，例如选择结构中的复合语句、循环结构中的循环体等。由于顺序结构的简单性，这里就不着重介绍，读者可以从下面所讲的选择结构和循环结构中学习。

3.2.1 简单的 if 语句

一个选择控制结构可以使程序从两条或者更多执行路径中，选择一条来执行。在 Java 中，if 语句是最基本的选择控制结构。大多数的编程语言都有与 if 相似的选择控制语句。

if 语句的语法结构如下。

if（布尔表达式）

待执行的语句;

在语义上，if 语句可以解释如下：首先，计算布尔条件的值，如果它为真，就执行包含的语句；如果它为假，就不执行包含的语句。如图 3.1 所示，这个流程图清楚地显示了，程序流程将执行从图中的菱形布尔条件框中出来的候选路径中的一条或另一条。当布尔条件为真时，执行矩形语句框中的分支，否则将跳过该语句。

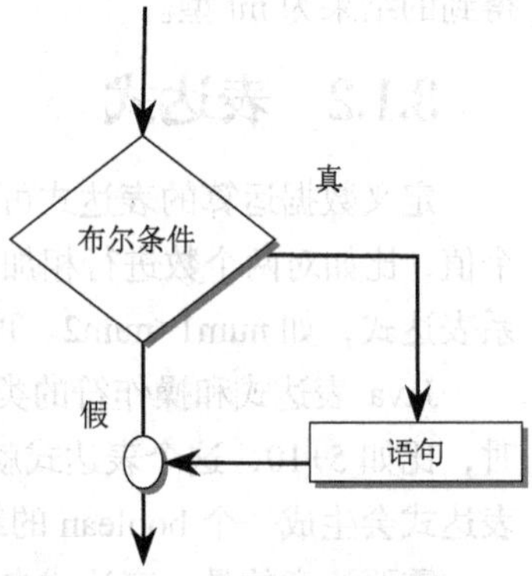

图 3.1　if 语句流程图

图中菱形符号表示包含布尔表达式，矩形符号则只能包含可执行语句，圆形只是用来连接两条或更多条路径的连接符。

忘记在复合语句前后加大括号是常见的编程错误。只是把跟在 if 子句后的语句缩进去，才不会改变 if 语句的逻辑顺序。例如，下面的 if 语句仍然只在 if 子句里包含一条语句。

```
if (condition1)
    System.out.println("One");
    System.out.println("Two");  // 不是 if 的一部分
```

这段代码会先判断 condition1 的值，如果为 true，则会打印“One”；否则不会进入 if 语句块中。然后总会打印“Two”，因为第二个 println()不是 if 语句的一部分。要把它包含在 if 语句里，必须把两个 println()语句都放在括号里。

```
if (condition1) {
    System.out.println("One");
    System.out.println("Two");
}
```

来看看下面的代码。

```
public class Test {
   public static void main(String argv[]) {
        int a = 10;
        int b = 0;
        if (a == 10) {
              b = a;
        }
        System.out.println("b=" + b);
    }
}
```

程序中定义了两个 int 类型变量 *a* 和 *b*，并分别赋初值为 10 和 0。然后判断 *a* 的值，如果 *a*==10，这个表达式返回 true，即 *a* 的值为 10 的时候，就将 *a* 的值赋给 *b*，否则不做任何操作，最后打印 *b* 的值。

程序运行结果为：

```
b=10
```

如上面的程序所示，通常如果 if 语句块中只有一条语句的时候，可以不使用{}将 if 语句块括起来，这个时候紧跟着 if 语句后的那一条语句就是满足条件情况下执行的语句。但是在实际编程中，即使 if 语句块中只有一条语句，加上{}大括号会让代码结构更加清晰。

另外一个方面，诸如此类单个 if 语句块的赋值语句，往往可以通过三元运算符来改写程序结构，例如修改上面程序为：

```
public class TestIf {
     public static void main(String argv[]) {
          int a = 10;
          int b = a == 10 ? a : 0;
          System.out.println("b=" + b);
     }
}
```

程序功能一模一样，但是程序更加简洁。

3.2.2　if-else 语句

将 else 子句加入到结构中来就形成了 if 语句的另一种方式。因此就可以根据布尔表达式的结果来选择执行两条独立语句（简单的或复合的）中的一条。

if-else 语句格式如下。

```
if (condition) {
     语句块 1;
} else {
     语句块 2;
}
```

if-else 语句在语义上解释如下：如果布尔表达式 condition 为真，执行语句块 1，否则执行语句块 2。图 3.2 展示了 if-else 结构。

例如，如下程序。

```
public class TestIfElse {
   public static void main(String argv[]) {
       int player = 10;
       if (player == 1) {
               //如果变量 player 等于 1，进入 if 语句块中
             System.out.println("Player One");
       } else {
            //如果变量 player 不等于 1，进入 else 语句块中
                    System.out.println("Player Two");
       }
   }
}
```

如果 player == 1 返回 true，则打印“Player One”。否则，打印“Player Two”。

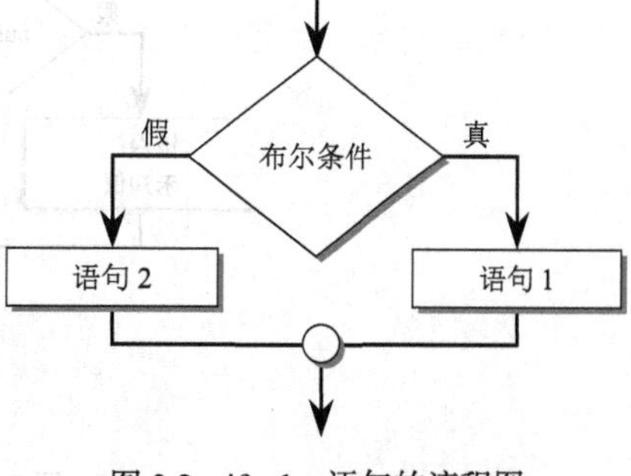

图 3.2　if- else 语句的流程图

和简单 if 语句中的情况一样，关键字 if 后面跟一个带括号的布尔表达式，紧跟其后的是语句块 1，它可以是简单语句，也可以是复合语句。如果 if 和 else 语句块中都是一个简单语句，即只有一条语句，那么 if-else 结

构可以变为：

```
if (condition)
    语句 1;
else
    语句 2;
```

注意，在关键字 else 后面没有布尔表达式。在 if-else 语句中，跟在关键字 if 后面的布尔表达式同时作用于 if 子句和 else 子句。

3.2.3 嵌套的 if-else 多路选择结构

在 if-else 语句中的语句块 1 与语句块 2 所在的位置插入的语句可以是任何的可执行语句，包括另一个 if 语句或 if-else 语句。换句话说，可以在一条 if-else 语句中嵌入一条或多条 if-else 语句，这样就形成了一个嵌套的控制结构。在大多数情况下，把一个控制结构设计得过于复杂不是一件好事情，已经有一个非常有用的嵌套 if-else 控制结构，就是所谓的多路选择（multiway selection）。

if-else 嵌套多路选择的通用形式如下。

```
if (condition) {
    语句块 1;
} else if(condition1) {
    语句块 2;
} else if(condition2) {
    语句块 3;
} …
else {
    语句块 n;
}
```

如图 3.3 所示，当想从多条可执行路径中选出一条时，就可以使用多路选择。

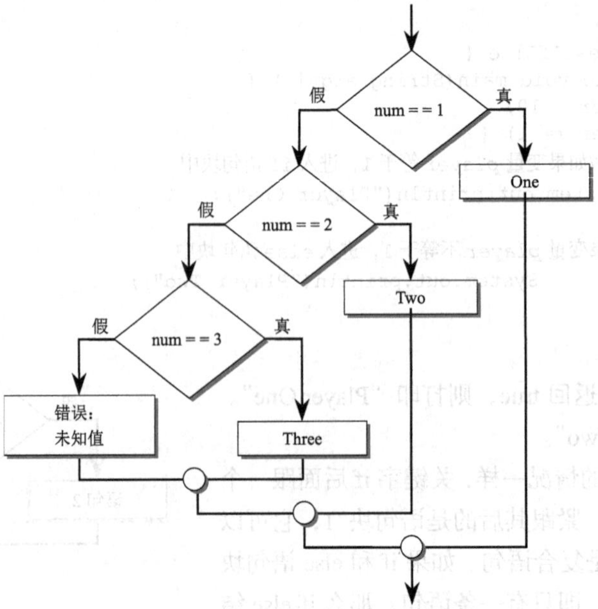

图 3.3 嵌套的 if-else 语句的流程图

假设有一个 int 类型的变量 *num*，它的值只能为 1、2、3，或者是赋给它一个错误的值。假如要编写代码来实现输出 *num* 的值所表示的英文数值，如图 3.3 所示的例子中就有 3 个可选分支和一个错误情形。Java 实现代码如下。

```
public class TestMutilIfElse {
      public static void main(String argv[]) {
           int num = 1;
            if (num == 1) {
                   //如果变量 num 等于 1，程序进入该语句块
                   System.out.println("One");
            } else if (num == 2) {
                   //如果变量 num 等于 2，程序进入该语句块
                   System.out.println("Two");
            } else if (num == 3) {
                   //如果变量 num 等于 3，程序进入该语句块
                   System.out.println("Three");
            } else {
                   //其他情况，程序进入该语句块
                   System.out.println("Error: Unknown value");
            }
      }
}
```

示例中，可以改变 *num* 的值来测试 if-else 多路选择结构，例如给 *num* 赋值为 2 时，程序会输出“Two”；给 *num* 赋值为 3 时，程序输出“Three”；给 *num* 赋值为 10 时，程序输出“Error: Unknown value”。

前面提到过，在 if-else 结构语句块里面还可添加 if-else 结构，即可以在 if 语句块中再写 if-else 语句，这个在实际程序编写过程中使用也非常多，只是要注意嵌套的层数不要太深，一般 3 层之内为最好。看下面 if-else 嵌套的示例。

```
public class TestMutilIfElse {
      public static void main(String argv[]) {
            int num = 1;
            int num1 = 2;
            if (num == 1) {
                  //变量 num 值等于 1 时，进入该 if 语句块
                  if (num1 == 2) {
                        System.out.println("num1=2&&num=1");
                  } else {
                        System.out.println("num1!=2&&num=1");
                  }
            } else {
                  //变量 num 值不等于 1 时，进入该 else 语句块
                  if (num1 == 2) {
                        System.out.println("num1=2&&num!=1");
                  } else {
                        System.out.println("num1!=2&&num!=1");
                  }
            }
      }
}
```

此处的代码稍显繁琐，但是可以简单说明嵌套 if-else 的使用方式，在使用嵌套 if-else 的时候，一定要注意逻辑判断，以避免过多的嵌套分支。修改上面的代码如下。

```
public class TestMutilIfElse {
      public static void main(String argv[]) {
            int num = 1;
            int num1 = 2;
```

```
            if (num == 1 && num1 ==2) {
                //变量 num 值等于 1，并且 num1 值等于 2 时，执行该语句块
                System.out.println("num1=2&&num=1");
            } else if (num == 1 && num1 !=2) {
                //变量 num 值等于 1，并且 num1 值不等于 2 时，执行该语句块
                System.out.println("num1!=2&&num=1");
            } else if (num != 1 && num1 ==2) {
                //变量 num 值不等于 1，并且 num1 值等于 2 时，执行该语句块
                System.out.println("num1=2&&num!=1");
            } else {
                //其他情况时执行该语句块
               System.out.println("num1!=2&&num!=1");
            }
        }
    }
```

这样就将两层嵌套的 if-else 语句修改为只有一层判断的多路分支结构，虽然程序功能及运行结果都一样，但是在代码维护上，后一种还是更可取，当然如果在程序简洁性不变的情况下，有更好的替代方式为最好。

3.2.4 switch 选择语句

switch/break 结构是控制结构系统的另一个选择结构，这意味着为以下类型的多路选择结构的编码提供了一种便捷的方法。

```
if (integralVar == integralValue1){
                                        // 语句体 1
} else if (integralVar == integralValue2){
                                        // 语句体 2
} else if (integralVar == integralValue3){
                                        // 语句体 3
} else {                                // 语句体 4

}
```

注意本例中的每一个条件都包含一个整型变量和整数值的等式。这种类型的结构在程序中出现得非常频繁，以致大多数语言都包含专门设计用来处理这种结构的语句。在 Java 中，结合 switch 和 break 语句来实现多路选择。

switch 语句被设计用来根据某个整数表达式的值从几个动作之中选择其一，如下所示。

```
switch (integralExpression){
        case integralValue1:
                            // 语句体 1
        case integralValue2:
                            //语句体 2
        case integralValue3:
                            //语句体 3
        default:
                            //语句体 4
}
```

intergralExpression 一定是 byte、short、int、char 或 boolen 类型的简单整数值以及枚举（enum）类型。它不能是 long、float、double 或类类型。default 子句是可选的，用在 case 语句都没有配对的情况下执行，一般程序中最好还是包含 default 子句。

switch 语句依据以下规则执行。

规则 1：计算 intergralExpression 的值。

规则 2：控制转向 case 标签值等于 intergralExpression 之后的语句，如果匹配不到合适的值，将转向 default 子句。

规则 3：从选择的标签处或 default 处开始，一直到 switch 最后，所有的语句都要被执行。

考虑下面一个例子。

```
public class SwitchTest {
    public static void main(String argv[]) {
        int m=2;
        switch(m){
        case 1:  //变量 m 值为 1 时，执行该语句块
            System.out.print("m=1 ");
        case 2:
            System.out.print("m=2 ");
        case 3:
            System.out.print("m=3 ");
        default:  //上面 case 语句都不匹配的情况下，执行该语句块
            System.out.print(" default case");
        }
    }
}
```

本例中，因为 *m* 等于 2，将会产生如下的输出。

```
m=2 m=3 default case
```

很显然，这个输出与下面的 if-else 多路选择结构不匹配，后者的输出仅仅为 $m=2$。

```
int m=2;
if(m = = 1) {
    System.out.print("m=1 ");
} else if (m = = 2) {
    System.out.print("m=2 ");
} else if (m = = 3) {
    System.out.print("m=3 ");
} else {
    System.out.print(" default case");
}
```

导致这种不一致的原因是，switch 执行了跟在匹配 intergralExpression 值的标签之后的所有语句（再看上面的规则 3）。

为了使用 switch 多路选择，在执行子句语句之后，一定要用 break 强制使它跳出 case 子句，可以使用 break，流程图如图 3.4 所示。

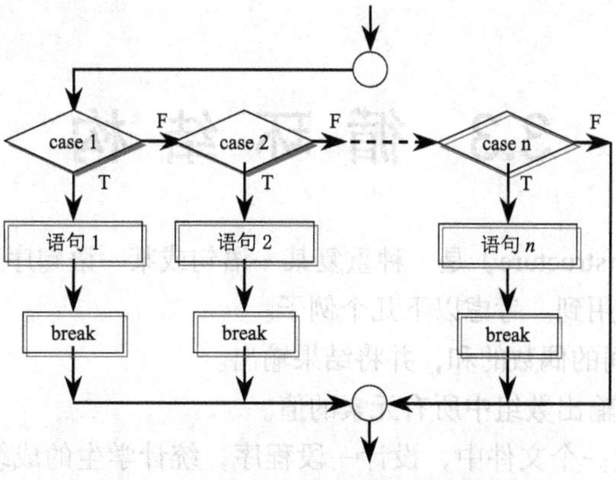

图 3.4　break 在 switch 语句块中的使用方式

修改 SwitchTest 中的代码，使得程序按照设定的意图打印语句，代码如下所示。

```
public class SwitchTest {
     public static void main(String argv[]) {
          int m=2;
          switch(m){
          case 1:
                System.out.print("m=1 ");
                break;  //使用 break 跳出 switch 语句块
          case 2:
                System.out.print("m=2 ");
                break;
          case 3:
                System.out.print("m=3 ");
                break;
          default:
                 System.out.print(" default case");
          }
     }
}
```

本例中，break 语句使得控制转向 switch 结尾，这样在 switch 结构中有且只有一个 case 被执行。因此，这个代码段将简单输出 $m=2$，与多路 if-else 选择结构的行为一致，如图 3.3 所示。

注意在 switch 结构中，default 语句可以随意地放置在 switch 结构中，系统还是会按照先匹配 case 语句，再执行 default 语句的顺序执行，如下面的代码所示。

```
public class SwitchTestDefault {
     public static void main(String argv[]) {
          int m=2;
          switch(m){
          default:
               System.out.print(" default case");
          case 2:
               System.out.print("m=2 ");
               break;
          case 1:
               System.out.print("m=1 ");
               break;
          }
     }
}
```

程序运行结果如下。

```
m=2
```

3.3 循环结构

循环结构（repetition structure）是一种重复某一语句或某一语句序列的控制结构。循环结构在许多编程任务中都需要用到。考虑以下几个例子。

（1）计算 1～100 之间的偶数的和，并将结果输出。

（2）给定一个数组，输出数组中所有元素的值。

（3）学生成绩存放在一个文件中，设计一段程序，统计学生的成绩，并按成绩进行分组，例如，可以分为优秀（90 分以上）、良好（75 分至 89 分）、及格（60 分到 74 分）和不及格（低于 60 分）。

从这些例子中可以看出，用到了两种类型的循环：可计数的循环和不可计数的循环。如果提前知道某个动作需要执行的准确次数，就会用到可计数的循环。如果循环次数取决于某些条件：比如说，从键盘输入的数据项的数目，或者文件输入的某个特别记录，都会用到不可计数的循环。

Java 语言支持 3 种语法形式的循环，即 while 语句、do-while 语句和 for 语句。

3.3.1 while 语句

while 语句是一个循环语句，其中，进入循环的条件必须在循环体之前出现。其一般格式如下。

```
while(循环入口条件) {
语句块;
}
```

当 while 语句被执行后，循环条件的值也就计算出来了，如果计算出来的循环入口条件值为 false，则继续执行紧接着循环体后面的语句；否则，执行循环体中的语句，并再次计算循环条件。循环体继续执行，直到循环条件为 false 时停止。

为了利用while语句来完成一个任务，在while语句之前必须正确地初始化循环条件中的变量，而且这些变量在循环体的末尾要被正确地更新。可以把初始化语句以及紧随其后的 while 语句称为 while 结构。

采用伪码的形式，while 结构的形式如下。

```
InitializerStatements;                          // 初始化
while (loop entry condition) {                  // 边界测试
        Statements;                             // 循环体
        UpdaterStatements;                      // 更新条件
}
```

从 while 结构形式的建议中可以看出，循环体可以设计成在某些条件下永远不会被执行。因为要在进入循环体之前判断循环条件，这就有可能使得循环体永远不会被执行。这就可以说，循环结构是用来设计成进行 0 次或多次迭代的一种结构。

需要注意的是，在测试 while 语句的循环条件之前，必须有初始化语句，并且在循环体中必须有更新语句。while 结构的语法如图 3.5 所示。

例如利用 while 语句计算 1 到 100 的累加和的代码如下。

```
public class WhileTest {
     public static void main(String[] args) {
          int i = 1;
          int sum = 0;
          while (i < 101) {  //当变量 i 的值小于 101 时，执行 while 语句块
               sum += i;  //等价于 sum = sum + i;
               i++;  //i 增加 1
          }
          System.out.println("sum=" + sum);
     }
}
```

程序运行结果如下。

```
sum=5050
```

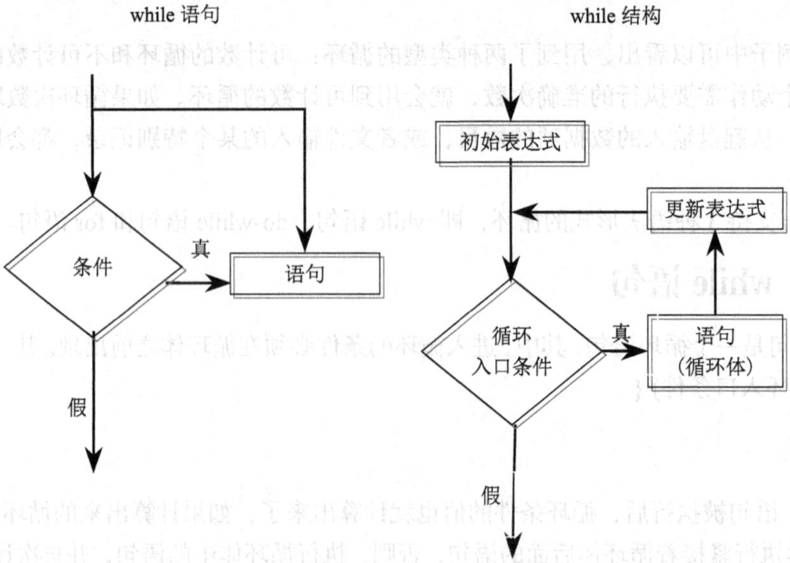

图 3.5 while 语句和 while 结构的流程图

程序中给 while 判断赋了一个入口条件 $i<101$，然后在 while 循环体里面每进行一次循环，就将 i 的值进行了加 1 的操作，再用 i 的值和 101 进行比较，以此作为循环判断的更新条件。上面的程序还可以在初始表达式中进行条件更新操作，循环体只负责功能处理，例如修改前面的 WhileTest，修改后的代码如下。

```
public class WhileTest {
    public static void main(String[] args) {
        int i = 0;
        int sum = 0;
        while (++i < 101) {  //每循环一次，将 i 的值增加 1，然后和 101 比较
            sum += i;
        }
        System.out.println("sum=" + sum);
    }
}
```

上面的程序功能和在 while 循环体里面进行条件更新操作的结果是一致的，只是这里需要注意此类进行加 1 操作的时候，前置加 1 和后置加 1 的处理方式，如果将上面程序中的++*i* 误写为 *i*++的话，那么程序所得到的结果就是错误的。

3.3.2 do-while 结构

do-while 语句是一个循环语句，循环入口条件出现在循环体之后。它的一般形式如下。

```
do {
    循环体;
} while (循环入口条件);
```

do-while 和 while 的不同之处在于，do-while 结构的循环体一定会被执行一次，而 while 结构的循环体可能一次都不会得到执行。另外，一定要注意“while(循环入口条件)”之后有一个分号，如果不打分号，编译就会报错。同时，do-while 语句的语法中也不包括初始表达式和更新表达式，

它们必须单独编码。

为进一步突出循环语句和循环结构的不同，循环结构采用以下形式。

```
InitializerStatements1;                    //初始化语句
do {                                       //开始循环体
    InitializerStatements2;                //另外一个初始化语句
    Statements;                            //循环体
    UpdaterStatements;                     //更新
} while (loop-entry condition);            //边界测试
```

初始化语句可以放在循环体之前，也可放在循环体的开始部分，或者两个地方均可以放，这要根据具体问题而定。与 while 循环结构一样，更新语句放在循环体内。do-while 结构的流程图见图 3.6。

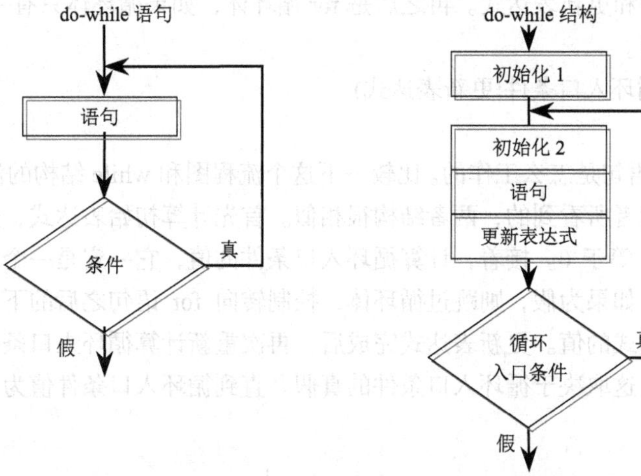

图 3.6　do-while 语句和 do-while 结构流程图

现在利用 do-while 语句来实现求 1 到 100 的累加和，代码如下。

```
public class DoWhileTest {
    public static void main(String[] args) {
        int i = 1;
        int sum = 0;
        do {
            sum += i;
            i++;
        } while (i < 101);  //do-while 语句块注意最后的分号“;”
        System.out.println("sum=" + sum);
    }
}
```

程序中将先执行一次 sum+=i;语句之后，执行更新语句 i++，然后在循环入口条件处判断 *i* 是否小于 101，如果小于，则继续执行循环体；否则将结束循环，执行 do-while 后面的语句。

和 while 结构一样，此处对 *i* 的更新操作同样可以放到循环入口条件中去，修改 DoWhileTest 代码如下所示。

```
public class DoWhileTest {
    public static void main(String[] args) {
        int i = 1;
        int sum = 0;
```

```
        do {
            sum += i;
        } while (++i < 101);
        System.out.println("sum=" + sum);
    }
}
```

3.3.3 for 循环语句

for 语句也是 Java 中循环的一种，它的通用形式如下。

for (初始表达式;循环入口条件;更新表达式) {
    循环体;
}

for 语句以 for 关键字开头，后面紧跟括号列表，列表是由分号隔开的 3 个表达式组成：初始表达式、循环入口条件和更新表达式。再之后是 for 循环体，如果循环体只有一条语句，那么 for 循环形式可以如下书写。

for (初始表达式;循环入口条件;更新表达式)
循环语句;

图 3.7 说明了 for 语句是怎么工作的。比较一下这个流程图和 while 结构的流程图（见图 3.5），这是很有用的。正如读者所看到的，两者结构很相似。首先计算初始表达式，这样本例中，初始表达式设置整型变量 *k* 等于 0。接着，计算循环入口条件的值，它一定是一个布尔表达式。如果为真，就执行循环体；如果为假，则跳过循环体，控制转向 for 语句之后的下一条语句。循环体执行之后计算更新表达式的值。更新表达式完成后，再次重新计算循环入口条件，循环体要么被再次执行，要么跳过，这取决于循环入口条件的真假。直到循环入口条件值为假，该重复过程才会停止。

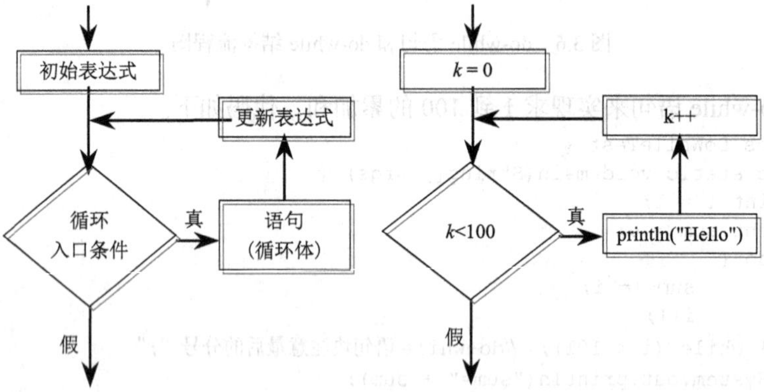

图 3.7 for 语句流程图

for 循环结构中的初始表达式、循环入口条件和更新表达式都是任选的，即下面的 for 循环是正确的。

```
for(;;) {

}
```

这个时候，该循环就是一个死循环，即无限循环，后面会介绍如何使用 break 来跳出此类循环。

现在利用 for 语句来实现求 1 到 100 的累加和，代码如下。

```
public class ForTest {
```

```
    public static void main(String[] args) {
        int i = 1;
        int sum = 0;
        for (; i < 101; i++) {
            sum += i;
        }
        System.out.println("sum="+sum);
    }
}
```

代码中将循环判断条件 *i* 的初始值在循环之前进行了赋值，所以初始表达式就没有，直接在“(”后跟的一个“;”。接着判断 *i* 的值是否小于 101，如果小于，则执行“sum+=i;”语句，然后执行更新表达式 i++，*i* 的值变化之后，又将 *i* 与 101 进行比较，来决定是否继续执行循环体。

在 for 循环中要注意，初始表达式只会在进入 for 时执行一次，后面便不再执行。通常如果一个变量只会在 for 循环中用来作为计数使用的话，那么将该变量的赋值放到初始表达式中更为合理，因为这样该变量的作用域就在 for 循环内。上面的代码可以修改为如下所示。

```
public class ForTest {
    public static void main(String[] args) {
        int sum = 0;
        for ( int i = 0; i < 101; i++) {  //i 的初始定义放在 for 初始表达式中
            sum += i;
        }
        System.out.println("sum="+sum);
    }
}
```

3.3.4　多重循环语句

多重循环是指一个循环包含在另一个循环体内部的结构，就如一个 for 循环体包含了另一个 for 循环。例如，假设在某汽车公司，老板想为顾客制作一份表格，方便客户了解购买多个某种部件的价钱。单个部件的价格从 1 到 9 元不等，*N* 个相同部件的价钱等于单位价格乘以数量。因此，得打印出一份下面这样的表格，单位价格列在最上一行，两个、三个、四个单位的价格依次列在随后几行中。

```
1       2   3   4   5   6   7   8   9
2       4   6   8   10  12  14  16  18
3       6   9   12  15  18  21  24  27
4       8   12  16  20  24  28  32  36
```

为得出这个乘法表，可以使用下面的多重循环。

```
public class MutilForTest {
    public static void main(String[] args) {
        for (int row = 1; row <= 4; row++) {  //遍历 4 行
            for (int col = 1; col <= 9; col++)  {  //遍历 9 列
                System.out.print(col * row + "\t");  //打印数字
            }
            System.out.println();  //开始新行
        }
    }
}
```

注意这里为了区分不同层次的嵌套及增加代码可读性，是怎样运用缩进的。在本例中，外部循环控制着表的行数，因此用 *row* 作为循环计数器。Println()语句是在内部循环迭代完成之后才被执行，它用来为外部循环的每次迭代打印出新的一行。通过表达式 col*row，内部循环在每一行内打印出 9 个值。显然，这个表达式依赖于两个循环变量。

同样地可以用 while 语句来实现这个功能，看下面的代码。

```
public class MutilWhileTest {
     public static void main(String[] args) {
          int row = 1;
          while (row < 5) {  //控制行数
               int col = 1;
               while (col < 10) {  //控制列数
                    System.out.print(row * col + "\t");  //打印每一列的数字
                    col++;  //列加 1
               }
               System.out.println();  //开始新行
               row++;  //行加 1
          }
     }
}
```

所以，在实际编写程序的过程中，往往可以使用多种方式来实现同一种功能，这个时候就需要去衡量哪种方式所编写的代码量少，以及结构更加简洁，例如上面分别使用 for 和 while 的程序，这里使用 for 结构来实现更加好一些，对于这种固定循环次数和更新条件固定的，使用 for 结构更加合适一些。

3.3.5 循环中的跳转语句

Java 支持两种跳转语句：break 和 continue。这些语句把控制转移到程序的其他部分。下面讨论这两种跳转语句在循环中的运用。

1. 循环中的 break 语句

可以使用 break 语句直接强行退出当前循环，忽略循环体中的任何其他语句和循环的条件测试。在循环中遇到 break 语句时，循环被终止，程序控制在循环后面的语句重新开始。

下面是一个简单的例子。

```
public class BreakLoop {
     public static void main(String args[]) {
          for (int i = 0; i < 100; i++) {
               if (i == 3) {
                    break; // 如果 i 等于 3 就终止循环，即跳出 for 语句块
               }
               System.out.println("i: " + i);
          }
          System.out.println("Loop complete.");
     }
}
```

对于上面的例子而言，尽管 for 循环被设计为从 0 执行到 99，但是当 *i* 等于 3 时，break 语句终止了程序。break 语句能用于任何 Java 循环中，包括程序有意设置的无限循环。

在一系列嵌套循环中使用 break 语句时，它将仅仅终止最里面的循环。例如：

```
public class BreakLoop2 {
     public static void main(String args[]) {
          for (int i = 0; i < 3; i++) {
               System.out.print("Pass " + i + ": ");
               for (int j = 0; j < 100; j++) {
                    if (j == 3) {
                    // 如果 j 等于 3，就终止循环，跳出 break 所在最内层的 for 语句块
```

```
                    break;
                }
                System.out.print(j + " ");
            }
            System.out.println();
        }
        System.out.println("Loops complete.");
    }
}
```

程序运行结果如下。

```
Pass 0: 0 1 2
Pass 1: 0 1 2
Pass 2: 0 1 2
Loops complete.
```

从程序中可以看出，break 只是跳出了内层的 for 循环，外层的 for 循环仍然继续执行，直到循环判断条件为 false 为止。

break 除了可以终止当前循环，还可以起到类似于 goto 语句的作用。Java 中没有 goto 语句，因为 goto 语句提供了一种改变程序运行流程的非结构化方式。这通常使程序难以理解和难于维护。它也阻止了某些编译器的优化。但是，有些地方 goto 语句对于构造流程控制是有用的，而且是合法的。例如，从嵌套很深的循环中退出时，goto 语句就很有帮助。因此，Java 定义了 break 语句的一种扩展形式来处理这种情况。通过使用这种形式的 break，可以终止一个或者几个代码块。这些代码块不必是一个循环或一个 switch 语句的一部分，它们可以是任何块。而且，由于这种形式的 break 语句带有标签，可以明确指定执行从何处重新开始。

break 标签语句的通用格式如下所示。

break label;

这里，标签 label 是标识代码块的标签。当这种形式的 break 执行时，控制被传递出指定的代码块。被加标签的代码块必须包围 break 语句，但是它不需要是直接地包围 break 的块。这意味着可以使用一个加标签的 break 语句退出一系列的嵌套块。但是不能使用 break 语句将控制传递到不包含 break 语句的代码块。

要指定一个代码块，在其开头加一个标签即可。标签（label）可以是任何合法有效的 Java 标识符后跟一个冒号。一旦给一个块加上标签后，就可以使用这个标签作为 break 语句的对象了。这样做会使执行在加标签的块的结尾重新开始。例如，下面的程序使用了 3 个嵌套代码块，每一个都有它自己的标签。break 语句使执行向前跳，跳过了定义为标签 second 的代码块结尾，跳过了 2 个 println() 语句。

```
public class Break {
    public static void main(String args[]) {
        boolean t = true;
        first: {
            second: {
                third: {
                    System.out.println("Before the break.");
                    if (t) {
                        break second; // 结束 second
                    }
                    System.out.println("This won't execute");
                }
                System.out.println("This won't execute");
            }
            System.out.println("This is after second block.");
```

```
            }
        }
    }
```

程序运行结果如下。

```
Before the break.
This is after second block.
```

2. 循环中的 continue 语句

有时使一个循环提早反复是有用的。也就是说，可能想要继续运行循环，但是要忽略这次重复剩余的循环体的语句。实际上，goto 只不过是跳过循环体，到达循环的尾部。continue 语句是 break 语句的补充。在 while 和 do-while 循环中，continue 语句使控制直接转移给控制循环的条件表达式，然后继续循环过程。在 for 循环中，循环的反复表达式被求值，然后执行条件表达式，循环继续执行。对于这 3 种循环，任何中间的代码都将被跳过。

下面使用 continue 语句，使每行打印 2 个数字。

```
public class Continue {
    public static void main(String args[]) {
        for (int i = 0; i < 10; i++) {
            System.out.print(i + " ");
            if (i % 2 == 0) {
                continue; //继续下一次循环
            }
            System.out.println("");
        }
    }
}
```

该程序使用%（模）运算符来检验变量 *i* 是否为偶数，如果是，循环继续执行，而不输出一个新行，即代码中的“System.out.println("");”这一条语句在这次循环中将被不执行。该程序的结果如下。

```
0 1
2 3
4 5
6 7
8 9
```

上面程序同样可以使用 while 语句来实现，只是要注意循环条件的改变，代码如下所示。

```
public class WhileContinueTest {
    public static void main(String[] args) {
        int i = -1;
        while (++i < 10) {
            System.out.print(i + "");
            if (i % 2 == 0) {
                continue;
            }
            System.out.println("");
        }
    }
}
```

3.4 应用实例

实例 1：汽车贷款

1. 问题描述

假设你打算买一辆标价$20 000 的车。并且你发现你能获得一种汽车贷款，这种贷款的年利率是 8%～11%，还款期最短 2 年，最长 8 年。为描述这辆车实际上要花多少钱，包括贷款融资，用循环结构来制作一张表。该例中 *a* 代表总的花费（包括贷款融资），*p* 代表汽车的标价（$20 000）。

```
            8%               9%               10%              11%
Year 2      $23,469.81       $23,943.82       $24,427.39       $24,920.71
Year 3      $25,424.31       $26,198.42       $26,996.07       $27,817.98
Year 4      $27,541.59       $28,665.32       $29,834.86       $31,052.09
Year 5      $29,835.19       $31,364.50       $32,972.17       $34,662.19
Year 6      $32,319.79       $34,317.85       $36,439.38       $38,692.00
Year 7      $35,011.30       $37,549.30       $40,271.19       $43,190.31
Year 8      $37,926.96       $41,095.02       $44,505.94       $48,211.60
```

2. 算法设计

产生表的嵌套 for 循环是程序的关键部分。表有 7 行，因此外部循环就会经由值 2，3，…8，迭代 7 次。

```
for (int years = 2; years <= 8; years++)
```

内部循环应遍历每种利率，从 8 到 11，依次迭代。

```
for (int years = 2; years <= 8; years++) {
    for (int rate = 8; rate <= 11; rate++) {
    } // 每种利率
} // 每年
```

贷款融资的计算应该和输出表的一个单元（不是一行）语句一块儿放到内部循环体中。假设我们用变量 *carPriceWithLoan* 代表公式中的 *a*，用 *carPrice* 代表汽车的实际价格，那么内部循环体可以写成：

```
carPriceWithLoan = carPrice * Math.pow(1+rate/100.0/365.0,years*365.0);
System.out.print(dollars.format(carPriceWithLoan)+ "\t");
```

注意：变量 *rate* 先被 100.0 除（使其为百分数），然后得数再被 365.0 除（使其为日利率），变量 *years* 乘以 365.0，之后这些值才被传给 Math.pow()方法。这里很重要的一点是，用了 100.0 而不是 100，这样结果才是 double 类型的值，而不是 int 类型的 0 了。

3. 实现

程序中也必须含有输出行、列标题的语句。因为每行都有行标题，所以行标题的输出应放在外部循环中。列标题应该在进入外部循环之前先输出。此外，程序中还应有用来恰当安排元、分格式的代码。为此使用 JDK 里的 java.text.NumberFormat 类。完整的程序如下图所示。

```
import java.text.NumberFormat;  //格式化 $nn.dd or n%
public class CarLoan {
    public static void main(String args[]) {
        double carPrice = 20000;  //汽车实际价格
        double carPriceWithLoan;  //总价
        //数字格式化代码
        NumberFormat dollars = NumberFormat.getCurrencyInstance();
        NumberFormat percent = NumberFormat.getPercentInstance();
        percent.setMaximumFractionDigits(2);
        //打印表格
        for (int rate = 8; rate <= 11; rate++) {                //打印列头
            System.out.print("\t" + percent.format(rate / 100.0) + "\t");
        }
        System.out.println();
        for (int years = 2; years <= 8; years++) {               //从第 2 年到第 8 年
            System.out.print("Year " + years + "\t");          //打印行头
            for (int rate = 8; rate <= 11; rate++) {           //计算并打印总价
```

```
                carPriceWithLoan = carPrice
                        * Math.pow(1 + rate / 100.0 / 365.0, years * 365.0);
                System.out.print(dollars.format(carPriceWithLoan) + "\t");
            }
            System.out.println(); //打印空行
        }
    }
}
```

实例 2：计算平均数

假如想计算课程考试成绩的平均数。成绩以实数表示，用 KeyboardReader 类从键盘输入。用一个警戒值——9999 或-1，或是某个其他的不会与合理的成绩混淆的数值，来表示列表的结尾。由于并不确切知道将会录入多少门成绩，因此采用不可计数循环设计该算法。由于也可能没有分数求均值，故使用 while 结构，于是就可能在这种情况下完全地跳过循环。

算法应该把每个成绩加到连续的总和里去，并记下录入的成绩个数。所以，该算法需要有两个变量：一个用来记录连续的总和，另一个用来记录成绩录入的个数。这两个变量的初始值都应为 0。最后一个成绩录入之后，用累计的总和除以个数，就得到所求平均数。该问题的伪代码算法如下所示。

```
initialize runningTotal to 0                  // 初始化
initialize count to 0
prompt and read the first grade               // 开始读
while the grade entered is not 9999 {         // 条件测试
    add it to the runningTotal
    add 1 to the count
    prompt and read the next grade            // 更新
}
if (count > 0)                                // 分数不能小于等于 0
    divide runningTotal by count
output the average as the result
```

注意这个问题中的循环变量 *grade*，在循环测试之前就被读入。这就是所谓的预读（priming read）。本例是有必要这样做的，原因是循环测试依赖于读入的数值。在循环体内，更新表达式读变量 *grade* 的下一个值。这是编码含有输入的 while 结构的标准惯例，就如该问题所做的一样。还需要注意的是，在试图计算平均数之前，变量 *count* 的值必须确保不为 0，因为除以 0 会引发除 0 错误。

由伪代码算法转化成 Java 时，会出现几个问题。假如把录入的每一个成绩都存储到一个命名为 *grade* 的 double 型变量。当 *grade* 等于 9999 时循环结束，故 grade!=9999 就是循环入口条件。由于条件中用到了 *grade*，因此 *grade* 变量要在边界值测试之前被初始化，这点很关键，这就需要预读。在循环入口条件测试之前读 *grade* 的第一个值，这样可以保证如果用户恰巧在第一次提示时就输入警戒值（9999），循环可以被跳过。除了读第一门考试成绩，还必须对用作运行的总量和计数器的变量进行初始化。因此，初始化步骤的代码如下所示。

```
double runningTotal = 0;
int count = 0;
reader.prompt("Input a grade (e.g., 85.3) or 9999 to indicate the end of the list >> ");
double grade = reader.getKeyboardDouble();        // 键盘输入
```

在循环体内要把成绩加到连续总和中，并使计数器递增。因为这些变量都没有在循环入口条件中测试，所以它们不影响循环控制。本例中的更新表达式是读下一个成绩。把更新表达式语句放在循环体尾部，这样能保证用户输入警戒值后循环立即结束。

```
while (grade != 9999) { // 循环条件测试
    runningTotal += grade;
    count++;
    reader.prompt("Input a grade (e.g., 85.3) "
      + "or 9999 to indicate the end of the list >> ");
    grade = reader.getKeyboardDouble();                    // 更新
}
```

读者能发现，变量 *grade* 初始化和更新时要重复相同的语句，这有些冗余。把这些都封装进一个方法是更好的设计方案，之后在循环之前和循环内部调用该方法。该方法包括提示用户，读取输入数据，并将之转换成 double 型，然后返回输入值。在该方法中不需要参数：

```
private double promptAndRead() {
    reader.prompt("Input a grade (e.g., 85.3) or 9999 to indicate the end of the list
>> ");
    double grade = reader.getKeyboardDouble();           // 确认输入
    System.out.println("You input " + grade + "\n");
    return grade;
}
```

注意把它声明为 private 类型的方法。该方法将有助于完成任务，然而它对其他对象不可用。这样的私有类型方法经常被称为辅助方法。

这是一种更加模块化的设计。它不仅消除了代码中的冗余，还能让程序易于维护。例如，如果想改变提示信息，只用改变一个语句就行了。该方法使程序更加易于调试，输入错误被局限在一个 promptAndRead ( ) 方法中。

将输入任务封装进一个单独方法的另一个优点是，它能简化计算平均数的任务。这项任务也应该被组织进一个单独的方法中。

```
public double inputAndAverageGrades() {
     double runningTotal = 0;
     int count = 0;
     double grade = promptAndRead();
     while (grade != 9999) {
             runningTotal += grade;
             count++;
             grade = promptAndRead();
      }
      if (count > 0) {
             return runningTotal / count;
      } else {
             return 0;
      }
   }
```

注意把它声明为 public 类型的方法。计算课程平均分时将会调用到这个方法。

把问题分解成了简短、易读且易于理解的子任务。使用短小的、定位清晰的方法是程序设计追求的一个方面。

完整的 Average.Java 程序如下代码所示。其总体设计与前几节设计的应用程序相似。*KeyboardReader* 变量是其中用到的唯一的实例变量。方法中的其他变量都是被声明为局部的。本例中，把它们声明为局部变量使得算法更具可读性。

```
import java.io.*;

public class Average {
     private KeyboardReader reader = new KeyboardReader();
```

```
    private double promptAndRead() {
        reader.prompt("Input a grade (e.g., 85.3) "
                + "or 9999 to indicate the end of the list >> ");
        double grade = reader.getKeyboardDouble();
        System.out.println("You input " + grade + "\n");
        return grade;
    }

    public double inputAndAverageGrades() {
        double runningTotal = 0;
        int count = 0;
        double grade = promptAndRead();
        while (grade != 9999) {
            runningTotal += grade;
            count++;
            grade = promptAndRead();
        }
        if (count > 0) {
            return runningTotal / count;
        } else {
            return 0;
        }
    }

    public static void main(String argv[]) {
        System.out.println("This program calculates average grade.");
        Average avg = new Average();
        double average = avg.inputAndAverageGrades();
        if (average == 0) {
            System.out.println("You didn't enter any grades.");
            } else {
            System.out.println("Your average is " + average);
        }
    }
}
```

关于该程序的最后一点：注意设计中的一些细微之处，向用户解释程序的用户接口，输入数值前给用户的提示，以及程序读取用户输入之后的确认。

本章小结

本章首先介绍了 Java 的运算符和表达式，运算符部分主要介绍了数值运算、自增和自减运算、逻辑运算、关系运算和逻辑运算。表达式部分则结合运算符简要介绍了表达式的概念。运算符和表达式是 Java 语言非常重要的基本概念。

然后阐述了 Java 的程序控制结构。理论和实践证明，无论多么复杂的算法都可以通过顺序、选择和循环 3 种结构构造出来，每种结构仅有一个入口和出口。顺序结构非常直观，因此本章着重介绍选择结构和循环结构。选择结构主要介绍 if-else 子句和 switch 子句的用法。循环结构是允许语句或语句序列重复执行的控制结构。所有的循环结构都包含 3 个要素——初始表达式、循环入口条件或循环边界条件和更新表达式。设计循环时，重要的是分析循环结构，以确保最终满足循环边界值。

习　题

1. 编码验证 *i*++和++*i* 的区别。

2. 写出下面表达式的结果：

（1）5/3

（2）5/3.0

（3）5%3

（4）5%-3

3. 考虑如下的 Test.java，并指出错误原因。

程序清单：Test.java

```
class Test {
      public static void main(String[] args) {
      byte b = 5;
      b = (b - 2);
      System.out.println(b);
   }
}
```

4. 考虑以下对于 if…else…语句，还有没有更简洁的写法。

例如：if(x > 0) {

```
        y = x;
    } else {
        y = -x;
    }
```

可以简写成什么？

5. 给定 *N*，编程实现打印 *N***N* 的乘法表。

6. 将下列语句转换成 Java 代码：

（1）如果 *b*1 为真，打印“one”，否则打印“two”。

（2）如果 *b*1 为假，并且 *b*2 为真，打印“one”，否则打印“two”。

（3）如果 *b*1 为假，并且如果 *b*2 为真，则打印“one”，如果 *b*2 为假，则打印“two”；否则打印“three”。

7. 找出如下各项中的语法错误。

（1）

```
for(int k=0;k<100;k++)
    System.out.println(k)
```

（2）

```
for(int k=0;k<100;k++);
    System.out.println(k);
```

（3）

```
int k=0
while k<100 {
    System.out.println(k);k++
```

```
};
```

（4）

```
int k=0;
do{
    System.out.println(k);
    k++;
} while k<100;
```

8. 写出 3 个不同的循环——for、while 和 do-while 循环，打印出从 0（包括 0）开始直到 1000 所有 10 的倍数。

9. 给定 N，编程实现打印行数为 N 的菱形。

10. 写出下面程序的输出结果。

```
public class TestWhile {
     public static void main(String[] args) {
          int a=0;
          while(++a<=100)
              if ((a%9)==0)
                    System.out.print(a+"\t");
          System.out.println();
     }
}
```

第4章 字符串和字符串处理

4.1 String基本知识

在 Java 中，String 被完全当成一个对象，一个 String 对象是组成这个字符串的字符序列，加上用来操作字符串的方法。字符串一旦被创建，就不能改变它的值。Java.lang.String 类是 Object 类的一个直接子类，它包含许多能够用来对字符串执行有用操作的公共方法（例如连接）。

跟其他的对象变量一样，String 变量用作各自对象的引用。而与其他的 Java 对象不同的是，String 有一些与原始数据变量相同的特征，例如 Java 允许字符串字面值。一个字符串字面值是一个包含在双引号中的 0 个或多个的字符序列，像“Socrates”和“”（空字符串）。Java 允许对字符串字面值执行操作，如连接表达式“Hello”+“world”在字符串中的结果是“Helloworld”。Java 也允许使用字符串字面值用赋值语句初始化 String 变量。这些异常的特点极大地简化了在程序中 String 的使用。

4.1.1 构造 String

为了创建 String 对象，String 类提供了许多构造方法，包括如下。

```
public String();                          // 创建一个空字符串
public String(String initial_value);      // 创建一个值为 initial_value 的新字符串
```

当用第一个构造方法创建对象时，如：

```
String name = new String();
```

Java 将创建一个 String 对象，并把变量 *name* 作为它的引用，图 4.1 所示说明了 String 对象的一个假定描述。除了存储组成字符串的字符序列，Java 还要存储一个描述字符串中字符数量的整数值，这两个元素描述成私有实例变量 *value*（表示字符序列）和 *count*（表示字符数目）。

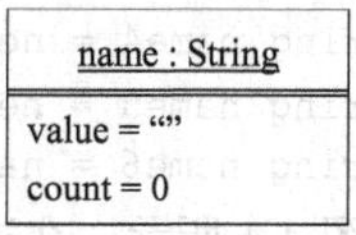

图 4.1　空字符串是一个值为“”和长度为 0 的 String 对象

事实上，不知道 Java 是如何正确地存储字符序列的，这个信息是隐藏的。就如图 4.1 所说的，当用默认的构造方法时，String 的值是空字符串，并且它的 count 是 0。

第二个构造方法是对 String 类的复制构造方法。一个复制构造方法是生成一个对象的副本的构造方法，有时称为克隆。许多 Java 类都有复制构造方法，考虑下面的语句。

```
String s1 = new String("Hello");
String s2 = new String(s1);
```

这两条语句都存储单词“Hello”，但是结果会产生两个不同的 String 对象。在 Java 中，一旦使用 new 关键字来创建对象时，都会新产生一个对象。

注意在前面的第一个语句中，构造方法用了字符串字面值“Hello”。在程序中，当 Java 遇到一个新的字符串字面值时，它就会构造一个相应的对象。例如，如果程序中包含字面值“Socrates”，Java 将会为其创建一个对象，并且把字面值自身作为对象的一个引用。

```
String s;                    // 变量 s 被初始化为 Null
s = "Socrates";              // s 变量引用字面值 “Socrates”
```

在这个例子中，引用变量 *s* 初始化为 null，也就是说它没有指示物，没有对象来引用。然而，在赋值语句执行后，*s* 将引用在图 4.2 所示中描述的字面值对象“Socrates”。现在会产生两个引用：字符串字面值“Socrates”和引用变量 *s*。

赋值语句也可以在声明一个 String 变量时初始化它：

```
String name1 = "";                    // 变量 name1 引用空字符串
String name2 = "Socrates";            // 变量 name2 引用"Socrates"
String name3 = "Socrates";
```

在这个例子中，Java 没有构造新的 String 对象。相反地，如图 4.3 所示，它简单地把变量 *name*1、*name*2 和 *name*3 作为对字面值对象的引用，这些对象涉及字符串字面值“”和“Socrates”。

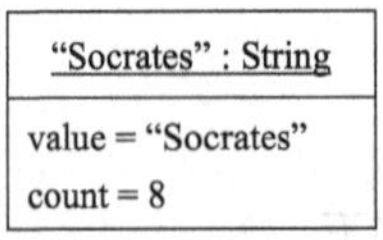

图 4.2 字符串字面值“Socrates”

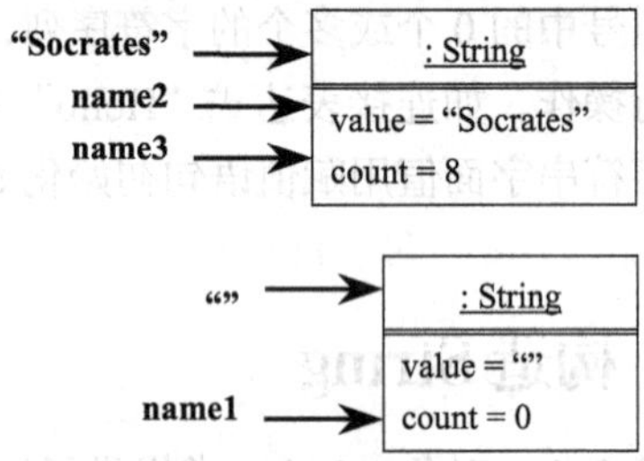

图 4.3 引用变量指向对象的关系（一）

这是一个只创建一个对象来引用字符串字面值的 Java 策略的直接推论，无论在程序中这个字面值出现多少次。因此，这些声明导致没有新对象创建，仅有对已存在对象的引用。对这种策略的评价是它在程序中保留了大量的内存。Java 创建一个对象，并且让所有“Socrates”的出现都引用这个对象，代替了字面值“Socrates”每次出现都创建 String 对象。

最后，考虑下面的声明，它们调用了 String 构造方法。

```
String name4 = new String();                    // 创建一个字符串对象
String name5 = new String("Socrates");
String name6 = name4;
```

如图 4.4 所示，在这种情况下，Java 创建了两个新的对象，并且设 *name*4 的值引用第一个，*name*5 的值引用第二个。它把空字符串给 *name*4 作为其值，并且把“Socrates”作为 *name*5 的值。但是这两个对象必须跟相应的字面值（“”和“Socrates”）对象本身区别开。*name*6 的声明仅仅创建了对变量 *name*4 所引用的对象的一次引用，即 *name*6 和 *name*4 现在指向同一个对象。

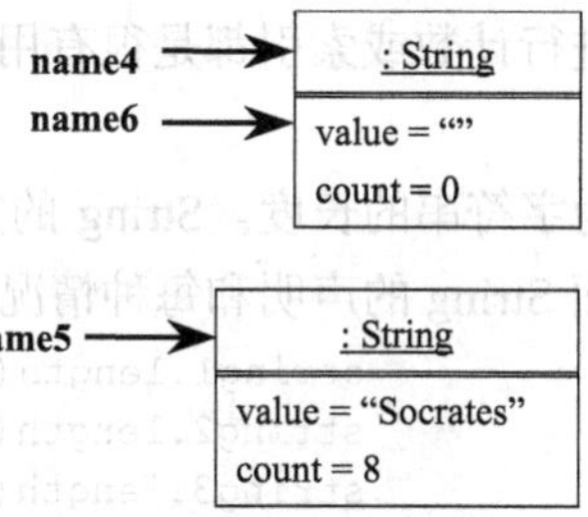

图 4.4　引用变量指向对象的关系（二）

图 4.4 加上图 4.3 中的对象，现在共有 4 个不同 String 对象和 8 个指向它们的不同引用，包括字面值“Socrates”和“”。

Java String 是一个完全对象，但是它们与原子类型有些相同的属性。它们能够有字面值，并且能用在赋值语句中。除非 String()构造方法被明确地调用，否则当声明一个 String 变量并为它赋初始值时，没有新 String 对象产生。

4.1.2　String 连接

建立一个 String 对象的另一种方法是把另外两个字符串连接起来。在 Java 中有两种执行串连接的方法：concat()方法和连接操作符“+”。例如：

```
String lastName = "Onassis";
String jackie = new String("Jacqueline" + "Kennedy "+ lastName);
System.out.println("Jacqueline".concat(lastName));
```

第一条语句声明了一个字符串引用变量 *lastName* 指向“Onassis”；第二条语句用连接操作符“+”创建字符串“JacquelineKennedyOnassis”，使用了 new String()的方式；第三条语句用 String 类的 concat()方法输出“JacquelineOnassis”。

用+号作为连接操作符是重载操作的另一个例子——对两个或多个不同的操作用相同的操作符。当+号任一边是 String 时，它就被用作一个二元的连接操作符，把两个字符串连接为一个单一字符串。

注意原子类型与连接操作符混合使用时，自动被提升为 String。因此，语句：

```
System.out.println("The sum of 5 and 5 = "+ (5 + 5));
```

将输出字符串“The sum of 5 and 5 = 10”。注意整数加法——(5 + 5)在整数结果转化为字符串之前首先执行。如果在加法操作中没有双括号，则第二个加号也会被认为是连接操作符。因此：

```
System.out.println("The concatenation of 5 and 5 = " + 5 + 5);
```

将会输出“The concatenation of 5 and 5 = 55”。

前面也介绍过运算符的优先级顺序，在字符串连接过程中，同样存在先后运算的顺序，看语句：

```
System.out.println(5 + 5 + "The concatenation of 5 and 5 = " + 5 + 5);
```

此时由于运算的先后顺序，会先运算“5 + 5”，结果为 10，然后发现有字符串参与运算，所以第二个“+”作为字符串连接使用，最终输出结果为：

```
10The concatenation of 5 and 5 = 55
```

4.1.3　String 索引

程序员经常需要把一个字符串拆开，或者把它们放到一起，或者重新排列。仅仅考虑许多字处理任务，如剪切和粘贴，它们会涉及这些操作。为了简化这些操作，知道一个字符串包含多少字符，并且对组成字符串的字符进行计数或索引都是很有用的。String 索引就是对字符串中包含的字符进行编号。

一个字符串中字符的数目称为字符串的长度。String 的实例方法 length()返回一个给出 String 的长度的整数值。例如，考虑下面 String 的声明和每种情况相应的 length()方法的返回值。

```
String string1 = "";                 string1.length() ==> 0
String string2 = "Hello";            string2.length() ==> 5
String string3 = "World";            string3.length() ==> 5
String string4 = string2 + " " + string3;     string4.length() ==> 11
```

字符串中某个字符的位置称为它的索引。在 Java 中，所有字符串都从数字 0 开始编排索引号，也就是说第一个字符的索引是 0。例如，在“Socrates”字符串中，字母 S 出现在索引 0；字母 o 出现在索引 1；字母 r 出现在索引 3，等等。因此，字符串“Socrates”包括 8 个字符，索引为 0 到 7，如图 4.5 所示。0 索引是编程语言中的一个惯例。当讨论数组时，将会看到这方面的其他例子。

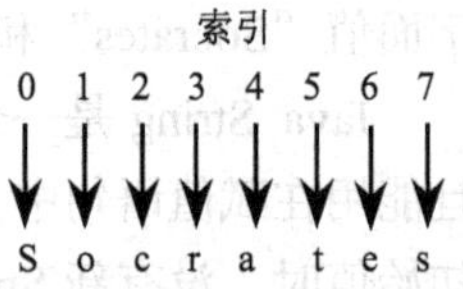

图 4.5 字符串索引编号

如果忘记了字符串是从 0 开始编索引的，将会导致语法和语义错误。在一个 *N* 个字符的字符串中，第一个字符出现在 0 索引，最后一个字符出现在 *N*-1 索引。这与 String.length()方法不同，String.length()方法是从 1 开始算的，它给出了字符串中字符的数目。

4.1.4 String 查找

程序员经常要在一个字符串中找到一个特殊的字符或字符串所处的位置。例如，用户名和密码有时存储在一个单独的字符串中，在这个字符串中，名称和密码被一个特殊的字符给分开了，如冒号（用户名：密码）。为了从像这样的串中取用户名和密码，有办法搜索串，且包含冒号字符的索引会方便些。

indexOf()和 lastIndexOf()方法是能够在字符串中查找到一个字符或子串的索引位置的实例方法。每个方法有几种版本，如下所示。

```
public int indexOf(int character);
public int indexOf(int character, int startingIndex);
public int indexOf(String string);
public int indexOf(String string, int startingIndex);

public int lastIndexOf(int character);
public int lastIndexOf(int character, int startingIndex);
public int lastIndexOf(String string);
public int lastIndexOf(String string, int startingIndex);
```

indexOf()方法在 String 中从左向右查找一个字符或子串。lastIndexOf()方法是从右向左查找一个字符或子串。为了说明这点，可以假设已经声明了下面的字符串。

```
String string1 = "";
String string2 = "Hello";
String string3 = "World";
String string4 = string2 + " " + string3;
```

回想一下 String 是从 0 开始编索引号，在不同字符串中搜索 o，可以得到如下运行结果，如图 4.6 所示。

```
string1.indexOf('o') ==>  1        string1.lastIndexOf('o') ==>  1
string2.indexOf('o') ==>  4        string2.lastIndexOf('o') ==> 4
string3.indexOf('o') ==>  1        string3.lastIndexOf('o') ==>  1
```

```
string4.indexOf('o') ==> 4        string4.lastIndexOf('o') ==> 7
```

因为 String1 是空串“”，它不包含字母“o”。因此 indexOf()返回-1，这个值不能够作为一个 Strings 的有效索引。在 indexof()和 lastIndexof()中都遵循这个惯例。因为 String2 和 String3 每一个都是出现字母“o”仅一次，所以当 indexof()和 lastIndexof()用在这两个字符串上时，都返回相同的值。因为 String4 中字母“o”出现了两次，在这种情况下，indexof()和 lastindexof()返回不同的值。如图 4.6 所示，“Hello World”中第一个“o”出现在索引 4，它是由 indexOf()返回的值。第二个“o”的出现在索引 7，它是由 lastIndexOf()返回的值。

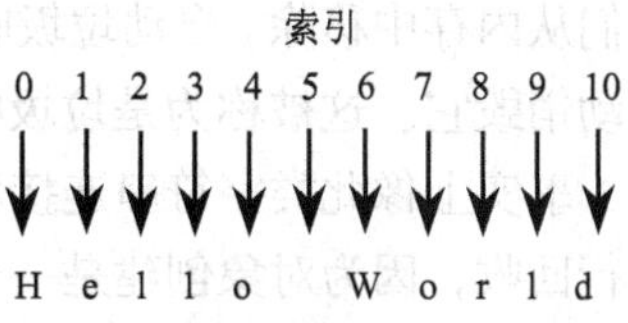

图 4.6　“Hello World”字符串的索引

默认情况下，indexof()和 lastindexof()的单一参数版本在字符串的各自一端（左或右）开始查找。这些方法的两个参数版本允许指定查找的方向和起始位置。第二个参数指定了起始索引。考虑以下这些例子。

```
string4.indexOf('o', 5)        ==> 7
string4.lastIndexOf('o', 5)        ==> 4
```

如果在两个例子中都从索引 5 开始查找，那么 indexOf()将会丢失掉在索引 4 上的“o”。它查找到的第一个“o”是在索引 7 上。同样地，lastIndexOf()将会丢失掉在索引 7 上的“o”，而将会找到在索引 4 上的“o”。

indexOf()和 lastindexOf()方法也能用于查找子串。

```
string1.indexOf("or") ==> 1      string1.lastIndexOf("or") ==> 1
string2.indexOf("or") ==> 1      string2.lastIndexOf("or") ==> 1
string3.indexOf("or") ==> 1      string3.lastIndexOf("or") ==> 1
string4.indexOf("or") ==> 7      string4.lastIndexOf("or") ==> 7
```

子字符串“or”在 String1 或 String2 中都没有出现。在 String3 中，它开始出现在位置 1，而在 String4 中，它开始出现在位置 7。对这些例子来说，从左到右还是从右到左查找都是没有关系的。

4.1.5　StringBuffer

在 Java 中，String 是一个只读对象。这意味着，一旦 String 被实例化后，就不能再改变，不能插入新字符或删除已经存在的字符。Java String 一旦被实例化后，就不能以任何方式修改。

那么，程序在处理字符串时如何改变字符串的值？答案是每次给字符串引用变量赋一个新值，这样 Java 每次必须创建一个新的 String 对象。图 4.7 所示说明了这个过程。因此，对于以下 arrayToString 方法：

```
public String arrayToString() {
    String resultStr= "";
    resultStr = resultStr + 'a' + ",";        // resultStr 指向“a,”
    resultStr = resultStr + 'b + ",";         // resultStr 指向“a,b,”
    resultStr = resultStr + 'c' + ",";        // resultStr 指向“a,b,c,”
    resultStr = resultStr + 'd';              // resultStr 指向“a,b,c,d”
    return resultStr;
}
```

Java 将计算右边的值，创建一个新的 String 对象，这个对象的值是右边运算数据的连接，语句“resultStr + 'a'+ "," ;”的执行过程如图 4.7（a）所示。然后它将分配这个新对象作为 resultStr

的新引用，如图 4.7（b）所示。这就使先前 resultStr 的引用变成了一个孤儿对象——也就是说，不再有任何指向它的引用的对象。Java 最终将丢弃这个孤儿对象，即一个称作垃圾收集的处理把它们从内存中移除。自动垃圾收集是指一个对象如果没有再被程序中的变量引用，那么 Java 将会自动销毁它。这被称为是垃圾收集。然而，创建和丢弃对象是一个浪费计算机时间的任务。

事实上像此类字符串连接和修改的赋值语句意味着一些新的对象被创建，然后又被作为垃圾进行回收，因为对象创建是一个相对消耗时间和消耗内存的操作，所以此类字符串运算有点浪费 Java 资源。

当然，在 arrayToString()方法中，使用字符串连接的方式除了效率低以外，没有其他实际的伤害。Java 的垃圾收集器将会自动回收孤儿对象所用的内存。

编写 arrayToString()方法更有效的方式是利用 StringBuffer 来存储和创建 resultStr。像 String 类，java.lang.StringBuffer 类同样能够表示一串字符。但是，与 String 类不同，一个 StringBuffer 类能够被修改，StringBuffer 类维护的是一个字符缓冲区，在必要时它的长度能够增长和缩短。如图 4.8 所示，StringBuffer 类包含些与 String 类相同的方法——例如，charAt()和 length()。并且它也包含一些允许字符和其他类型的数据插入到一个字符串中的方法，如 append()、insert()和 setCharAt()。更多的字符串处理算法用 StringBuffer 代替 String 作为它们的首选数据结构。

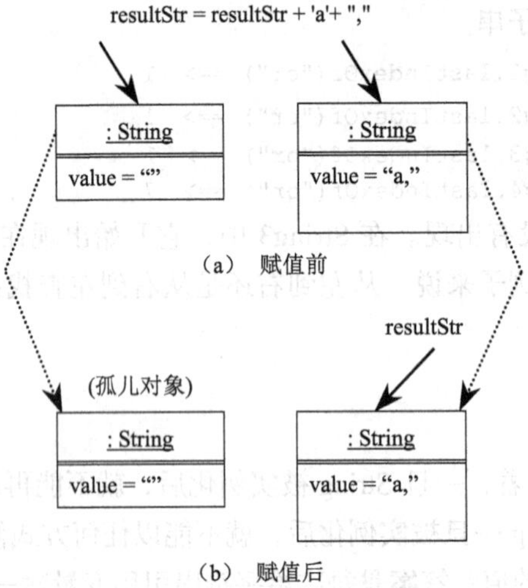

图 4.7　自动垃圾收集过程

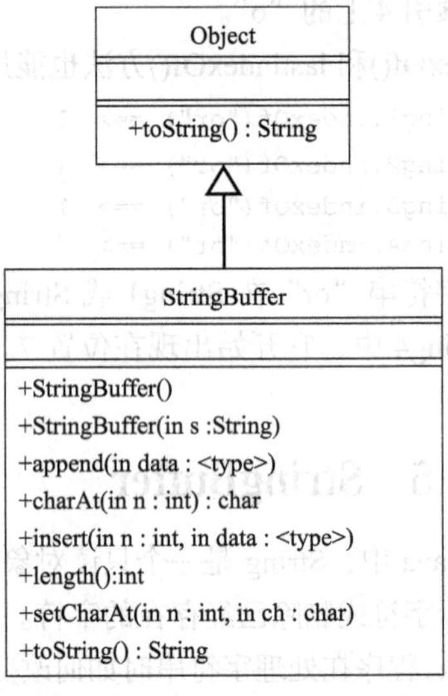

图 4.8　Java.lang.StringBuffer 类

对任何涉及修改字符串的任务，应该用 StringBuffer 代替 String。StringBuffer 类提供了一些对字符串处理有用的方法。构造方法 StringBuffe(String)能够更容易地使 String 转化为 StringBuffer。类似地，一旦处理完缓冲区，toString()方法将会很容易地使 StringBuffer 转回为 String。

StringBuffer 的典型方法如下面的 arrayToString()方法所示。

```
/**
 * 利用 StringBuffer 类来修改字符串
 */
public String arrayToString() {
      //实例化一个 StringBuffer 对象
      StringBuffer resultStr = new StringBuffer("");
      //使用 append 方法将字符添加进 StringBuffer 缓冲区中
```

```
    resultStr.append('a' + ",");
    resultStr.append('b' + ",");
    resultStr.append('c' + ",");
    resultStr.append('d');
    //使用 toString 方法将 StringBuffer 转化为字符串对象
    return resultStr.toString();
}
```

声明一个 StringBuffer 代替 String。然后，对每次关键字的出现进行连接操作，这样使用 append 方法，将需要添加的字符或者字符串直接增加到缓冲区中，不会存在一系列对象的创建和回收，极大地提高了运算的效率。

概括地说，String 对象在 Java 中是永恒不变的。所以当一个字符串被修改时，它真正的意思是一个新的 String 对象被创建，旧的对象一定被垃圾收集。为了避免这种低效率，在这样的上下文中，可以用 StringBuffer 代替 String。

4.2　字符串处理

4.2.1　字符串字符处理

许多字符串处理应用要求处理字符串中的每个字符。例如，为了加密字符串“hello”为“jgnnq”，必须遍历字符串中的每个字符，并且将它们改为其替代字符。

这种类型的算法总是涉及边界为字符串长度的计数循环。调用 length()方法可以确定字符串中字符的数目，并且字符串是从 0 开始编索引号的。这意味着第一个字符在索引 0，最后一个字符的索引是 length()-1。例如，为了将字符串中的字符输出到一个分隔的行中，需要遍历字符串的第一个字符到最后一个，并且输出每个字符。

```
//前提条件：str 不为 null
// 执行结果：打印出字符串中每个字符，每个字符占一行
public void printLetters(String str) {
    for (int k = 0; k < str.length(); k++) {
        System.out.println(str.charAt(k));
    }
}
```

循环的条件是 k<str.length()，因为任意一个字符串的最后一个字符的索引是 length()-1。注意在循环的每次遍历中，str.charAt(k)是用来索引 str 中的第 *k* 个字符的。

如程序中所示，前置和后置条件用在这个方法的注释中。前置条件说明 str 已经被合适地初始化了，也就是说，它不是 null。后置条件仅仅说明了这个方法所期望的行为。

在编写计数控制的循环程序时，一个常见的错误是差 1 错误。这样的错误以多种不同形式出现。例如，编写的循环界限条件为 k<=str.length()，这就会产生一个差 1 错误（IndexOutOfBounds Exception），当程序执行到这个语句时，它就会报这个异常。

避免差 1 错误的唯一方法是，当编写循环时，检查循环边界，确定计数器的初始值和结束值总是正确的。程序中遇见差 1 错误，应该认真地检查循环，确信它们没有超过循环的次数。在程序测试期间，设一个值来测试循环变量的初始值和结束值。

下面来看看字符串中对字符处理的应用。

1. 字符计数

作为处理字符串中每个字符的算法的另外一个例子，要考虑所给文档中字母出现频率的计算问题。某些文本分析程序，例如一些分析数据加密和垃圾过滤的程序，会执行这些功能。

countChar()方法将会计算在字符串中特定字符出现的次数。这个方法有两个参数：一个 String 参数用来存储被查询的字符串，另一个 char 参数用来存储被计数的字符。程序代码如下。

```
/**
 * countChar 方法用来计算字符 ch 在字符串 str 中出现的次数
 */
public int countChar(String str, char ch) {
    int counter = 0;                              // 初始化计数变量
    for (int k = 0; k < str.length(); k++)        // for 循环
        if (str.charAt(k) == ch) {                // 判断是否为计数的字符
                counter++;                            // 计数，每次加 1
        }
    return counter;                               // 返回
}
```

局部变量 counter 开始被赋值为 0。如在前面的例子中，for 循环将要遍历字符串中从 0 到 length()-1 的每个字符。每次遍历都要检查一下在第 *k* 个位置上(str.charAt(k))的字符是否被计数了。如果被计数了，则 counter 加 1。当方法完成时，返回一个 counter，它的值将表明 str 中 ch 的数目。

2. 倒置一个 String

处理字符串中每个字符的另外一个重要的方法是 reverse()方法。这个方法倒置字符串中的字母。例如，“java”的倒置是“avaj”。

reverse()方法的算法应该用一个简单计数循环来倒置在它的 String 参数中的字母。因此，在这种情况下，从字符串最后一个字符开始，从右到左，到第一个字符结束，来处理这个符串。这样恰好能在结果字符串中从左到右添加每一个字符。

```
/**
 * reverse 方法用来倒置字符串 s
 */
public String reverse(String s) {
    StringBuffer result = new StringBuffer();
    for (int k = s.length()-1; k >= 0; k--) {
        result.append(s.charAt(k));  //使用 append 方法添加字符
    } // for
    return result.toString();          //转换为 String
} // reverse()
```

就像在其他的字符串操作算法中，如 arrayToString()，应该用 StringBuffer 来存储这方法的结果。因此在这个方法的一开始声明了 result 为 StringBuffer，并且在方法结束时，把它的值重新转换为 String。程序中需要转换一个字符串的时候，应该用 StringBuffer 来存储结果。

3. 大写首字母

字符串操作的另外一个方法是 captalize()方法，它返回一个初始字母是大写，但其他字母是小写的字符串，例如“Hello”。Character 类中的静态方法 toUpperCase()和 toLowerCase()方法用于转化单个字母。这个算法把第一个字母转化成大写，然后通过循环将剩下的字母都转化成小写。

```
/ *
 * 前提条件：参数不为 null
```

```
  * 执行结果：字符串首字母大写
  * /
public String capitalize(String s) {
     if (s.length() == 0) {  // 空字符串验证
           return s;
     }
     StringBuffer result = new StringBuffer();
     result.append(Character.toUpperCase(s.charAt(0)));        // 转换第一个字母
     for (int k = 1; k < s.length(); k++) {
          //通过 toLowerCase 方法将除首字母之外的所有字符转换为小写
          result.append(Character.toLowerCase(s.charAt(k)));
     } // for
     return result.toString();
} // capitalize()
```

4. 其他常用 String 方法

除了已经讨论的 valueOf()、equals()、indexOf()、lastIndexOf()和 charAt()方法外，表 4.1 展示了另外一些 String 类的有用方法。

表 4.1　　　　　一些应用在字符串常量"Perfection"中的有用方法

方法声明	说明
boolean endsWith(String suffix)	"Perfection".endsWith("tion") => true
boolean startsWith(String prefix)	"Perfection".startsWith("Per") => true
boolean startsWith(String prefix, int offset) String toUpperCase() String toLowerCase() String trim()	"Perfection".startsWith("fect", 3) => true "Perfection".toUpperCase() => "PERFECTION" "Perfection".toLowerCase() => "perfection" "Perfection".trim() => "Perfection"

因为 String 的只读性质，像 toUpperCase()、tolowerCase()和 trim()方法不能够改变它们的字符串。相反，它们能产生新的字符串。如果你想用这些方法中的一种来转化一个字符串，必须将它的结果重新赋值给原始字符串。

```
String s = new String("hello world");
s = s.toUpperCase(); // s 现在指向"HELLO WORLD"
```

4.2.2　字符串子串处理

1. 关键字查找

keywordSearch()，它带有两个 String 参数，一个是被用来查询的字符串；另一个用来表示关键字。这个方法返回一个列出关键字出现次数的 String，后面跟着每次出现的索引。例如，如果让这个方法在"This is a test"中找到所有出现的 is，它将会返回字符串"2：25"，因为在这个字符串中"is"出现了两次。一个字符串在索引 2，另一个在索引 5。

这个方法的算法需要一个循环，因为需要知道在这个字符串中关键字每次出现的位置。做到这些的一种方法是在字符串中用 indexof()方法查询子串的位置。在字符串中，如果它在索引 N 处找到了关键字，应该记录下这个位置，并且继续从 N+1 处查找关键字其他的出现。按这种方法继续找，直到没有其他的出现。

每次关键字出现，它的位置（ptr）被连接在 resultStr 的右边。当循环结束时，关键字出现的次数（count）连接在 resultStr 的左边。

```
/ **
```

```
    * keywordSearch() 实现查找关键字在字符串
    * 中出现的次数和出现的位置
    * /
public String keywordSearch(String s, String keyword) {
    String resultStr = "";
    int count = 0;
    int ptr = s.indexOf(keyword);
    while (ptr != -1) {
        ++count;
        resultStr = resultStr + ptr + " ";
        ptr = s.indexOf(keyword, ptr + 1);          // 查找下一个出现位置
    }
    resultStr = count + ": " + resultStr;           // 将次数和出现位置用“: ”连接
    return resultStr;                               // 返回结果字符串
}
```

应该用什么样的测试数据来测试 keywordSearch()方法呢？在这个例子中，一个重要的考虑是测试这个方法是否对字符串中关键字所有可能的位置都能工作。因此，这个方法应该对关键字出现在字符串的开始、中间和结尾的字符串进行测试。另外，也应该测试不包含关键字的字符串。这种测试将会帮助核实循环将在所有情况下的正确终止。基于这些考虑，表 4.2 给展示了所做的测试。从测试结果中能看出，这个方法的确产生了期望的输出。虽然这些测试不能保证它的正确性，但它们提供了算法正确运行相当客观的证据。

表 4.2　　测试 keywordSearch()方法

执行的测试	期望的结果
keywordSearch(“this is a test”, “is”)	2:2 5
keywordSearch(“able was I ere I saw”, “a”)	4:0 6 18 24
keywordSearch(“this is a test”, “taste”)	0:

在设计测试数据来检查字符串查找算法的正确性时，使用测试所有可能输出的数据是很重要的。

2. 检索字符串中的一部分

程序员经常需要在一个字符串中检索一个字符或是字符串的一部分，例如在字处理程序中，字符串的一部分被拷贝或删除时。

charAt(int index)方法是一个能够用来检索在特定索引下的字符的 String 实例方法。substring()方法的一些版本能够用来在一个 String 中检索一个子串。这些方法定义如下。

```
public char charAt(int index);
public String substring(int startIndex);
public String substring(int startIndex, int endIndex);
```

charAt()方法返回一个位于提供给它的参数的索引处的字符。因此，str.charAt(0)检索 str 中的第一个字符，而 str. charAt(str.length()-1)检索最后一个字符。

substring()方法有相似的工作方法，除了需要确定想检索的子串的开始和最后的索引。substring(int startIndex)的第一个版本带有一个参数，并且返回一个从 startIndex 开始到 String 结尾的所有字符组成的 String。例如，如果 str 是“HelloWord”，str.substring(5)将会返回“Word”，str.substring(3)将会返回“loWord”。

```
String str = "HelloWorld";
```

```
str.substring(5)                    ==> "World"
str.substring(3)                    ==> "loWorld"
```

substring(int,int)需要确定子串的开始和结束索引。例如：

```
// 下标:  0123456789
String str = "HelloWorld";
str.substring(5,7)                  ==> "Wo"
str.substring(0,5)                  ==> "Hello"
str.substring(5, str.length())      ==> "World"
```

注意当想从 str 中检索“Wo”时，需要指定它的索引为 5 和 7；7 指向“Wo”后面的那个字符。类似地，substring(0,5)取出前 5 个字符(“Hello”)。在第三个例子中，length()方法指出子串从索引 5 开始到字符串的最后结束。这相当于 str.substring(5)。

```
// 下标:  0123456789
String str = "HelloWorld";
str.substring(5, str.length())      ==> "World"
str.substring(5)                    ==> "World"
```

事实上，在 substring()中的第二个参数指向想要的子串的后面那个字符，这开始可能让人有点迷惑，但是它确实是一个指定子串的很有用的方法。例如，许多字符串处理问题必须从分段字符串中检索子串，分段字符串是一个包含有将一个字符串分成子串的特殊字符的字符串。例如，考虑字符串“substring1:substring2”，在这个字符串中，分隔符是冒号“:”。下面的代码检索了分隔符之前的子串。

```
// 下标:  0123456789
String str = "substring1:substring2";
int n = str.indexOf(':');
str.substring(0,n)                  ==> "substring1"
```

因此，通过使 substring()的第二个索引指向想要的子串的最后一个字符之后的那个字符，可以用 indexof()和 substring()两种方法结合到一起来处理分段字符串。注意它没有必要用一个临时变量 *n* 来存储分隔符的索引，因为这两种方法可以嵌套。

```
String str = "substring1:substring2";
str.substring(0,str.indexOf(':'))   ==> "substring1"
```

不要忘记 substring()方法的第二个参数指向子串的最后一个字符之后的那个字符。

4.3　字符串相等性

4.3.1　比较字符串

String 比较是另外一种重要的任务。例如，当一个字处理器执行一个查询和替换操作时，它需要识别文本中跟目标字符串匹配的字符串。

字符串根据它们的字典序——也就是字符的顺序来比较。对字母表中的字母，字典序意味着字母表的顺序。因此，a 在 b 前面，d 在 c 后面。因为字母表中 h 在 j 前面，所以“hello”在“jello”前面。

对 Java 和其他的编程语言，字典序的定义扩大到组成字符集的所有字符。例如在 Java 的 Unicode 字符集中，大写字母在小写字母之前。因此字母 H 在 h 之前，字母 Z 在 a 之前。

字典序能被扩展到包含字符的字符串。在字典序中，“Hello”的第一个字母 H 在 h 之前，因此“Hello”在“hello”之前。类似地，字符串“Zero”在“aardvark”之前，因为 Z 在 a 之前。

为了判断字符串的字典序，需要从第一个字符开始从左到右一个字符、一个字符地比较。作为一个例子，下面的字符串按字典序来排列。

```
"" "!" "0" "A" "Andy" "Z" "Zero" "a" "an" "and" "andy" "candy" "zero"
```

对于字符串 s1 与 s2，如果 s1 的首字母在 s2 的首字母之前，那么按字典序，s1 在 s2 的前面。如果它们的首字母相同，并且 s1 的第二个字符在 s2 的第二个字符之前，那么 s1 仍在 s2 之前，以此类推。空字符串作为一种特殊情况处理，它排在所有字符串前面。

或许定义字典序的更精确方法是定义一个 Java 方法。

```
public boolean precedes(String s1, String s2) {
   // 比较取得 2 个字符串的长度最小值
   int minlen = Math.min(s1.length(), s2.length());

   for (int k=0; k < minlen; k++) {                    // 循环存在于字符串中的每个字符
      if (s1.charAt(k) != s2.charAt(k)) {
         // 如果 2 个字符串相同位置的字符不相等，就返回对应大小关系
         return s1.charAt(k) < s2.charAt(k);
      }
   }
   return s1.length() < s2.length();                   // 如果在范围内所有的字符都相等时
                                                       // 返回 2 个字符串长度的大小关系
}
```

这个方法从这两个字符串的第一个字符开始，从左向右一个字符、一个字符地对其做了比较。它的 for 循环用了一个计数界限，这个界限从 k 等于 0 开始，并且计数到最短的字符串的长度。在设计这个算法中，这是很重要的一点。如果当你已经超过最后一个字符时还没有停止遍历，你的程序将会产生一个 StringIndexOutOfBounds 异常。为了阻止这个错误，需要用一个最短长度作为循环界限。

注意，如果发现 *s*1 和 *s*2 的某个字符不相等，循环将提前结束。这种情况下，如果 *s*1 的第 *k* 个字符在 *s*2 的第 *k* 个字符之前，那么 *s*1 在 *s*2 之前。如果循环正常结束，则说明所有的字符比较都相等。这种情况下，短字符串在长字符串之前。例如，如果两个字符串为“alpha”和“alphabet”，那么 precedes()方法将会返回一个真值，因为“alpha”比“alphabet”短些。

4.3.2 对象相同与对象相等的对比

Java 提供了一些 String 对比的方法，如下所示。

```
public boolean equals(Object anObject);  //重写了 Object 类中的 equals 方法
//忽略两个字符串的大小写进行比较
public boolean equalsIgnoreCase(String anotherString);
public int compareTo(String anotherString);
```

第一个比较方法 equals()，重写了 Object.equals()方法。如果两个字符串在相同序列上有相同的字母，则它们相等。因此，对下面的声明：

```
String s1 = "hello";
String s2 = "Hello";
```

s1.equals(s2)将返回 false，而 s1.equals("hello")返回 true。

当用 equals()方法时，必须小心。根据在 Object 类中 equals()的默认定义，“相等”意味着“相同”。只有两个引用变量指向同一个对象时，它们才是相等的。

通过使用下面的 StringBuffer 定义，可以用 Java 创建一个相似的情景。

```
StringBuffer b1 = new StringBuffer("a");
```

```
StringBuffer b2 = new StringBuffer("a");
StringBuffer b3 = b2;
```

由前面的 3 个声明可知，b1.equals(b2)和 b1.equals(b3)将返回 false，而 b2.equals(b3)将返回 true，因为 b2 和 b3 只是对同一个对象的两个不同的名称（见图 4.9）。因此，在这个例子中，"相等"的真正意义是"相同"。

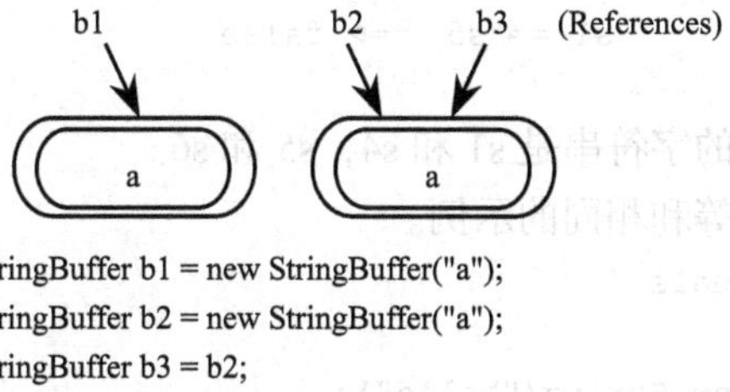

图 4.9　对象引用的对比

对于大多数对象，相等意味着相同。StringBuffer b2 和 b3 是相同的（因此是相等的），但是 StringBuffer b1 和 b2 不是相同的（因此是不相等的）。另外，在 Java 中，当比较两个对象时，相等操作符（==）与默认的 object.equals()方法以同样的方式被解释。所以，它的真正意义是对象相同。因此 b1==b2 是 false，因为 b1 和 b2 是不同的对象，但是 b2==b3 的结果是 true，因为 b2 和 b3 引用相同的对象。

4.3.3 String 相同与 String 相等的对比

在 Java String 比较中，必须小心地区分字符串相同和字符串相等的概念。String 相等是指两个字符串的字符序列一样，而 String 相同指的是两个 String 引用变量指向的是同一个 String 对象。因此，考虑下面的声明。

```
String s1 = new String("hello");
String s2 = new String("hello");
String s3 = new String("Hello");
String s4 = s1;
String s5 = "hello";
String s6 = "hello";
```

它将造成如图 4.10 所示情形。

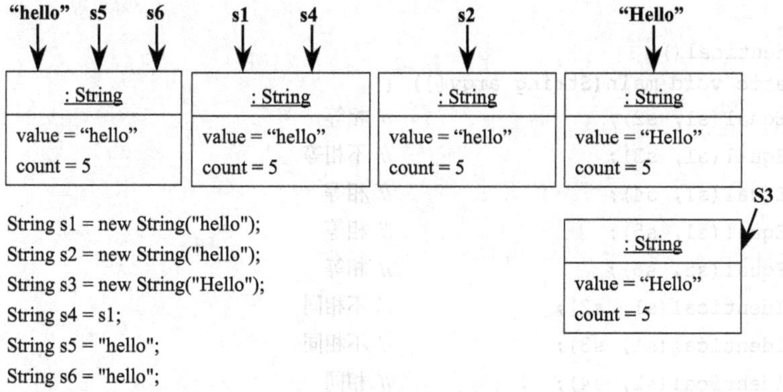

图 4.10　字符串相同和相等对比

所以 s1，s2，s4，s5 和 s6 是相等的。s1 和 s4 相同，s5 和 s6 也相同。

由给出的这些声明，比较 Strings 的相等性，将得到下面的结果。

```
s1.equals(s2) ==> true          s1.equalsIgnoreCase(s3)       ==> true
s1.equals(s3) ==> false         s1.equals(s5)                 ==> true
s1.equals(s4) ==> true          s1.equals(s6)                 ==> true
```

如果比较它们的相同性，将得到如下的结果。

```
s1 == s2   ==> false            s1 == s3  ==> false
s1 == s4   ==> true             s1 == s5  ==> false
s5 == s6   ==> true
```

在这些字符串中，真正相同的字符串是 s1 和 s4，s5 和 s6。

下面就是一个测试字符串相等和相同的示例。

```
public class TestStringEquals {
     //下面声明了 6 个引用变量
     static String s1 = new String("hello");
     static String s2 = new String("hello");
     static String s3 = new String("Hello");
     static String s4 = s1;
     static String s5 = "hello";
     static String s6 = "hello";
     /**
     *testEqual 方法用来测试两个字符串是否相等
     */
     private static void testEqual(String str1, String str2) {
          if (str1.equals(str2)) {      //使用 equals 方法判断
            System.out.println(str1 + " equals " + str2);
     } else {
            System.out.println(str1 + " does not equal " + str2);
     }
} // testEqual()
/**
* testIdentical 方法用来测试两个字符串是否相同
*/
private static void testIdentical(String str1, String str2) {
     if (str1 == str2) {  //使用==判断
         System.out.println(str1 + " is identical to " + str2);
      } else {
         System.out.println(str1 + " is not identical to " + str2);
      }
} // testIdentical()
public static void main(String argv[]) {
     testEqual(s1, s2);                        // 相等
     testEqual(s1, s3);                        // 不相等
     testEqual(s1, s4);                        // 相等
     testEqual(s1, s5);                        // 相等
     testEqual(s5, s6);                        // 相等
     testIdentical(s1, s2);                    // 不相同
     testIdentical(s1, s3);                    // 不相同
     testIdentical(s1, s4);                    // 相同
     testIdentical(s1, s5);                    // 不相同
     testIdentical(s5, s6);                    // 相同
   } // main()
```

```
} // TestStringEquals class
```

程序运行结果如下。

```
hello equals hello
hello does not equal Hello
hello equals hello
hello equals hello
hello equals hello
hello is not identical to hello
hello is not identical to Hello
hello is identical to hello
hello is not identical to hello
hello is identical to hello
```

4.4　基本数据类型转换为字符串

String.valueOf()方法是一个用来将一些基本数据类型的值转换为 String 对象的类方法。例如，表达式 String.valueof(128)把它的 int 参数转换为 String “128”。

valueOf()有不同的版本，每一种的签名如下。

```
public static String valueOf(Type);
```

在这里，Type 标准代表任何基本数据类型，包括 boolean、char、int 和 double，等等。

valueOf()方法对初始化 String 是最有用的。因为它是一个类方法，它可以按下面这样实例化新的 String 对象。

```
String number = String.valueOf(128);       // 创建字符串 "128"
String truth = String.valueOf(true);       //创建字符串"true"
String bee = String.valueOf('B');          //创建字符串"B"
String pi = String.valueOf(Math.PI);       //创建字符串"3.14159"
```

已经看到 Java 在必要时能够自动地将基本数据类型的值提升为 String。那为何还需要 valueOf()方法呢？例如，可以按下面这样实例化一个 String 为 “3.14159”。

```
String pi = new String(""+Math.PI);        //创建字符串"3.14"
```

在这个例子中，因为 Math.PI 的值是连接表达式的一部分，所以它将自动地提升为一个 String 值。valueOf()方法的意义有两方面：第一，它可能是 Java 编译器执行字符串提升所依赖的方法；第二，在一个程序当中用它，甚至当它完全不需要时，能够显示地执行转换操作而不是隐示转换。这样使代码更具可读性。

4.5　格式化字符串

通过 String 类的 format()方法，可以得到经过格式化的字符串对象，最常用的是对日期和时间的格式化。String 类中的 format()方法有两种重载形式如下。

```
public static String format(String format, Object obj);
public static String format(Locale locale, String format, Object obj);
```

参数 format 为要获取字符串的格式；参数 args 为要进行格式化的对象；参数 locale 为格式化字符串时依据的语言环境，对于方法 format(String format, Object obj)，则依据本地的语言环境进行格式化。

在定义格式化字符串采用的格式时，需要利用固定的转换符号，固定转换符的具体信息如表 4.3 所示。

表 4.3　　格式化字符串的转换符

转换符	功能说明
%s	格式化字符串表示
%c	格式化字符型表示
%b	格式化逻辑型表示
%d	格式化十进制整型数字表示
%x	格式化十六进制整型数字表示
%o	格式化八进制整型数字表示
%f	格式化十进制浮点数型数字表示
%a	格式化十六进制浮点数型数字表示
%e	格式化指数形式表示
%g	格式化通用浮点数表示（f 和 e 类型中较短的）
%h	格式化散列码形式表示
%%	格式化百分比形式表示
%n	换行符
%tx	格式化日期和时间形式表示（x 代表不同的日期和时间转换符）

下面是 3 个获取格式化字符串的例子，分别为获得字符 A 的散列码、将 68 格式化为百分比形式和将 16.8 格式化为指数形式，代码如下。

```
String code = String.format("%h", 'A');          //格式化后得到字符串为 41
String code = String.format("%d%%", '68');       //格式化后得到字符串为 68%
String code = String.format("%e", '16.8');       //格式化后得到字符串为 1.680000e+01
```

4.5.1　格式化日期和时间

在使用日期和时间时，经常需要对其进行处理，以满足一定的要求。例如将日期格式化为“2008-01-27”形式，将时间格式化为“03:06:52 下午”形式，或是获取 4 位年（如“2008”）或是 24 小时制的小时（如“21”）。

格式化日期和时间的转换符定义了各种格式化日期字符串的方式，其中最常用的日期和时间的组合格式如表 4.4 所示。

表 4.4　　常用日期和时间的格式化转换符

转换符	格式说明	格式示例
F	格式化为“YYYY-MM-DD”的形式	2008-01-26
D	格式化为“MM/DD/YY”的形式	01/26/08
r	格式化为“HH:MM:SS AM”的形式（12 小时制）	03:06:52 下午
T	格式化为“HH:MM:SS”的形式（24 小时制）	15:06:52
R	格式化为“HH:MM”的形式（24 小时制）	15:06

下面是对当前日期和时间格式化的具体代码。

```
Date today = new Date();
String a = String.format("%tF", today);          //格式化为：2008-01-26
String a = String.format("%tD", today);          //格式化为：01/26/08
String a = String.format("%tr", today);          //格式化为：03:06:52 下午
String a = String.format("%tT", today);          //格式化为：15:06:52
String a = String.format("%tR", today);          //格式化为：15:06
```

在 Java.text 包中包含了常用的格式化日期类，DateFormat 类和 SimpleDateFormat 类。通过该格式化日期类中的方法，方便实现在 Java 中日期（Date）转换成一个提供了固定格式的日期字符串。

1. DateFormat 类

DateFormat 类是一个提供了格式化和解析日期和时间功能的抽象（abstract）类。getDateInstance()方法可以返回一个 DateFormat 类的实例，这个对象可以格式化日期信息。如下代码所示。

```
public static final DateFormat getDateInstance()
public static final DateFormat getDateInstance(int style)
public static final DateFormat getDateInstance(int style, Locale locale)
```

在这里，参数 style 是下列值中的一个：DEFAULT、SHORT、MEDIUM、LONG 或则 FULL。这些都是 DateFormat 类定义的常量，分别代表了日期显示的不同格式化风格。参数 locale 是由 Locale 类定义的静态引用，分别代表不同的国家语言环境。如果 style 或 locale 没有被指定，将使用默认方式，使用系统默认的国家语言。

将日期类型（Date）格式化为字符串类型，是通过 format()方法实现，这个方法的参数是一个要显示的 Date 对象。执行后返回指定格式化风格和语言环境的日期字符串。

```
public final String format(Date date)
```

通过下面的例子分别说明，如何使用 DateFormat 实现日期的格式化风格显示。

```
import java.text.DateFormat;
import java.util.Date;
import java.util.Locale;
public class TestForDateFormat {
     public static void main(String[] args) {
          Date date = new Date();                          // 获得系统日期
          DateFormat df = null;
          df = DateFormat.getDateInstance();      //无参数
          System.out.println("DateFormat.getDateInstance()\n" + df.format(date));
          // 中国 SHORT
          df = DateFormat.getDateInstance(DateFormat.SHORT, Locale.CHINA);
          System.out.println("DateFormat.getDateInstance(DateFormat.SHORT,
               Locale.CHINA)\n" + df.format(date));
          // 中国 LONG
          df = DateFormat.getDateInstance(DateFormat.LONG, Locale.CHINA);
          System.out.println("DateFormat.getDateInstance(DateFormat.LONG,
               Locale.CHINA)\n"      + df.format(date));
          // 中国 MEDIUM
          df = DateFormat.getDateInstance(DateFormat.MEDIUM, Locale.CHINA);
          System.out.println("DateFormat.getDateInstance(DateFormat.MEDIUM,
               Locale.CHINA)\n"      + df.format(date));
```

```
        // 中国 DEFAULT
        df = DateFormat.getDateInstance(DateFormat.DEFAULT, Locale.CHINA);
        System.out.println("DateFormat.getDateInstance(DateFormat.DEFAULT,
            Locale.CHINA)\n"      + df.format(date));
        // 英国 SHORT
        df = DateFormat.getDateInstance(DateFormat.SHORT, Locale.ENGLISH);
        System.out.println("DateFormat.getDateInstance(DateFormat.SHORT,
            Locale.ENGLISH)\n" + df.format(date));
        // 英国 LONG
        df = DateFormat.getDateInstance(DateFormat.LONG, Locale.ENGLISH);
        System.out.println("DateFormat.getDateInstance(DateFormat.LONG,
            Locale.ENGLISH)\n" + df.format(date));
        // 英国 MEDIUM
        df = DateFormat.getDateInstance(DateFormat.MEDIUM, Locale.ENGLISH);
        System.out.println("DateFormat.getDateInstance(DateFormat.MEDIUM,
            Locale.ENGLISH)\n" + df.format(date));
        // 英国 DEFAULT
        df = DateFormat.getDateInstance(DateFormat.DEFAULT, Locale.ENGLISH);
        System.out.println("DateFormat.getDateInstance(DateFormat.DEFAULT,
            Locale.ENGLISH)\n" + df.format(date));
    }
}
```

通过修改格式化风格与不同的国家语言，将会输出不同的日期格式，程序运行结果如下。

```
DateFormat.getDateInstance()
2012-1-6
DateFormat.getDateInstance(DateFormat.SHORT, Locale.CHINA)
12-1-6
DateFormat.getDateInstance(DateFormat.LONG, Locale.CHINA)
2012年1月6日
DateFormat.getDateInstance(DateFormat.MEDIUM, Locale.CHINA)
2012-1-6
DateFormat.getDateInstance(DateFormat.DEFAULT, Locale.CHINA)
2012-1-6
DateFormat.getDateInstance(DateFormat.SHORT, Locale.ENGLISH)
1/6/12
DateFormat.getDateInstance(DateFormat.LONG, Locale.ENGLISH)
January 6, 2012
DateFormat.getDateInstance(DateFormat.MEDIUM, Locale.ENGLISH)
Jan 6, 2012
DateFormat.getDateInstance(DateFormat.DEFAULT, Locale.ENGLISH)
Jan 6, 2012
```

当在中国的语言环境下，所表示的日期通常是年月日的方式，而对于英国，则采用月日年的常用表达方式。所以在实际使用过程中，需要明确日期显示的语言环境以及格式化风格。从执行结果中看出，并没有时间的信息输出。在 DateFormat 类中，提供了单独读取时间的方法 getDateTimeInstance()与获取日期的方法类似。如下面的代码。

```
import java.text.DateFormat;
import java.util.Date;
import java.util.Locale;
public class TestTimeFormat {
    /**
     * main 方法中测试不同国家的显示时间
```

```
    *@param args
     */
    public static void main(String[] args) {
        // 获得系统日期
        Date date = new Date();
        DateFormat df = null;

        df = DateFormat.getTimeInstance();
        System.out.println("默认方式: " + df.format(date));
        // China 中国
        df = DateFormat.getTimeInstance(DateFormat.SHORT, Locale.CHINA);
        System.out.println("China 中国: " + df.format(date));
        System.out.println("China 中国: " + df.format(date));
        // United States 美国
        df = DateFormat.getTimeInstance(DateFormat.LONG, Locale.US);
        System.out.println("United States 美国: " + df.format(date));
        // United Kingdom 英国
        df = DateFormat.getTimeInstance(DateFormat.MEDIUM, Locale.UK);
        System.out.println("United Kingdom 英国: " + df.format(date));
        // Canada 加拿大
        df = DateFormat.getTimeInstance(DateFormat.DEFAULT, Locale.CANADA);
        System.out.println("Canada 加拿大: " + df.format(date));
        // Japan 日本
        df = DateFormat.getTimeInstance(DateFormat.FULL, Locale.JAPAN);
        System.out.println("Japan 日本: " + df.format(date));
    }
}
```

根据 getTimeInstance()方法分别获取不同的时间格式化风格，程序运行结果如下。

```
默认方式: 16:59:32
China 中国: 下午 4:59
United States 美国: 4:59:32 PM CST
United Kingdom 英国: 16:59:32
Canada 加拿大: 4:59:32 PM
Japan 日本: 16时59分32秒 CST
```

2. SimpleDateFormat 类

SimpleDateFormat 类也是 java.text 包下提供的对日期格式化操作的类。它继承于 DateFormat 类，主要用于格式化自定义风格的时间。构造方法如下所示。

```
public SimpleDateFormat(String pattern);
```

参数 pattern 描述日期和时间格式的模式。使用它的例子如下。

```
SimpleDateFormat sdf = new SimpleDateFormat("yyyy/MM/dd hh:mm:ss a");
```

在格式化字符串中使用的格式决定了显示方式。用于描述格式的符号如表 4.5 所示。

表 4.5　SimpleDateFormat 中用于格式化字符串的符号

符号（Symbol）	描述
a	上午（AM）或下午（PM）
d	一个月中的某天（1-31）

续表

符号（Symbol）	描述
h	上午或下午的某小时（1-12）
k	一天中的某小时（1-24）
m	一小时的某分钟（1-59）
s	一分钟的某一秒（1-59）
w	一年中的某星期（1-52）
y	年
z	时区
D	一年里的某一天（1-366）
E	一个星期的某天（如星期四）
F	某月的工作日数
G	纪元（即 AD 或 BC）
H	一天中的某小时（1-23）
K	上午或下午的某小时（1-11）
M	月份
S	秒钟的毫秒
W	某月中的某个星期（1-5）

在大多数情况下，字符数中一个符号重复出现的次数决定如何显示日期。如果模式字母被重复次数不超过 4 次，那么文本信息将用压缩的形式显示。否则，将使用没有压缩的形式显示。

对于数字，时间数字中一个模式字符被重复的次数决定了多少数字将出现。例如，hh:mm:ss 可以代表 01:55:15，但是 h:mm:ss 显示相同的时间值为 1:55:15。

对于 M 或 MM，将使用一位或两位数字表示月份，但当使用 MMM 的重复方式，将会显示文本形式的月份。例如：一月。如下面的例子所示。

```
import java.text.SimpleDateFormat;
import java.util.Date;

public class TestSimpleDateFormat {
    /**
     *main 方法中测试 SimpleDateFormat 使用方式
     * @param args
     */
    public static void main(String[] args) {
        // 获得系统日期
        Date date = new Date();
        SimpleDateFormat sdf = null;

        sdf = new SimpleDateFormat("yyyy/MMM/dd hh:mm:ss a");
        System.out.println(sdf.format(date));

        sdf = new SimpleDateFormat("yyyy 年 MM 月 dd 日");
        System.out.println(sdf.format(date));

        sdf = new SimpleDateFormat("E yy-MM-dd h:mm:ss z");
```

```
        System.out.println(sdf.format(date));
    }
}
```

程序运行结果如下。

```
2012/一月/07 04:41:57 下午
2012 年 01 月 07 日
星期六 12-01-07 4:41:57 CST
```

结果中时区表示为 CST 时间，分别代表了 4 个不同的时区。

Central Standard Time (USA) UT-6:00、Central Standard Time (Australia) UT+9:30、China Standard Time UT+8:00、Cuba Standard Time UT-4:00，同时表示了美国、澳大利亚、中国、古巴 4 个国家的标准时间。

4.5.2　格式化数字

Java 也提供了一套对数值格式化的类：NumberFormat 和 DecimalFormat。前者，在格式化数值时和 DateFormat 类似，也是需要通过区域国家来设置显示格式。而后者，与 SimpleDateFormat 类似，可以通过用户自己设置的显示风格，格式化数值。

1. NumberFormat 类

在 java.text 包下提供了 NumberFormat 类，获取该类的实例，需要通过下面的方法。

```
public static final NumberFormat getInstance();
public static final NumberFormat getInstance(Locale inLocale);
public static final NumberFormat getNumberInstance();
public static final NumberFormat getNumberInstance(Locale inLocale);
public static final NumberFormat getPercentInstance();
public static final NumberFormat getPercentInstance(Locale inLocale);
public static final NumberFormat getCurrencyInstance();
public static final NumberFormat getCurrencyInstance(Locale inLocale);
```

getInstance()方法与 getNumberInstance()方法相同，都是将数值使用当前默认语言环境的通用数字格式进行格式化操作。getPercentInstance()方法，将使用默认的百分比格式显示数值，而 getCurrencyInstance()方法，是将数值以默认语言环境的货币格式显示数值。如下例所示。

```
public class TestNumberFormat {

    /**
     * @param args
     */
    public static void main(String[] args) {
        // 获得系统日期
        NumberFormat nf = null;
        // 普通数值格式化
        nf = NumberFormat.getNumberInstance();
        System.out.println(nf.format(123456.789));
        // 法国环境下的数字表示
        nf = NumberFormat.getNumberInstance(Locale.FRENCH);
        System.out.println(nf.format(123456.789));
        // 货币方式显示数值
        nf = NumberFormat.getCurrencyInstance();
        System.out.println(nf.format(123456.789));
        // 百分比方式显示数值
```

```
        nf = NumberFormat.getPercentInstance();
        System.out.println(nf.format(0.25));
    }
}
```

程序运行结果如下。

```
123,456.789
123 456,789
￥123,456.79
25%
```

由于本机环境是中国，所以通过 NumberFomat 格式化数值时，在没有指定 Locale 的情况下，默认使用本机的语言环境。然而，当使用法国的语言环境时，从运行结果可以看出，数字显示的格式有所不同。

2. DecimalFormat 类

和 SimpleDateFormat 类似，它也是由 Java 提供的一个可以用于自定义格式化风格的类。可以在不同的情况下，自定义显示的数字效果。通过构造方法实现该类的实例化。

```
public DecimalFormat(String pattern)
```

参数 pattern 是格式化数值的模式字符。具体的 DecimalFormat 用法请参考 Java API 文档。

4.6 应用实例

在实际编程中，对于字符串的处理是非常频繁的，例如当用户输入用户名时，需要检测用户是否真的有输入，或者输入的用户名是否符合要求等，下面就来看看 String 应用的一个实例。

```
public class StringSample {
    public static void main(String[] args) {
        //这里在程序中指定一个用户名为 abc，可以进行修改
        String userName = "abc";
        if (!isStrEmpty(userName)) {  //判断用户名是否为空
            System.out.println(checkUserName(userName));
        } else {
            System.out.println("用户名不能为空");
        }
    }
    public boolean isStrEmpty(String str) {
        boolean isEmpty = false;
        //str 不为 null 并且去除前后空格后也不为空串，则返回 true
        if(str != null && !"".equal(str.trim())) {
            isEmpty = true;
        }
        return isEmpty;
    }
    public String checkUserName(String str) {
        StringBuffer returnString = new StringBuffer(str);  //构造 StringBuffer 对象
        if (!"abc".equalsIgnoreCase(returnString)) {  //判断是否为 abc
            returnString.append("不对，应该为 abc");
```

```
            } else {
                returnString.append("正确，欢迎你");
            }
            return returnString.toString();
        }
    }
```

程序运行结果如下。

```
abc 正确，欢迎你
```

注意程序中在判断字符串为空的时候所使用的条件表达式，先和 null 进行匹配，然后去除掉字符串前后的空格，得到有效的字符串，再用 equals 方法判断用户名是否为空，即判断用户名是否没有输入或者输入的全部是空格的情况，最后用一个字符串“abc”在忽略大小写的情况下去匹配 userName，最终得到输出结果。通常在选择使用 equals 还是 equalsIgnoreCase 时，需要根据程序的具体功能而定，这里只是简单地做一个例子。

为了说明 String 和 StringBuffer 的区别，看看如下的例子。

```
public class StringComparation {
    public static void main(String[] args) {
        String str = "abc";
        getString(userName);  //调用 getString 方法改变 str
        System.out.println(userName);
        StringBuffer str1 = new StringBuffer("abc");
        getString1(str1);  //调用 getString1 方法改变 str1
        System.out.println(str1.toString());
    }
    /**
    *getString 方法接收一个 String 类型参数，对 string 进行连接操作，将字符串“def”*加到 str 末尾
    */
    public void getString(String string) {
        string = string + "def";
    }
    /**
    *getString1 方法接收一个 StringBuffer 类型参数，对 stringBuffer 进行连接操作，将字符*串“def”
加到 stringBuffer 末尾
    */
    public void getString1(StringBuffer stringBuffer) {
        stringBuffer.append("def");
    }
}
```

程序运行结果如下。

```
abc
abcdef
```

程序中当调用 getString 方法，传入一个 String 对象时，此时变量 *str* 和 *string* 都是指向同一个字符串对象“abc”，在方法内部进行 *string* + "def"操作时，因为 *String* 是不可变的，所以会产生一个新的 String 对象“abcdef”，然后传入参数 *string* 指向了新创建的这个对象，main 方法中的变量 *str* 仍然指向的是“abc”，当 getString 方法调用返回时，方法内的变量也就随之被销毁，所以 *string* 这个变量和“abcdef”对象会被 Java 垃圾收集，而 main 方法中输出变量 str 的值依旧是“abc”；当调用 getString1 方法，传入一个 StringBuffer 对象时，此时变量 *str*1 和 *stringBuffer* 都是指向“abc”，由于 *StringBuffer* 的内容是可以改变的，所以在 getString1 方法体内执行“stringBuffer.

append("def");”操作时，改变的就是 *StringBuffer* 对象“abc”，即此时 *StringBuffer* 缓冲区中就变为“abcdef”，当 getString1 方法调用返回时，变量 stringBuffer 就被回收，main 方法中输出变量 *str*1 的值就变为“abcdef”。

本章小结

一个 String 字面值是括在双引号中的 0 个或多个字符序列。一个 String 对象是 0 个或多个字符序列加上多种类和实例方法与变量。在程序中首次遇到一个字符串字面值，如“Socr ates”，一个 String 对象将被 Java 自动创建。随后，字面值的出现不会产生另外对象来实例化。相反，字面值“Socrates”的每次出现都会引用初始对象。当 new 操作符同 String()构造函数联合起来使用，一个 String 对象被创建。例如，new String(“hello”)。String 连接操作符是重载 + 号；它用来把两个字符串连接为一个：“hello” + “world” = => “helloworld”。 String 从 0 开始索引。indexOf()和 lastIndexOf()方法被用来查找 String 中的字符或子串的第一次或最后一次出现。valueOf()方法将一个非字符串转化为一个字符串。length()方法确定一个 String 中字符的数目。charAt()方法返回一个在特殊索引位置的单独字符。各种 substring()方法返回在字符串中特殊位置的子串。如果两个 Strings 包含相同的字符序列，重载的 equals()方法将返回 true。如果两个引用指向同一个 String 对象，当 == 操作符用在 Strings 中时，会返回 true。String 对象是不可变的。它们不能够被修改。StringBuffer 是一个利用如 insert()、append()方法修改的字符串对象。

习　题

1. 比较 String 和 StringBuffer 的区别，并说明什么时候适合使用 StringBuffer。
2. 说明==和 equals 的区别，并举例。
3. 假定 s 是字符串字面值“exercise”，找出下列表达式有语法错误的并改正。

（1）s.charAt("hello")

（2）s.indexOf("er")

（3）s.substring(5)

（4）s.lastIndexOf(er)

（5）s.length()

4. 给定一个句子，统计单词中字母的出现次数（字母不区分大小写,全部按照小写计算）。
5. 执行“String s = new String("xyz");”这一语句，共创建几个 String 对象？
6. 对于语句 String s = "hello"，下面哪个表达式是合法的？

（1）s += 5;

（2）char c = s[1]

（3）int len = s.length;

（4）String t = s.toLowCase;

7. String 和 StringBuffer 中的哪个方法能改变调用该方法的对象自身的值？

（1）String 的 charAt()

（2）String 的 replace()

（3）String 的 toUpperCase()

（4）StringBuffer 的 reverse()

8. 假定 s 是字符串字面值“exercise”，计算下面每个表达式的值。

（1）s.charAt(5)

（2）s.indexOf("er")

（3）s.substring(5)

（4）s.lastIndexOf(‘e’)

（5）s.length()

9. 写出下面程序的输出结果。

```
public class StringExample {
     public static void main(String[] args) {
          String str = new String("abcd");
          String str1 = "abcd";
          String str2 = new String("abcd");
          System.out.println(str == str1);
          System.out.println(str == str2);
          System.out.println(str1 == str2);
          System.out.println(str.equals(str1));
          System.out.println(str.equals(str2));
          System.out.println(str1.equals(str2));
          System.out.println(str == str.intern());
          System.out.println(str1 == str1.intern());
          System.out.println(str.intern() == str2.intern());
          String hello = "hello";
          String hel = "hel";
          String lo = "lo";
          System.out.println(hello == "hel" + "lo");
          System.out.println(hello == "hel" + lo);
     }
}
```

10. 编写程序，对字符串“aabbcdefg”中每个字符做加 2 操作，最后结果为“ccddefghi”。

第5章 数组

5.1 一维数组

数组是一种数据结构（data structure），它是一个有组织的数据集合。在一个数组中，数据以线性或顺序结构的形式排列，一个元素紧邻另一个元素。在提到一个数组中的元素时，指的是这些特定元素在数组中的位置。例如，如果有一个名为 arr 的数组，那么它的元素为 arr[0]，arr[1]，arr[2]…，arr[n-1]，其中 n 表示数组中元素的序号。这种命名方式也反映了数组的数据包含在紧邻的存储地址中这一事实。在 Java 中，和在 C、C++及一些其他的编程语言中一样，数组的第一个元素的索引值为 0。图 5.1 表示了一个名为 arr，包含了 15 个 int 类型元素的一维数组。

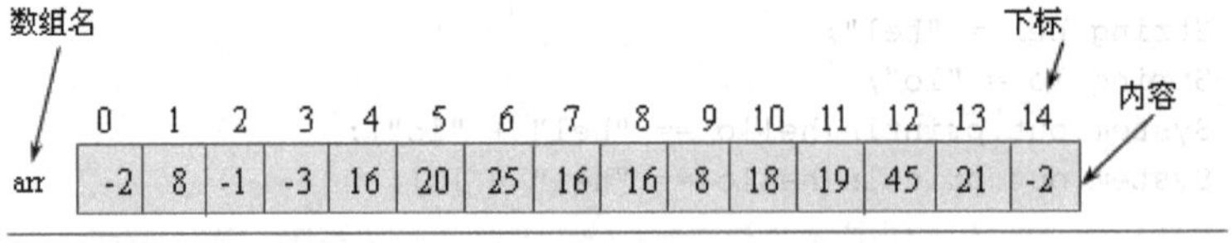

图 5.1　一个名为 arr 包括 15 个整数的数组

5.1.1　声明和创建数组

在 Java 中数组被当作对象处理。数组通过 new 操作符实例化，且具有实例变量（比如 length）。数组变量被看作是引用型变量。当数组作为参数使用时，传递的是数组的引用，而不是整个数组的副本。数组和广泛使用的对象之间的主要差别在于，数组不是以形如 Array 类这样的形式来定义的。因此，数组没有放在 Java 的对象层次中，它们既不从对象层次继承任何属性，也不能派生出子类。

可以把数组想象为一个包含了大量变量的容器。如果一个数组包含了 N 个分量，那么称数组长度（array length）为 N。数组中的每一个分量具有相同的类型，称作数组的分量类型。空数组指的是包含 0 个变量的数组。

一个一维数组（one-dimensional array）包含的分量称作该数组的元素（element），其类型称作数组的元素类型（element type）。一个数组的元素可以是任意类型，包括原始数据类型和引用类型。这就意味着数组可以是 int、char、boolean、String、Object 等。

在声明数组和声明其他种类的对象时有一个不同点，声明数组时使用了方括弧（[]）。方括弧或者和数组名放在一起，或者和数组类型放在一起。下面是声明数组的形式。

```
int arr[];
int[] arr;
```

5.1.2 数组分配和引用

Java 中使用数组前必须分配空间，所以声明了数组之后，就必须给数组分配空间。创建如图 5.1 中的数组意味着需要分配可以存放 15 个整数的存储位置。如下列语句创建的数组所示。

```
int arr[];                    // 声明一个容纳整数类型的数组
arr = new int[15];            // 创建并分配 15 个长度大小的整数型数组
```

上面的两步可以结合为一条语句，如下。

```
int arr[] = new int[15];
```

在这个例子中，数组的元素类型是 int，其长度为 15，这些特性是固定的，不能被改变。这表明该数组含有 15 个整型变量。

引用一个数组中元素的语法是：

```
arrayname [subscript]
```

其中，arrayname 表示数组名——可以是任何有效的标识符，subscript 表示元素在数组中的位置。如上图 5.1 所示，数组中第一个元素的下标为 0，第二个下标为 1，以此类推。

下标（subscript）是包含在方括号中的一个整型量，它用于识别一个数组元素。下标或者是一个整型值，或者是一个整型表达式。使用图 5.1 来说明一个例子，假定 *j* 和 *k* 分别是 5 和 7 的整型变量，下面的每一条语句都是对数组 arr 中元素的有效引用。

```
arr[4]            // 指向 16
arr[j]            // 假定 j=5,指向 20
arr[j + k]        // 假定 j=5,k=7, arr[5+7] 相当于 arr[12] ，指向 45
arr[k % j]        // 假定 j=5,k=7, arr[7%5] 相当于 arr[2] 指向 -1
```

这些例子表示当一个表达式——比如 $j + k$ 被用作下标时，表达式的值（这里是 12）在数组元素被引用前求出。

使用非整数类型作为一个数组下标将出现语法错误。下面的两种表达式都是无效的。

```
arr[5.0]      // float 类型不能作为下标
arr["5"]      // 字符串不能作为下标
```

对于一个给定的数组，一个有效的数组下标必须在 0…*N*-1 的范围之间，其中 *N* 是数组中元素的个数。如果数组下标不在此范围内，就被认为是越界。越界的下标会产生一个运行时错误，也就是说，错误发生在程序运行时，而不是语法错误，后者在程序编译时可以被检测到。对于数组 arr，下面的所有表达式都含有越界下标。

```
arr[-1]
arr['5']
arr[15]
arr[j*k]
```

数组下标必须是在 0 到（N-1）范围内的整数，其中 *N* 是数组中元素的个数。这里的每一个引用都将导致 IndexOutOfBoundsException 异常。在开发数组算法时，设计测试数据来验证数组下标不会引起运行时错误是很重要的。

下面创建了一个包含 5 个字符串元素的数组，然后使用一个 for 循环为 5 个数组位置分别分配字符串“hello1”，“hello2”，“hello3”，“hello4”和“hello5”。

```
String[] strarr;                                   //声明一个字符串数组
strarr = new String[5];                            //为数组分配 5 个长度的空间

for (int k=0; k < strarr.length; k++) {
    strarr[k] = new String("hello" + (k + 1));//为字符串数组每个元素依次赋值
}
```

表达式 k < strarr.length 指定了循环的边界。每一个数组都具有一个 length 实例变量，它表示了包含在数组中的元素个数。数组和 String 类似，都是从 0 开始索引的，因此数组的最后一个元素总是通过 length-1 来访问。但要注意，length 是用于数组的一个实例变量，而 length()是用于 String 的一个实例方法。因此，在这个例子中使用 strarr.length()是一个语法错误。一个常犯的语法错误是忘了数组的 length 是一个实例变量，而不是一个实例方法，而后者是用于 String 的。

程序中使用了 new 操作符来创建 strarr 一个长度为 5 的 String 数组，然后使用一个 String 构造方法来创建保存在数组中的 5 个字符串。要认识到创建的是保存 5 个对象的数组（与创建 5 个原始数据类型元素正相反）。

当一个对象数组被创建时，数组的元素就和那些对象相关，如图 5.2 所示。元素的初始值，和所有的引用变量一样，均为空（null）。因此要创建并初始化数组 strarr，就需要创建 6 个对象——包含 5 个字符串的数组自身，以及将保存在 strarr 中的 5 个字符串对象。

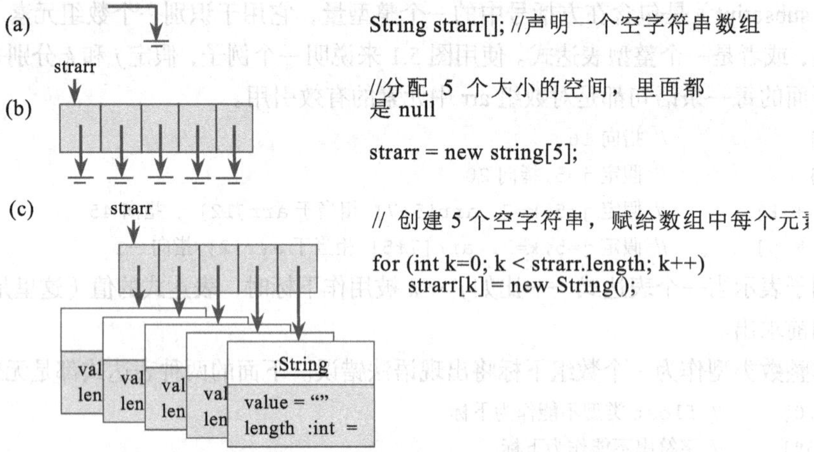

图 5.2　创建和分配包含 5 个字符串的数组

图 5.2 中，由于数组本身是一个单独的对象，因此创建了 6 个对象。图 5.2(a)声明了一个字符串数组；(b)数组被实例化，创建了 5 个空引用的数组；(c)5 个字符串被创建，并被赋值给数组。

再举一个例子来加深对这一点的理解。下面的语句创建了 4 个新对象：一个用于保存 3 个 Student 对象的数组加上这 3 个 Student 对象本身。

```
Student school[] = new Student[3];
School[0] = new Student("Socrates");
School[1] = new Student("Plato");
School[2] = new Student("Aristotle");
```

第一条语句创建了一个名为 school 的数组来保存 3 个 Student 对象，接下来的 3 条语句分别创建了单个的学生并赋值给数组，如图 5.3 所示。这样，创建该数组并对其元素进行初始化就需要 4 条 new 语句。由于数组元素没有被实例化，下面的语句序列将导致空指针异常。

```
Student students[] = new Student[3];
System.out.println(student[0].getName());
```

在这种情形下，student[0]是一个空引用，因此会引起空指针异常。创建一个数组时并没有创建保存在数组中的对象，这些对象必须分别被实例化。引用一个未初始化（空）的数组元素会产生运行错误。

把 3 个 Student 对象赋值给数组后，可以通过下标引用这些对象。引用名为“Socrates”的 Student 对象就成了 School[0]，引用名为“Plato”的 Student 对象则成了 School[1]。换言之，要引用这 3 名各自独立的学生，必须查阅在 school 中的位置。下面的 for 循环调用每个 Student 的 getState() 方法来输出其当前状态。

```
for (int k = 0; k < school.length; k++) {
   System.out.println(school[k].getState());
}
```

如果在数组被创建前，3 个 Student 对象就已经存在了，这时应该怎么处理呢？这种情形下，只用将其引用赋值给数组元素，如下面的代码所示。

```
Student student1 = new Student("Socrates");
Student student2 = new Student("Plato");
Student student3 = new Student("Aristotle");
Student school[] = new Student[3];
school[0] = student1;
school[1] = student2;
school[2] = student3;
```

这种情形下，3 个 Student 对象中的每一个都可以通过两种不同的方式来引用：变量标识符（比如 student1）和数组位置（比如 school[0]）。对于对象数组，Java 只保存对象在数组中的引用，而不是整个对象。这种处理方式可以节省内存，因为每个引用只需要 4 个字节，而一个对象可能需要成百上千个字节，如图 5.4 所示。

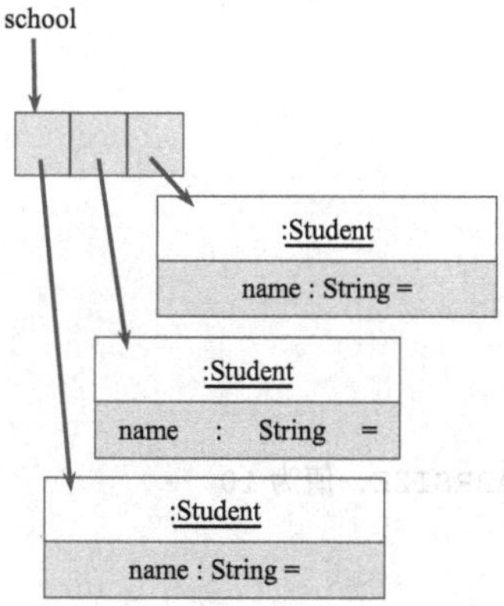

图 5.3　Student 数组

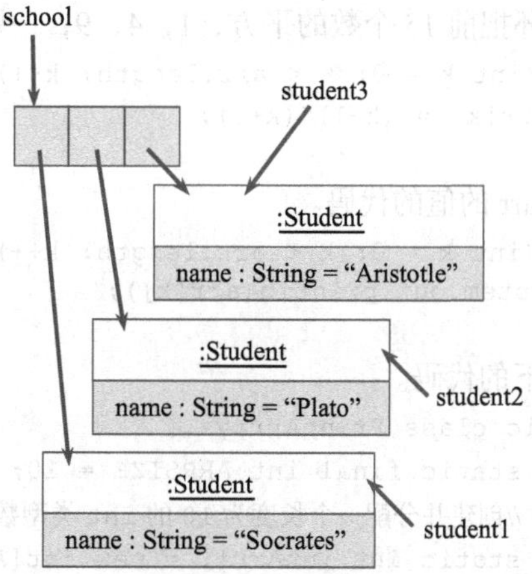

图 5.4　对象数组保存对象的引用而非对象本身

当一个具有 N 个元素的数组被创建时，编译器就为 N 个这种元素类型的变量分配存储空间。如果声明的是具有 20 个 double 型元素的数组 double arr[] = new double[20];

编译器就将分配 160 个字节的存储空间——20 个变量中的每一个都占据 8 个字节（64 位）。在 Student 例子和 String 例子的情形下，由于它们都是对象（非基本数据类型），编译器将分配 N 个地址空间，其中 N 表示数组长度，且每个地址需要 4 个字节。

5.1.3 初始化数组

根据数组元素的类型，数组元素都会自动被初始化为默认值。布尔型元素被初始化为 false，整型和实型元素被初始化为 0。引用类型，即对象数组，被初始化为空（null）。

数组也可以在被创建时赋以初值，尽管这仅对相对小的数组可行。数组初始化表达式（array initializer）写作一个以逗号分隔的表达式列表，并用大括号括起来。例如，可以使用下面的语句来声明和初始化图 5.1 所示的数组。

```
int arr[] = {-2,8,-1,-3,16,20,25,16,16,8,18,19,45,21,-2};
```

同样，要创建和初始化一个字符串数组，可以使用下面的语句。

```
String string[] = {"hello", "world", "goodbye", "love"};
```

这个例子在数组中创建和保存了 4 个字符串。随后，如果要引用“hello”，可以使用 string[0]；如果要引用“love”，则可以使用 string[3]。在这些例子中需要注意的是，如果数组在声明时包含了初始化语句，这时并不需要使用 new 操作符，也不需要指明数组中元素的个数。元素的个数通过初始化语句列表中数值的数目来确定。

5.1.4 数组赋值和使用数组值

数组元素和其他变量以同样的方式使用。当然，它们间唯一的不同点，在于数组元素是以下标的形式引用的。例如，下面的赋值语句分别把值赋给两个数组，arr 和 string。

```
arr[0] = 5;
arr[5] = 10;
arr[2] = 3;
string[0] = "who";
string[1] = "what";
string[2] = string[3] = "where";
```

下面的循环把前 15 个数的平方，1，4，9，…赋值给数组 arr。

```
for (int k = 0; k < arr.length; k++) {
    arr[k] = (k+1)*(k+1);
}
```

打印数组 arr 的值的代码。

```
for (int k = 0; k < arr.length; k++) {
  System.out.println(arr[k]);
}
```

看如下的代码。

```
public class PrintArrays {
     static final int ARRSIZE = 10;  //定义常量 ARRSIZE，值为 10
     //创建并分配一个长度为 10 的 int 类型数组
     static int intArr[] = new int[ARRSIZE];
     //创建并初始化一个 double 类型数组
     static double realArr[] = { 1.1, 2.2, 3.3, 4.4, 5.5, 6.6, 7.7, 8.8, 9.9, 10.10 };
     public static void main(String args[]) {
          System.out.println("Ints \t Reals");
          for (int k = 0; k < intArr.length; k++) {
               System.out.println( intArr[k] + " \t " + realArr[k]);
          }
     }
}
```

程序运行结果如下。

```
Ints   Reals
0      1.1
0      2.2
0      3.3
0      4.4
0      5.5
0      6.6
0      7.7
0      8.8
0      9.9
0     10.1
```

程序创建了各有 10 个元素的两个数组，并在 Java 控制台上显示出数组的值。在这个例子中，intArr 数组的元素没有被给定初值，而 realArr 数组的元素被初始化了。注意，整型常量 ARRSIZE 用来保存数组的大小。在这种方式下，借助于使用该常量，就无需在程序中任何位置使用立即数值 10，从而使得阅读和修改程序更为容易。如果要改变程序处理的数组大小，也就只需改变 ARRSIZE 的值。这是应用可维护性原则的一个例子。

注意在整个 PrintArray 类中都使用了 static 限定词，这就可以在 main()的方法中引用声明的数组和其他变量。如果 intArr 没有被声明为 static，编译时就会出现错误 “attempt to make static use of a non-static variable（试图对非 static 变量作为 *static* 使用）”。这里 *static* 主要是为编码方便设置，它并不是面向对象设计的原则。

在初始化语句里面，对一个大的数组进行初始化并不总是可行的。考虑这么一个问题，对一个数组包含的头 100 个整数的平方进行初始化，不仅在初始化语句里设置这些值是令人乏味的，同时还容易出错，因为对一个或多个平方数很容易键入错误的值。

下面程序首先创建了一个具有 50 个整数的数组，然后使用 1，4，9，16 等值来填充数组元素，最后打印整个数组。

```
public class Squares {
    static final int ARRSIZE = 50;
    static int intArr[] = new int[ARRSIZE];
    public static void main(String args[]) {
        for (int k = 0; k < intArr.length; k++) {
            intArr[k] = (k+1) * (k+1);
        }
        System.out.print("The first 50 squares are");
        for (int k = 0; k < intArr.length; k++) {
            if (k % 5 == 0) {
                System.out.println("");
            }
            System.out.print(intArr[k] + " ");
        }
    }
}
```

程序运行结果如下。

```
1 4 9 16 25
36 49 64 81 100
121 144 169 196 225
256 289 324 361 400
441 484 529 576 625
676 729 784 841 900
```

```
961 1024 1089 1156 1225
1296 1369 1444 1521 1600
1681 1764 1849 1936 2025
2116 2209 2304 2401 2500
```

这个程序阐明了有关数组变量使用的一些要点，数组的元素都有单独的存储位置。程序中，数组 intArr 具有 50 个存储位置，每一个变量通过一条赋值语句来保存相应的值。

```
intArr[k] = (k+1) * (k+1);
```

在这条赋值语句中，变量 *k* 可以在 for 循环的每一次迭代中改变赋值的位置。注意在这个例子里，*k* 作为数组索引出现在表达式的左手边，而 *k*+1 作为要被平方的值出现在右边。这样处理的原因在于，数组从 0 开始索引，而平方列表从 1 的平方开始。因此，如果把某个数 *n*+1 的平方保存在数组中，其索引总是比该数本身小 1，即 *n*。

数组的 *length*（长度）变量总可被用作访问数组所有元素时的循环边界。

```
for (int k = 0; k < intArr.length; k++) {
   intArr[k] = (k+1) * (k+1);
}
```

然而，要注意到数组的最后一个元素总是在位置 *length*-1，这一点很重要。试图引用 intArr[length]将引起 IndexOutOfBoundsException 异常，因为没有这样的元素存在。由于数组从 0 开始引用，数组的最后一个元素总是 *length*-1。

5.1.5 范例：数组复制

Java 标准类库提供了 static 方法 System.arraycopy(),用它复制数组比用 for 循环复制要快很多。

System.arraycopy(Object src, int srcPos, Object dest, int destPos, int length)

arraycopy() 需要的参数如下。

（1）源数组：Object src。

（2）表示从源数组中的什么位置开始复制的偏移量：int srcPos。

（3）目标数组：Object dest。

（4）表示从目标数组的什么位置开始复制的偏移量：int destPos。

（5）需要复制的元素个数：int length。

看下面的 insertArray 方法。

```
private Object[] insertArray(Object[] argArray, int insertPos, Object insertValue) {
      Object[] newArray = new Object[argArray.length + 1];
      //使用 arraycopy 拷贝数组速度更快
      System.arraycopy(argArray, 0, newArray, 0, insertPos);
      newArray[insertPos] = insertValue;
      System.arraycopy(argArray, insertPos, newArray, insertPos + 1,
                argArray.length - insertPos);

      return newArray;
}
```

设计使用 arraycopy 方法，实现对数组固定位置插入某个数据的操作。insertArray 方法中传入源数组，插入位置坐标及插入值。首先，创建源数组长度加一的新数组，然后复制插入点之前的数据到 newArray 中，再插入 insertValue 到指定位置，最后将源数组位于插入点之后的数据依次插入到 newArray 中，这样就实现了数组插入的功能。

5.2　二　维　数　组

二维数组（two-dimensional array）是一种其元素本身也是数组的数组。例如，如果你正在做一项科学研究，该研究需要跟踪一年中每一天的降雨量，那么这时就可以使用这种数组。

组织这种信息的一种方法就是创建一个包含 365 个元素的一维数组。

```
double rain[] = new double[365];
```

另一种方法就是声明并创建了一个 12 × 31 的二维数组对象。

```
double rainfall[][] = new double[12][31];
```

这样，rainfall 是一个数组的数组。你可以把第一个数组想象为求解该问题的 12 个月，然后每一个月又可以被想作 31 天的一个数组。月份的索引值从 0 到 11，天数的索引值从 0 到 30。为了改善程序的健壮性和可读性，更可取的方法是使用数组从 1 开始索引，这可以通过声明额外的数组元素及忽略索引值为 0 的元素实现。

为了引用二维数组中的一个元素，需要使用两个下标。对于 rainfall 数组，第一个下标指定了月份，第二个下标则指定了一月中的一天。这样，下面的语句就把 1.15 赋值给了表示 1 月 5 日的 rainfall 元素，然后打印出它的值。

```
rainfall[1][5] = 1.15;
System.out.println( rainfall[1][5] );
```

5.2.1　二维数组方法

已经解决了怎样表示科学实验中的数据，现在开发一些方法来计算结果。首先，用一个方法来初始化数组。该方法可以简单结合进先前编写的嵌套循环中。

```
public void initRain(double rain[][]) {
    for (int month = 1; month < rain.length; month++)
        for (int day = 1; day < rain[month].length; day++)
            rain[month][day] = 0.0;
}
```

注意一个多维数组的参数是怎样声明的。除了元素类型(double)和参数名(rain)，还必须包括用于数组每一维的一组括弧（[]）。

通过下面的方式获得二维数组的行数和列数。

```
rain.length                //行数
rain[month].lengh          //列数
```

得到行数和列数之后，就可以对二维数组的每一个元素进行循环处理。

5.2.2　数组初始化

对一个多维数组（multidimensional array）设置初始化值是可能的。比如，下面的例子创建了几个小的数组，并对其元素进行初始化。

```
int a[][] = {{1, 2, 3}, {4, 5, 6}};
char c[][] = {{'a', 'b'}, {'c', 'd'}};
double d[][] = {{1.0, 2.0, 3.0}, {4.0, 5.0}, {6.0, 7.0, 8.0, 9.0}};
```

这些声明中第一个 a[][]创建了一个 2 ×3 的整数数组；第二个 c[][]创建了一个 2 × 2 的字符型数组；第三个 d[][]创建了一个由 3 行组成的 double 型数组，每一行具有不同的元素个数。第一行包含 3 个元素，第二行包含两个元素，最后一行包含 4 个元素。正如声明代码所示，一个多维数组中的各行并不需要具有相同的长度。初始化（赋值）表达式只可用于对相当小的数组赋初值。对于大数组，应该设计一个初始化方法。

5.3 数组排序

排序（sort）是将一群数据按指定的顺序排列，最常见的是由小到大的递增顺序，或从大到小的递减顺序，这里所谓的大小若是数值的话，就比较容易理解，若是字符的话，那还要加以说明该种字符是属于哪一种编码系统。是 BCD（Binary-Coded Decimal）码，或是 ASCII（American Standard Code for Information Interchange）码。若是 ASCII 码，则“A”为 65、“B”为 66 等，“a”为 97、“b”为 98 等，“0”为 48、“1”为 49 等。那么“A”小于“B”、“a”小于“b”、“0”小于“1”，就容易理解了。那么“A”与“1”比较又会如何呢？答案是‘A’大，因为‘A’的 ASCII 码值为 65，而‘1’的 ASCII 码值为 49。

计算机中用得最广泛的字符集及其编码，是由美国国家标准局（ANSI）制定的 ASCII 码（American Standard Code for Information Interchange，美国标准信息交换码），它已被国际标准化组织（ISO）定为国际标准，称为 ISO 646 标准。适用于所有拉丁文字字母，ASCII 码有 7 位码和 8 位码两种形式。

排序方法相当多，其中较简单的算法为气泡法（bubble sort）。例如有 6 个数值 25、36、47、32、21、16，要由小到大顺序排列。第一轮所有元素均参加比较，左右元素相比较，若左小右大，则继续比较，若左大右小，则互相交换后，再继续比较，则最右边的元素为第一轮最大元素，下一轮所得到的最大元素就不必参加比较。如此随着论述的增加，参加比较的元素就愈来愈少，最后参加的元素剩下一个时排序结束。如表 5.1 所示比较算法示意。

表 5.1　　算法示意比较

原数组	25 36 47 32 21 16
第一轮	25 36 32 21 16 47
第二轮	25 32 21 16 36
第三轮	25 21 16 32
第四轮	21 16 25
第五轮	16 21
排序后	16 21 25 32 26 47

设计一个 printArray()方法输出数组内容到控制台显示，再设计一个 bubbleSort()方法将数组按从小到大的顺序排序后返回。如下为 BubbleSort 类的实现代码。

```
public class BubbleSort {
    /**
     * 拼接控制台需要输出的数组内容
     */
    public static String printArray(int[] iArray) {
        String result = "";
        for (int i = 0; i < iArray.length; i++) {
```

```
            result += iArray[i] + " ";       //连接数组每个元素，以空格分隔
        }
        return result;
    }
    /**
     * 气泡排序法
     */
    public static int[] bubbleSort(int[] iArray) {
        int iTemp;  //变量 iTemp 用于临时保存交换值
        for (int i = 0; i < iArray.length; i++) {
            for (int j = 0; j < iArray.length - i - 1; j++) {
            //比较左右相邻两个元素，如果左边大，则和右边数交换位置
            if (iArray[j] > iArray[j+1]) {
                iTemp = iArray[j];
                iArray[j] = iArray[j+1];
                iArray[j+1] = iTemp;
            }
         }
      }
      return iArray;
    }
    /**
     * main 方法，程序中测试冒泡排序结果
     */
    public static void main(String args[]) {
        int iArray[] = {25, 36, 47, 32, 21, 16};
        System.out.println("Before sort\n" + printArray(iArray));
        iArray = bubbleSort(iArray);
        System.out.println("After sort\n" + printArray(iArray));
    }
}
```

在 java.util 类库中可以找到 Arrays 类，它有一套静态方法，提供操作数组的实现功能。其中也包含排序方法。使用该内置方法，就可以对任意基本类型数组排序。上面的排序方法如果使用 Arrays 类的内置方法，将大大减少代码。

```
import java.util.Arrays;
public class BubbleSort {
    /**
     * Main 函数
     */
    public static void main(String args[]) {
        int iArray[] = {25, 36, 47, 32, 21, 16};
        System.out.println("Before sort\n" + Arrays.toString(iArray));
        Arrays.sort(iArray); //使用内置方法 sort 实现排序
        System.out.println("After sort\n" + Arrays.toString(iArray));
    }
}
```

程序运行结果如下。

```
Before sort
[25, 36, 47, 32, 21, 16]
After sort
[16, 21, 25, 32, 36, 47]
```

5.4 数组查找

在数组中查找相对应的键 key，在一个没有顺序的数组中查找，只能从头到尾一个元素一个元素相互比较，相等时就找到了，并可以返回该键在数组中的索引，如果都不相等，则该数组中并不存在对应键值，对于这种查找算法，称为线性查找法（linear search）。代码如下所示。

```
public class Search {
    /**
     * 线性查找方法
     */
    public static int linearSearch(int a[], int key){
        for(int n=0; n<a.length; n++) {
            if(a[n] == key) {
                //查找到对应键值，返回下标
                return n;
            }
        }
        //没有查找到对应键值，返回-1
        return -1;
    }
    /**
     * main方法，用于测试线性查找算法
     */
    public static void main(String args[]) {
        int iArray[] = {25, 36, 47, 32, 21, 16};
        int key = Integer.parseInt(args[0]);      //获取参数
        int kIndex = linearSearch(iArray, key);
        if (kIndex != -1) {  //判断是否查找到对应的key值
            System.out.println("Found value in element " + kIndex);
        } else {
            System.out.println("Key " + key + " not found. ");
        }
    }
}
```

编译上面的 Search 类，使用 java 命令在控制台下执行目标代码（可参照 2.2.3 小节）。执行结果：当在控制台输入“java Search 47”时，控制台打印出“Found value in element 2”；当输入“java Search 74”时，控制台打印出“Key 74 not found.”。由于 74 在数组中不存在，所以没有查找到匹配元素。将键值与数组中每一个元素比较，若是相等当然就找到，若一直都不相等，那当然就找不到。若有 *n* 个元素，找到的机会是做 *n*/2 次比较，找到则需做 *n* 次比较。这种线性查找法，速度较慢。下面介绍一种较快且常用的排序方法二分查找法（binary search）。

二分查找又称折半查找，优点是比较次数少，查找速度快，平均性能好。该算法要求数组必须是已经排好顺序的数组。假设数组 a 中有 6 个元素已经排成顺序，查找键值 47。首先 key 与 a 数组的中间元素比较，左 left 为 0、右 right 为 5、中间 middle=(0+5)/2=2，即 key 与 a[2]比较，47 大于 25，因此 47 不可能出现在 middle 元素的左边，这是因为数组元素已经排成顺序的缘故，因此下回将 left 移动到 middle 的右边。

a	16	21	25	32	36	47
	0	1	2	3	4	5
	left		middle			right

47	key

将左边的一半忽略，故称为二分查找法。接着计算一个新的中间元素，middle=(3+5)/2=4，key 与 a[4]比较，47 大于 36，因此又将左边一半忽略。

a	32	36	47
	3	4	5
	left	middle	right

47	key

接着计算一个新的中间元素，middle=(5+5)/2=5，key 与 a[5]比较，47 等于 47，这样就找到了键值 47。

a	47
	5
	left
	middle
	right

47	key

根据上面的算法描述，实现 Search 类，并对有序整型数组进行二分查找。如下代码所示。

```
public class Search {
    /**
     * 气泡排序法，对传入数组进行排序，按照从小到大的顺序
     */
    public static int[] bubbleSort(int[] iArray) {
        int iTemp;
        for (int i = 0; i < iArray.length; i++) {
            for (int j = 0; j < iArray.length - i - 1; j++) {
                if (iArray[j] > iArray[j+1]) {
                    iTemp = iArray[j];
                    iArray[j] = iArray[j+1];
                    iArray[j+1] = iTemp;
                }
            }
        }
        return iArray;
    }
    public static int binarySearch(int a[], int key) {
        int left = 0;
        int right = a.length - 1;
        int middle = 0;
        while(left <= right) {
            middle = (left + right) / 2;
            if (key == a[middle]) {
                //找到键值
                return middle;
            } else if(key < a[middle]) {
                //当键值小于中间值时，移动右边至中间
                right = middle -1;
           } else {
               //当键值大于中间值时，移动左边到中间
               left = middle + 1;
```

```
            }
        }
        //如果没有找到，返回-1
        return -1;
    }

    public static void main(String args[]) {
        int iArray[] = {25, 36, 47, 32, 21, 16};
        int key = Integer.parseInt(args[0]);      //获取参数
        iArray = bubbleSort(iArray);              //将数组排序
        int kIndex = binarySearch (iArray, key);
        if (kIndex != -1) {
            System.out.println("Key " + key + " found at " + kIndex);
        } else {
            System.out.println("Key " + key + " not found. ");
        }
    }
}
```

重新编译 Search 类，在控制台输入“java Search 47”时，控制台输出“Key 47 found at 5”；当输入“java Search 74”时，控制台输出“Key 74 not found.”。在使用二分查找法时，注意数组必须是已经排序的数组。在 Arrays 类中同样也提供了二分查找的内部方法，在查找时也可以直接使用。

```
import java.util.Arrays;
public class Search {
    public static void main(String args[]) {
        int iArray[] = {25, 36, 47, 32, 21, 16};
        int key = Integer.parseInt(args[0]);      //获取控制台参数
       //通过 Arrays 类中的 sort 方法排序
        Arrays.sort(iArray);
       //通过 Arrays 类中的 binarySearch 方法进行二分查找
        int kIndex = Arrays.binarySearch(iArray, key);
        if (kIndex > 0) {
            System.out.println("Key " + key + " found at " + kIndex);
        } else {
            System.out.println("Key " + key + " not found.");
        }
    }
}
```

5.5 应用实例

在实际应用中，对数组元素的操作是很常见的，比如修改数组元素的值，或者删除数组中的某个元素。下面来看看数组作为参数给方法调用时值的改变情况。

```
import java.util.Arrays;
public class ArrayTest {
    public static void main(String[] args) {
        int[] a = new int[5];                //分配长度为 5 的 int 数组
        setArrayValue(a);                    //给数组元素赋值
        printArray(a);                       //打印数组元素
        changeArrayValue(a, 2, 13);          //改变数组第 2 个元素值为 13
        changeArrayValue(a, 3, 42);          //改变数组第 3 个元素值为 42
                                             //改变数组第 6 个元素值为 13，数组没有第 6 个元素
```

```
        changeArrayValue(a, 6, 13);
        printArray(a);
    }
    public void setArrayValue(int[] arr) {
        if (arr != null) {
            for (int i=0; i < arr.length; i++) {
                //设置数组元素值为下标*5
                arr[i] = i * 5;
            }
        }
    }
    public void changeArrayValue(int[]  arr, int pos, int value) {
        if (pos > 0 && pos <= arr.length) {
            //pos 指第几个元素，从 1 开始计数，所以这里下标是 pos-1
            arr[pos-1] = value;
        } else {
            System.out.println("第" + pos + "个元素在数组中不存在");
        }
    }
    public void printArray(int[] arr) {
        System.out.println(Arrays.toString(arr));
    }
}
```

程序运行结果如下。

```
[0, 5, 10, 15, 20]
第 6 个元素在数组中不存在
[0, 5, 13, 43, 20]
```

从程序中可以看出，当方法参数为数组时，在方法内部改变数组元素的值，就是真实的改变数组的值。

本章小结

数组是一个指定的相邻存储位置的集合，每个存储位置保存相同类型的数据项。数组中的每一个元素通过下标（即元素在数组中的位置）引用。如果数组包含 N 个元素，那么它的长度是 N，且它的索引是 0，1，…，N-1。引用数组元素时通过 arrayname[subscript]，其中 arrayname 表示任意有效的标识符，subscript 是取值范围在 0 到 arrayname.length-1 之间的整数。数组的 length 实例变量可被用作处理该数组的循环的边界。

数组声明时需要提供数组的名称和类型。数组初始化时使用关键字 new，并引起编译器为数组元素分配内存。

```
int arr[];
arr = new int[15];
```

多维数组以数组作为它的元素。

```
int twoDarr[][];
twoDarr = new int[10][15];
```

数组的值必须通过为每一个数组位置赋值的形式初始化。一个初始化表达式可被包括为数组声明的一部分。对于多维数组，数组中的每一维都具有它自己的 length 变量。在数组应用中，要掌握数组中常用的一些算法，例如数组的拷贝、排序、比较等。

习　题

1. 编写一个程序，计算出前 10 个平方数（例如 1，4，9，16），并将这 10 个数保存到一个整型数组中；再创建一个整型数组，并通过大括号以及原数组中元素初始化新创建的数组；最后，将第二个数组中的所有元素输出到控制台，验证程序是否正确。要确保数组有 10 个元素，并且元素值的范围是 1~100。

2. 声明一个数组，其中的元素为 37，47，23，−5，19，56，然后创建一个新数组，将前一个数组的内容复制到后一个数组中。

3. 从命令行输入 5 个整数到数组 a 中，分别输入 33、55、22、66 及 77。求偶数的个数及其和。

4. 从命令行输入一个字符串“JavaServlet”，将每个字符存入 a 数组。

（1）大写字母有几个？分别是哪几个？

（2）小写字母有几个？分别是哪几个？

（3）将小写字母转换成大写字母，将大写字母转换成小写字母。

5. 阅读下面代码：

```
int[]  ages = new int[10];
System.out.println(ages[9]);
```

下面关于上面两行代码的说法哪一个是正确的？

（1）编译时发生错误

（2）编译通过，运行时发生错误，因为局部变量在没有初始化情况下，不能使用

（3）编译通过，执行之后向控制台输出结果为 0

（4）编译通过，执行时提示发生数组越界的错误

6. 阅读下面代码：

```
public class AClass {
   public static void main(String[] args) {
      String[] msg = {"one","two","three","four"};
      if(args.length==0) {
         System.out.println("No arguments");
      } else {
         System.out.println(msg[args.length]+" arguments");
      }
   }
}
```

下面哪个选项的说法是正确的？

（1）该代码无法编译通过

（2）不带任何参数运行该程序时，会抛出 NullPointerException 异常

（3）分别带 0 个参数、3 个参数运行该程序时，会打印 No arguments 和 two arguments

（4）分别带 0 个参数、3 个参数运行该程序时，会打印 No arguments 和 four arguments

7. 从命令行输入 8 个参数，并以气泡法排序后保存在 a 数组中，再输入一个查找键值 Key，按顺序查找判断该键值是否存在于 a 数组中。

8. 现有一个长度为 49 的整型数组 a[49]，不重复地将 1 ~ 50 之中 49 个数依次赋值给该数组，编写程序，找出没有放进该数组的是哪个数？

第 6 章 面向对象基础

6.1 使 用 类

6.1.1 类的组成

类（class）是对象的模板。类封装了构成某一类型对象的属性和操作。在面向对象程序里，类作为程序所使用的对象的蓝图或模板。一个对象是一个类的实例（instance），通过定义类来创建特定类型的对象。

用 Java 编写一个面向对象程序，在很大程度上是设计类并编写这些类的定义。设计类就是指定标识这种类型对象的属性及操作。

比如要编写一个绘图程序。在该程序中，矩形是所需要的一种对象类型。一个 Rectangle（矩形）对象有两个基本属性——*length*（长）和 *width*（宽）。有了这些属性，可以定义矩形特有的操作，比如计算其面积和画矩形等。确定一个对象的属性和操作是一种设计行为，它是开发面向对象程序的一部分。

图 6.1 表示出了 Rectangle 类的 UML 图，类的 UML 图分为 3 个部分：第一部分是 UML 类的标签只给出类的名称，而且没有下划线；第二部分列出了类的属性；第三部分列出了类的操作。设计的矩形有 4 个属性。前两个，*x* 和 *y* 决定该矩形在二维图形中的位置。后两个，*length* 和 *width* 决定矩形的尺寸。注意，这些属性是没有值的。因为这个类代表了一般性的矩形，它指出了所有矩形的共性，但是并不代表任何一个具体的矩形。就像做面包的面包切割机一样，类只是给出了对象的一般特性，但不包括具体内容。

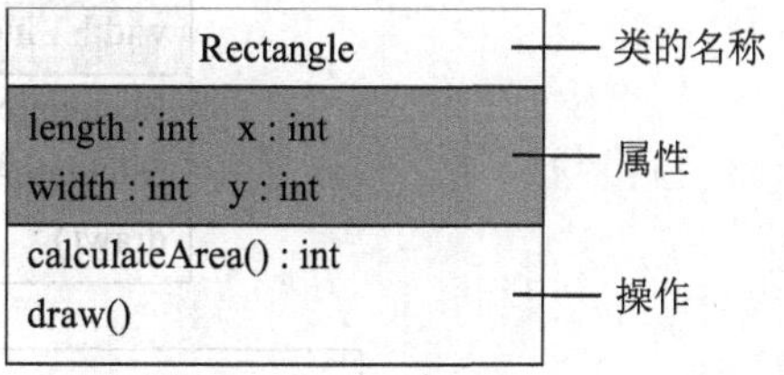

图 6.1 Rectangle 类的 UML 图

1. 变量和方法

到目前为止，已经使用了属性和操作这两个术语来描述对象的特性。但是，当谈到编程语言时，更经常使用变量和方法来描述对象的特性。一个变量对应于一个属性，是被命名的内存地址，用于储存特定类型的值。可以把变量当作一个特别的容器，它只能储存特定类型的对象。比如图 6.1 所示，Rectangle 的 *length* 和 *width* 是储存 int 类型（一种数字类型）的变量。一个 int 类型的值是个整数，比如 76 或−5。

一个方法，对应于一个操作或一个行为，是有名称的一块代码，它能被调用来执行一系列已定义好的操作。比如，在 Rectangle 对象中，可以调用 calculateArea()方法来计算矩形的面积，当然，它会通过矩形的长乘以宽来实现。类似地，还可以调用 draw()方法来画矩形，它将采用一些必要的操作在控制台上画出一个矩形。

2. 实例与类变量、类方法

变量和方法可以与类或对象（类的实例）相关。一个实例变量（或实例方法）是一个属于一个对象的变量（或方法）。对比而言，一个类变量（或类方法）是与该类相关的一个变量（或方法）。举个例子就能把这个区别说清楚。

不同的实例，实例变量的值就会不同。比如，每个 Rectangle 都会有自己的 *length*、*width*、*x* 和 *y* 的变量值，这就是实例变量。而 calculateArea()方法就是一个实例方法，因为它利用实例当前长和宽的值来计算面积。与此相似，draw()方法也是一个实例方法，因为它使用对象的长和宽绘出对象的形状。

在 Rectangle 类中，可以用一个变量来计数共生成过多少个 Rectangle 实例，这就是类变量（该绘图程序可能需要这个变量来管理内存资源）。把这个变量命名为 *nRectagles*，并且设定每生成一个新的 Rectangle 实例，就把该变量加 1。

构造方法（constructor）就是与类相关的一个特殊方法。它是用来生成对象的方法，用于生成类的实例。调用一个构造方法来生成一个对象，就像把面包切割机压在面包团上，结果就是生成单块面包（对象）。

图 6.2 就说明了这些概念。注意，类变量在 UML 图中是有下划线的。已经修改了 Rectangle 类，其中包含它的构造方法 Rectangle()。Rectangle()有 4 个参数，分别代表需要给矩形的 *x*、*y*、长和宽所赋的值。Rectangle 类变量 *nRectangles* 的值是 2，表示已经生成了 2 个 Rectangle 实例，它们作为 Rectangle 类的成员。

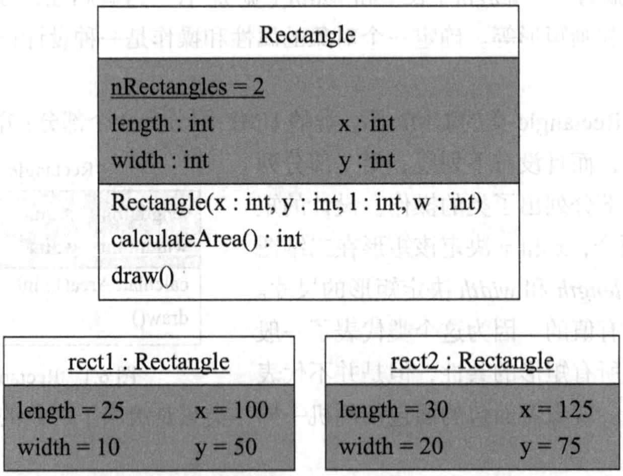

图 6.2　Rectangle 类及它两个实例的 UML 图例

注意 nRectangles 是一个只与 Rectangle 类相关的值，而与其实例无关。图 6.3 说明了这个过程。当调用构造方法 Rectangle () 时，它的参数 (100,50,25,10) 被 Rectangle 类用来生成一个 Rectangle 对象，其位于“x=100，y=50”的位置上，长是 25，宽是 10。这个构造方法也把 *nRectangle* 的值增加 1，来计数已经生成多少对象。

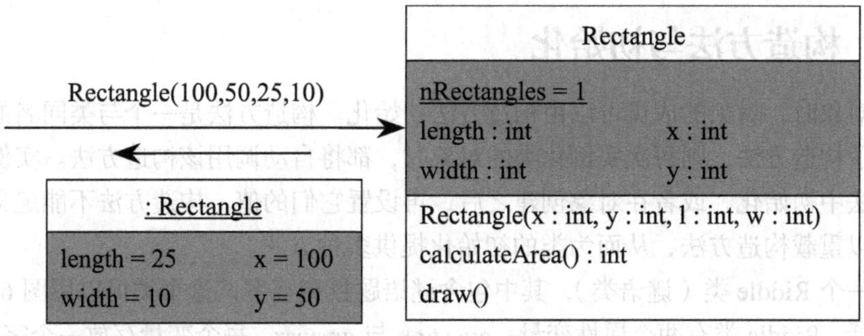

图 6.3　创建一个 Rectangle 实例

3. 类层次结构和类继承

类之间是怎样相互联系的呢？在 Java 以及任何其他面向对象的语言中，类被组织成类层次结构。类层次结构（class hierarchy）就像一棵倒立的树。层次结构的最上面是最基本的类。在 Java 中，最顶层的类是 Object 类，在类层次结构中，Object 类下面的类都称为它的子类（subclass）。因为在程序中的对象都属于某一个类，可以这样说，所有对象都是 Object 类的实例。

图 6.4 使用已经描述过的类来阐明类层次结构的概念。可以看到，Object 类在最上层，它是最一般的类。它拥有所有 Java 对象都具有的特性。在层次结构中，越向下，类变得越特殊。一个 Rectangle 实例就是一个 Object 对象，它拥有所有矩形都具有的属性（长和宽），但是层次结构中其他对象却没有这些属性。比如，一个 ATM 对象则不必有长和宽属性。注意，在层次结构中加入了 Square（正方形）类，一个 Square 实例是一种特殊类型的 Rectangle 对象，其长和宽是相等的。

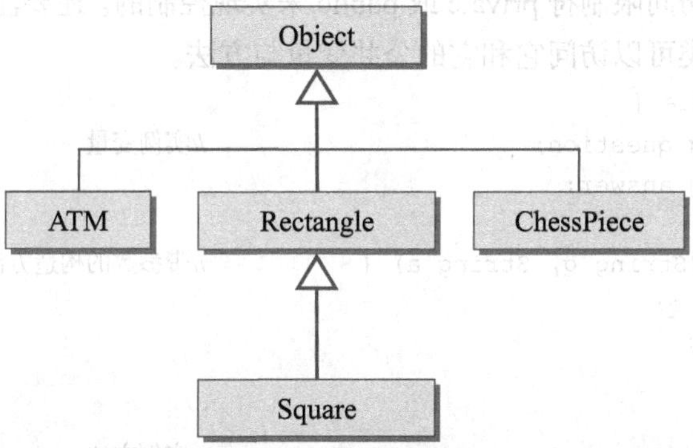

图 6.4　Java 类层次结构

为了引入一些与这种层次结构相关的重要术语，Rectangle 类是 Object 类的子类。Square 类是 Rectangle 类的子类，也是 Object 类的子类。在类层次结构中，如果一个类是在它上面的另一个类的基础上生成的，那么它上面的那个类就称为它的超类（superclass）。所以说 Rectangle 类是 Square 类的超类，Object 类也是 Square 类的超类。一个子类延伸了一个超类，意思是它在超类的基础上增加了元素——属性和（或）方法。Square 类就可以说明这一点，它在 Rectangle 类的基础上增加了长和宽相等的特性。

另一个与类层次结构相关的重要概念就是类继承（class inheritance）。类继承是指一个子类继承了其超类的元素——属性和（或）方法。以自然世界的事物为例，想一下马和哺乳动物之间的继承关系。马是哺乳动物，所以马继承了哺乳动物都具有的恒温特性。（这与你继承了母亲的蓝眼睛和父亲的黑头发这种个体继承不同。）

6.1.2 构造方法与初始化

当创建对象时，对象的成员可以由构造方法初始化。构造方法是一个与类同名的方法，程序员如果提供了构造方法，则每次实例化类的对象时，都将自动调用该构造方法。实例变量可以在类的构造方法中初始化，或者在对象创建之后，再设置它们的值。构造方法不能定义返回类型或返回值。可以重载构造方法，从而为类的初始化提供多种方法。

要构建一个 Riddle 类（谜语类），其中包含谜语题目和答案，这个类可以用图 6.5 中的 UML 类图加以概括。Riddle 类有两个属性变量：*question* 与 *answer*，每个变量存放一个字符串。Riddle 类有 3 个方法。Riddle()构造方法把初始值（q 与 a）赋给它的 *question* 与 *answer* 变量。getQuestion()和 getAnswer()分别返回存放在 *question* 和 *answer* 里的数据。

实例变量 *question* 与 *answer* 被设计成 private，而 Riddle()、getQuestion()与 getAnswer()方法被设计成 public。这些指定都遵循了下面两个重要的面向对象设计的惯例。

（1）实例变量通常被声明成 private。对象的 private 成员不能被其他对象直接访问。

（2）对象的公有方法可被与它相互作用的对象所使用。公有方法和对象的公有变量构成了对象的接口。

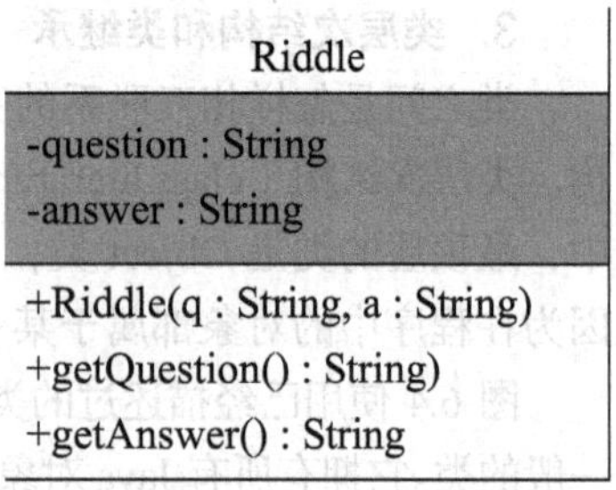

图 6.5 Riddle 类

下面的示例代码给出了与在 UML 框图中给出的设计相符的 Java 类的定义。在 UML 图中，它有两个私有实例变量和 3 个公共方法。在 Java 类定义中，若要访问一个类成员，如一个变量或一个方法，是通过标注访问限制符 private 或 public 来实现控制的。还要注意 Riddle 类本身被声明为 public，这使得其他类可以访问它和它的公共变量与方法。

```
public class Riddle {
   private String question;                        //实例变量
   private String answer;

   public Riddle(String q, String a) {             //带参数的构造方法
      question = q;
      answer = a;
   }

   public String getQuestion() {                   //实例方法
      return question;
  }

   public String getAnswer() {                     //实例方法
      return answer;
   }
}
```

Riddle 类定义了每个 Riddle 所拥有的信息（属性）的类型，但它并没有包含任何实际的值。它定义了任何 Riddle 类可以执行的方法（操作），但并未实际执行这些操作。通过构造方法可以对类中的实例变量进行初始化操作。

如果没有为类定义构造方法，编译器就将创建一个没有任何参数的默认构造方法。当实例化类的对象时，会自动调用默认构造方法。且初始化实例变量（即基本数据类型的变量初始化为 0，Boolean 类型初始化为 false，引用类型初始化为 null）。当然程序员如果已经定义了自己的构造方

法，则 Java 将不再为该类创建默认构造方法。

6.1.3　方法的重载

方法重载是让类以统一的方式处理不同类型数据的一种手段。Java 的方法重载，就是在类中可以创建多个方法，它们具有相同的名字，但具有不同的参数和不同的定义。调用方法时通过传递给它们的不同个数和类型的参数，来决定具体使用哪个方法，这就是多态性。

1. 重载成员方法

方法重载具体规范，首先方法名一定要相同，其次方法的参数列表不同。下面的示例代码给出了类 Cal 的实例方法（add）的重载定义。需要注意，方法重载与方法的返回值没有关系。

```
public class Cal {
    public int add(int num1, int num2) {                    // 整数加算方法
        return num1 + num2;
    }

    public double add(double num1, double num2) {           // 带小数加算方法
        return num1 + num2;
    }
}
```

在 Java 中，同一个类中的 2 个或 2 个以上的方法可以有同一个名字，只要它们的参数声明不同即可。在这种情况下，该方法就被称为重载（overloaded），这个过程称为方法重载（method overloading）。方法重载是 Java 实现多态性的一种方式。

```
Cal cal = new Cal();                                        // 实例化
int r1 = call.add(1, 2);                                    // 调用整数加算方法
Double r2 = call.add(2.3, 4.3);                             // 调用带小数加算方法
```

当一个重载方法被调用时，Java 用参数的类型和（或）数量来表明实际调用的重载方法的版本。因此，每个重载方法的参数类型和（或）数量必须是不同的。虽然每个重载方法可以有不同的返回类型，但返回类型并不足以区分所使用的是哪个方法。当 Java 调用一个重载方法时，参数与调用参数匹配的方法被执行。

2. 重载构造方法

除了重载普通方法外，构造方法也能够重载。重载构造方法可以实现相同实例对象拥有不同的初始状态。

看下面的代码。

```
public class Box {

    public double width;                                    // 盒子的尺寸
    public double height;
    public double depth;

    public Box(double w, double h, double d) {              //重载构造方法
        width = w;                                          // 初始化盒子的尺寸
        height = h;
        depth = d
    }
}
```

Box() 构造方法需要 3 个 double 类型的变量，这意味着定义的所有 Box 对象必须给 Box() 构

造函数传递 3 个参数。例如，下面的语句在当前情况下是无效的。

```
Box ob = new Box();                                    // 实例化
```

因为 Box()要求有 3 个参数，因此如果不带参数的调用它则是一个错误。这会引起一些重要的问题。如果只需要一个盒子而不在乎（或知道）它的原始尺寸该怎么办，或者想用仅仅一个值来初始化一个立方体，而该值可以被用作它的所有的 3 个尺寸又该怎么办。如果 Box 类是像现在这样写的，那么与此类似的其他问题都没有办法解决，因为实例化该类时只能带 3 个参数，而没有别的选择。

幸好，解决这些问题的方案是相当容易的：重载 Box 构造方法，使它能处理刚才描述的情况。下面程序是 Box 的一个改进版本，它就是运用对 Box 构造方法的重载来解决这些问题。

```
public class Box {
    //声明盒子的尺寸
    public double width;
    public double height;
    public double depth;

    public Box(double w, double h, double d) {          //构造方法 1
        //初始化盒子的尺寸
        width = w;
        height = h;
        depth = d;
    }

    public Box() {                                       // 构造方法 2，不带参数的默认构造方法
        //初始化盒子的尺寸
        width = -1;
        height = -1;
        depth = -1;
    }
    public static void main(String[] args) {
        Box box = new Box();                             //使用不带参数的构造方法
        System.out.println(box.width);
        Box box1 = new Box(12.4, 22.5, 13.5);            //使用带 3 个参数的构造方法
        System.out.println(box1.width);
    }
}
```

6.1.4 静态成员

在 Java 中声明类的成员变量和成员方法时，可以使用 static 关键字把成员声明为静态成员。静态变量也叫类变量，非静态变量叫实例变量，静态方法也叫类方法，非静态方法叫实例方法。类的每个对象都带有类中所有实例变量的副本。在特定情况下，某个变量应该只有一份副本由类的所有对象共享，也就是静态变量。

静态变量属于整个类，一个类可以创建多个对象，但类的每个静态变量在内存中只有一份拷贝为该类的所有对象共享。静态变量（静态方法）不用创建对象就可以直接通过类名访问。下面举例说明类变量与实例变量的区别。

```
public class Member{
    private static int counter;      //声明一个静态变量，默认初始值为 0
    private String name;
    /**
```

```
    * getInstance 方法是一个静态方法，用于返回一个 Member 的对象
    */
    public static Member getInstance(){
         return new Member();
    }
    public String getName(){
        return this.name;
    }
    Member(){
         counter++;                          //每实例化一个 Member 对象就将 counter 加 1
        this.name="member:"+counter;
    }

    public static void main(String[] args) {
        Member m1 = Member.getInstance();    //通过调用类的静态方法来获取对象
        System.out.println(m1.getName());
        Member m2 = Member.getInstance();
        System.out.println(m2.getName());
    }
}
```

从 Member 类中可以看到静态变量 *counter* 和静态方法 getInstance。通过静态方法可以创建一个 Member 对象，在创建对象过程中，首先会执行构造方法。在构造方法中，对静态变量 *counter* 进行了累加运算，并将累加结果添加在成员变量 *name* 中。由于静态变量和静态方法只有一份副本，对于该类的所有对象是共享的，所以当创建了第二个 Member 对象后，此时的 *counter* 值为 2，所以对象共享该静态变量。执行结果如下。

```
member:1
member:2
```

静态与非静态的主要区别如下。

（1）实例方法可以直接访问静态变量和静态方法。

（2）实例方法可以直接访问实例变量和实例方法。

（3）静态方法可以直接访问静态变量和静态方法。

（4）静态变量不能直接访问实例变量和实例方法。

静态成员变量，是所有实例（对象）共用同一个地址空间，拥有同一个拷贝。例如：如果说昆虫都 8 条腿，不会因为个体不同而不同，那么类可以定义如下。

```
public class Insect {
    public static int LEG_NUM = 8;
}
```

由于所有的昆虫都具备相同的 8 条腿，所以在定义昆虫类时，使用了静态变量来统一各个昆虫的相同点。可以通过主方法，分别实例 2 个对象，并输出对应的属性。

```
public class Insect {
    /** 昆虫腿数量 */
    public static int LEG_NUM = 8;

    /**
     * 主方法用来测试静态变量的使用
     * @param args
     */
    public static void main(String[] args) {
```

```
            Insect insect1 = new Insect();    //实例化一个 Insect 对象
            Insect insect2 = new Insect();
            //输出 LEG_NUM 的值
            System.out.println(insect1.LEG_NUM);
            System.out.println(insect2.LEG_NUM);
        }
    }
```

如果在使用昆虫实例过程中，修改了昆虫腿数这个静态成员变量的话，其他实例也会有相同的结果。因为静态变量使所有实例共用同一个拷贝。如下面的代码。

```
    public class Insect {
        /** 昆虫腿数量 */
        public static int LEG_NUM = 8;

        /**
         * 主方法
         * @param args
         */
        public static void main(String[] args) {
            Insect insect1 = new Insect();
            Insect insect2 = new Insect();

            System.out.println(insect1.LEG_NUM);
            System.out.println(insect2.LEG_NUM);

            insect1.LEG_NUM = 10;

            System.out.println(insect1.LEG_NUM);
            System.out.println(insect2.LEG_NUM);
        }
    }
```

当实例 insect1 修改了静态变量后，insect2 的静态变量也跟着被修改了。这点充分证明了静态变量是所有实例的相同区域。

6.2 继　承

6.2.1 继承的概念

Java 继承是使用已存在的类的定义作为基础建立新类的技术，新类的定义可以增加新的数据或新的功能，也可以用父类的功能，但不能选择性地继承父类。这种技术使得复用以前的代码非常容易，能够大大缩短开发周期，降低开发费用。比如可以先定义一个类叫车，车有以下属性：车体大小、颜色、方向盘、轮胎，而又由车这个类派生出轿车和卡车两个类，为轿车添加一个小后备箱，而为卡车添加一个大货箱。

Java 不支持多重继承，单继承使 Java 的继承关系很简单，一个类只能有一个父类，易于管理程序，同时一个类可以实现多个接口，从而克服单继承的缺点。

在面向对象程序设计中运用继承原则，就是在每个由一般类和特殊类形成的“一般-特殊”结构中，把一般类的对象实例和所有特殊类的对象实例都共同具有的属性和操作，一次性地在一般类中进行显式的定义，在特殊类中不再重复地定义一般类中已经定义的东西，但是在语义上，特殊类却自动地、隐含地拥有它的一般类（以及所有更上层的一般类）中定义的属性和操作。特殊类的对象拥有其一般类的全部或部分属性与方法，称作特殊类对一般类的继承。

继承所表达的就是一种对象类之间的相交关系，它使得某类对象可以继承另外一类对象的数据成员和成员方法。若类 B 继承类 A，则属于 B 的对象便具有类 A 的全部或部分性质（数据属性）和功能（操作），称被继承的类 A 为基类、父类或超类，而称继承类 B 为 A 的派生类或子类。

继承避免了对一般类和特殊类之间共同特征进行的重复描述。同时，通过继承可以清晰地表达每一项共同特征所适应的概念范围——在一般类中定义的属性和操作，适应于这个类本身以及它以下的每一层特殊类的全部对象。

6.2.2 继承的定义

类继承是一种子类获得（或继承）其超类方法与变量的机制。用例子来回顾这个基本概念：正如马继承哺乳动物与脊椎动物的属性与行为一样，一个 Java 的子类继承其超类的属性与行为。

图 6.6 使用 UML 图举例说明马、哺乳动物、脊椎动物以及动物之间的关系。层次结构的根 Animal 类始终处于最顶层，它包含了最一般的属性，比如动物都是活着的，并且能够移动，所有的动物都具有这些属性。Vertebrate（脊椎动物）类是稍微特殊一点的动物类型，它有脊椎。相似地，Mammal（哺乳动物）类是在 Vertebrate 类基础上更特殊一些的类，所有的哺乳动物都是恒温的，并且哺育后代。最后，Horse 类在 Mammal 类基础上更特殊一点，所有的马都有四条腿。一些哺乳动物，如人，就没有四条腿。因此，根据这些类在层次结构中的位置，可以推断马是活着的，能移动而且有四条腿的脊椎动物，而且是一种会哺育后代的恒温动物。

使用自然界中的一个例子，以说明 Java 中继承的概念是受自然界中的事物启发而产生的。

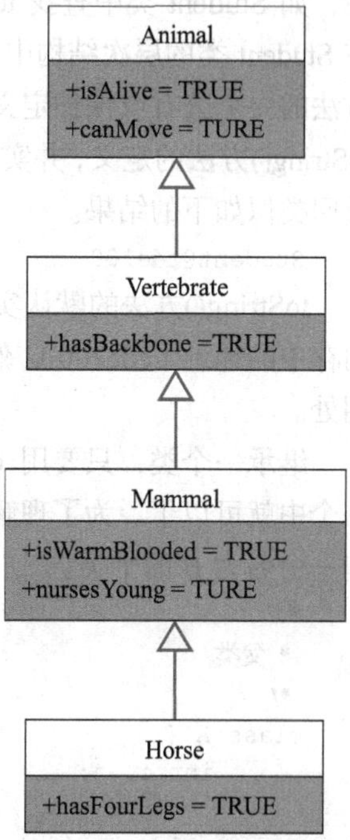

图 6.6　马的类层次结构

6.2.3 使用继承方法

在 Java 中，所有子类都可以继承超类中公有以及保护的实例方法和实例变量。这意味着子类的对象可以使用它们继承来的变量和方法。

在默认的情况下，所有的 Java 类都是 Object 类的子类，在 Java 的类层次结构中，Object 类是最一般的类，toString()是 Object 类的一个公有方法。由于 Java 层次结构中所有的类都是 Object 的子类，所以每个类都继承 toString()方法，因此，它可以用在任何 Java 对象中。

为了举例说明这个，如下定义一个 Student 类。

```
public class Student {
    protected String name;
    public Student(String s) {      //定义带一个参数的 Student 构造方法
        name = s;
    }
```

```
    public String getName() {
        return name;
    }
}
```

图 6.7 说明了该类与 Object 类之间的关系。作为 Object 的一个子类，Student 类继承了 toString() 方法。因此，对于给定的 Student 类，可以如下调用 toString()方法。

```
Student stu = new Student("Stu");
System.out.println(stu.toString());
```

这是如何实现的呢？也就是说，Java 是如何找到 toString()方法的呢？毕竟 Student 类中并未定义它。理解 Java 继承机制的运行原理是理解该问题的关键。

注意在该例子中，变量 *stu* 是被声明成 Student 类型的并且被赋值为 Student 类的实例。当执行表达式 stu.toString()时，首先，Java 在，如 Student 类中查找 toString()方法的定义，如果没有找到，就在 Student 类的层次结构中查找，如图 6.7 所示，直到找到 toString() 方法的一个公有或保护定义。在本例中，Java 在 Object 类中找到了 toString()方法的定义，并实现了 toString()方法，表达式 stu.toString() 返回类似如下的结果。

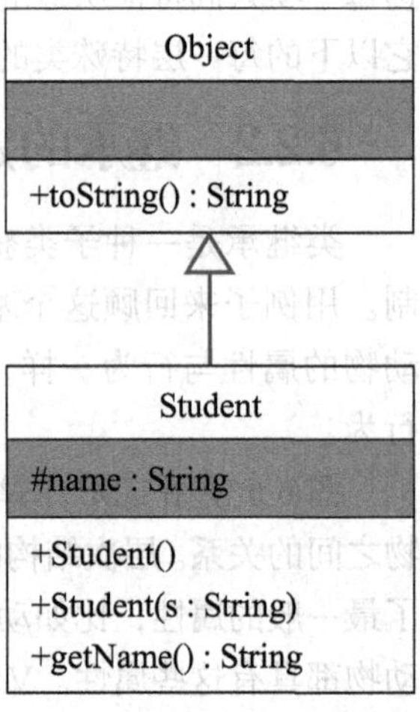

图 6.7　Student 类层次结构

```
Student@cde100
```

toString()方法的默认实现是返回对象类的名字以及对象存储在内存中的地址（cde100）。然而，这种类型的结果太普通，且没多大用处。

继承一个类，只要用 extends 关键字把一个类的定义合并到另一个中就可以了。为了理解怎样继承，让我们从简短的程序开始。下面的例子创建了一个超类 A 和一个名为 B 的子类。

```
/**
 * 父类
 */
class A {
    int i, j;

    void showij() {
        System.out.println("i and j: " + i + " " + j);
    }
}

/**
 * 子类
 */
class B extends A {
    int k;

    void showk() {
        System.out.println("k: " + k);
    }

    void sum() {
        System.out.println("i+j+k: " + (i + j + k));
    }
```

```
}

public class SimpleInheritance {
     public static void main(String args[]) {
          A superOb = new A();
          B subOb = new B();

          superOb.i = 10;
          superOb.j = 20;
          System.out.println("Contents of superOb: ");

          superOb.showij();
          System.out.println();

          // 子类可以访问父类中的所有 public 成员
          subOb.i = 7;
          subOb.j = 8;
          subOb.k = 9;
          System.out.println("Contents of subOb: ");
          subOb.showij();
          subOb.showk();
          System.out.println();

          System.out.println("Sum of i, j and k in subOb:");
          subOb.sum();
     }
}
```

子类 B 包括它的超类 A 中的所有成员。这是为什么 subOb 可以获取 *i* 和 *j* 以及调用 showij( ) 方法的原因。同样，sum( )内部，*i* 和 *j* 可以被直接引用，就像它们是 B 的一部分。程序执行结果如下。

```
Contents of superOb:
i and j: 10 20

Contents of subOb:
i and j: 7 8
k: 9

Sum of i, j and k in subOb:
i+j+k: 24
```

6.2.4　属性继承与隐藏

实际上，对象通常严格限制对其成员的访问。这种访问限制被称为信息隐藏。在一个合理设计的面向对象的应用程序中，对象只公布那些可以被公布的信息（即它可以提供的服务或则方法），而把如何执行这些服务的内部细节和用来维持和支持这些服务的数据隐藏起来。在 Java 中推出了“访问修饰符”的概念，允许库创建者声明哪些东西是客户程序员可以使用的，哪些是不可使用的。这种访问控制的级别在“最大访问”和“最小访问”的范围之间，分别包括：public，protected 以及 private。根据前一段的描述，大家或许已总结出作为一名库设计者，应将所有东西都尽可能保持为“private”（私有），并只展示出那些想让客户程序员使用的方法。

public 关键字表明该数据成员及成员方法是对所有用户开放的，所有用户都可以直接进行调用。下面示例代码中，Student 类中的成员 name 和成员方法 getName()都属于公开方式，所以任何其他程序中都可以调用该类的成员数据和方法。

```
public class Student {
    public String name;                    // 公开的实例变量
    public Student(String s) {
        name = s;
    }
    public String getName() {              // 公开的实例方法
        return name;
    }
}
```

private 关键字表示私有。私有的意思就是除了类（class）自己之外，任何用户都不可以直接使用。通常对于成员变量的定义都用关键字 private 修饰，即外界不可以直接访问成员变量，如需要让外界访问成员变量时，就提供一个 public 关键字修饰的 getXxx 或者 setXxx 方法，例如：

```
public class Student {
    private String name;                   // 私有的实例变量

    public setName(String s) {             // 通过公开的实例方法进行访问和设置
        this.name = s;
    }
    public String getName() {
        return this.name;
    }
}
```

protect 关键字表示受保护。对于类自己以及其子女（子类），都是可以直接访问的。如果非亲戚关系的程序，无法访问受保护的成员变量和方法。

```
public class Student {
    protect String name;                   // 只有类自己及其子类可以访问
    protect Student(String s) {
        name = s;
    }
    protect String getName() {
        return name;
    }
}
```

在 Java 中还提供了一种默认访问方式，该访问方式没有关键字，但它通常称为“友好”（friendly）访问。这意味着当前包内的其他所有类都能访问“友好的”成员，但对包外的所有类来说，这些成员却是无法访问的。

```
package com.shuangtixi.test;
public class Student {
    String name;                           // 只有类自己及其子类可以访问
    String getName() {
        return name;
    }
}
```

Student 类中的成员变量 *name* 和成员方法 getName()中并没有提供访问修饰符，所以是默认的访问修饰及友好访问。在包 com.shuangtixi.test 目录中，所有类都可以访问 Student 类中的成员，但当前包外的类，是无法访问 Student 类中的友好资源的见表 6.1。

表 6.1　　修饰符

	同类	同一包中的类	子类	其他包中的类
public	√	√	√	√
protected	√	√	√	
无修饰符	√	√		
private	√			

封装，有时也被称为隐藏，也就是说，对象应对外部环境隐藏它们的内部工作方式。当我们隐藏了类中数据和一些不必对外暴露的方法，就可以在防止对象之间不良的相互影响，

消除由于开发者错误使用而导致的错误。例如：

```
public class Person {
    /** 年龄 */
    public int age;
}
```

在定义 Person 类时，人类都具有年龄这个属性。从形式上看，封装性就是将数据（成员变量）和一组相关的行为（方法）结合在一起，形成一个程序单元。它规定对象应对外部环境隐藏它们的内部工作方式。良好的封装提高了代码的模块性，它防止了对象之间不良的相互影响，这样就使得未来的开发工作变得容易。属性封装是为了属性的安全。如教师类中有年龄属性，要求这个年龄不能小于 22 岁。那我们在每次创建教师类，设置教师的年龄，是否都要判断。可以在 set 中进行判断，比如说有一个 person 类，有一个 age 的属性，如果这个属性不是私有的，可以通过对象来直接赋值，就可以把这个属性的值初始化成 10000，甚至更高，这样就不符合常理了，但是有了赋值的方法，就可以在方法中进行一下判断，当要初始化的对象的年龄超过某个值时告诉它不可以这样，然后你还可以直接初始化成一个默认值。例如下面的代码。

```
public class Person {
    /** 年龄 */
    private int age;
    /**
     * 设置年龄属性
     * @param age
     */
    public void setAge(int age) {
        if (age > 150) {
            System.out.println("年龄不可以超过 150 岁！");
            this.age = 18;
        } else {
            this.age = age;
        }
    }

    /**
     * 返回设置好的年龄
     * @return
     */
    public int getAge() {
        return this.age;
    }
```

```
    public static void main(String[] args) {
        Person p1 = new Person();
        p1.setAge(10);
        System.out.println(p1.getAge());
        Person p2 = new Person();
        p2.setAge(200);
        System.out.println(p2.getAge());
    }
}
```

程序运行结果如下。

```
10
18
```

通过上面的 setAge()方法，可以保证 Person 对象年龄的正确性。通过关键字 private 对属性 age 的控制，如果需要修改 age 属性时，就必须通过 setAge 方法，严格把关，实现设置合法的年龄属性。

6.3 this 关键字与 super 关键字

当局部变量和成员变量的名字相同时，成员变量就会被隐藏，这时如果想在成员方法中使用成员变量，则必须使用关键字 this。

```
public class Apple {
    public String color = "green";                //定义颜色成员变量

    /**
     * 成员方法
     */
    public void gainApple(){
        String color = "red";                      //定义局部颜色变量
        System.out.println("Apple is" + color);
        System.out.println("Apple's original color is" + this.color);
    }
    /**
     * Main 函数
     */
    public static void main(String args[]) {
        Apple obj = new Apple();                   //实例化 Apple 类
        obj.gainApple();                           //调用 Apple 类中的成员方法
    }
}
```

程序运行结果如下。

```
Apple is red
Apple's original color is green
```

子类可以继承父类的非私有成员变量和成员方法（不是以 private 关键字修饰的），但是，如果子类中声明的成员变量和父类的成员变量同名，那么父类的成员变量将被隐藏。如果子类中声明的成员方法和父类的成员方法同名，并且参数个数、类型和顺序也相同，那么称子类的成员方法覆盖了父类的成员方法。这时，如果想在子类中访问父类中被子类隐藏的成员方法或变量，就可以使用 super 关键字。

super 关键字主要用途有以下两种。

1. 调用父类的构造方法

子类可以调用父类的构造方法。但是必须在子类的构造方法中使用 super 关键字来调用。然而在继承关系中，子类在构造过程中，会自动调用父类的构造方法，当父类的构造方法是带参数时，在子类的构造方法中必须显示调用父类的构造方法。

```
public class Student extends People {
    /**
     * 构造方法
     */
    public Student(){                              //默认会自动调用父类构造方法
        System.out.println("This is Student class");
    }
    /**
     * Main 函数
     */
    public static void main(String args[]) {
        Student obj = new Student();        //实例化 Student 类
    }
}

class People {
    /**
     * 构造方法
     */
    public People(){
        System.out.println("This is People class");
    }
}
```

程序运行结果如下。

```
This is People class
This is Student calss
```

当父类构造方法中带有参数时，在代码中必须使用 super 关键字显示调用构造方法。

```
public class Student extends People {
    /**
     * 构造方法
     */
    public Student(){                          //由于父类中构造方法带有参数，必须显示调用
        super("super");
        System.out.println("This is Student class");
    }
    /**
     * main 方法
     */
    public static void main(String args[]) {
        Student obj = new Student();        //实例化 Student 类
    }
}

class People {
    /**
```

```
  * 构造方法
  */
 public People(String str){
     System.out.println("This is People class");
 }
}
```

在使用 super 调用构造方法是，要注意以下 3 点。

（1）在子类的构造方法中，实现代码的第一行必须是 super 对父类构造方法的调用。

（2）如果没有显式地写出 super 调用，那么 javac 编译器就会在编译时自动添加该调用语句。

（3）如果在父类中没有和 super 指定的参数格式对应的构造方法，提示编译错误。

例如下面的代码。

```
// 父类：
public class Person {
     public Person(String name) {
     }
}

// 子类定义情形 1：
public class Teacher extends Person {
     public Teacher() {
     } // 编译错误；父类中没有不带参数的默认构造方法
}

// 子类定义情形 2：
public class Teacher extends Person {
     public Teacher () {
          super("default");
     }   //OK
}

// 子类定义情形 2：
public class Teacher extends Person {
     public Teacher() {
          System.out.println("--------");
          super("default");                //编译错误；super 必须出现在第一行
     }
}
```

2. 操作被隐藏的成员变量和被覆盖的成员方法

如果想在子类中操作父类中被隐藏的成员变量和被覆盖的成员方法，也可以使用 super 关键字。

```
public class Student extends People {
     public String sName = "";
     /**
      * 构造方法
      */
     public Student(String str) {        // 在构造方法中初始化了父类的 sName
          super.sName = str;
     }
     /**
      * 成员方法
```

```
     */
    public void showHello() {
        System.out.println("Student say Hello " + sName);
        super.showHello();  //在子类成员方法中，调用了父类成员方法
    }

    /**
     * Main 函数
     */
    public static void main(String args[]) {
        Student obj = new Student("Tony"); // 实例化 Student 类
        obj.showHello();    //调用子类成员方法
    }
}

class People {
    public String sName = "";

    /**
     * 成员方法
     */
    public void showHello() {
        System.out.println("People say Hello " + sName);
    }
    /**
     * 构造方法
     */
    public People() {
    }
}
```

程序运行结果如下。

```
Student say Hello
People say Hello Tony
```

在子类中，如果成员方法和父类方法同名，且参数列表也相同的情况下，在调用该方法时，父类方法是被隐藏的，要想执行父类中被隐藏的方法，必须使用 super 关键字。对于成员属性也是相同、子类和父类中具有相同的成员变量时，要使用父类成员变量，就必须使用 super 关键字。

6.4　成员变量初始化

在 Java 类首次装入时，对于不同的代码，如静态代码块、非静态代码块、静态成员变量和构造函数，具有不同的加载顺序。首先会对静态成员变量或方法进行一次初始化，但方法不被调用时不会执行。对于静态代码块和静态成员是属于同一个级别、在同一个级别的情况下，按照先父类后子类的顺序执行。如果在同一个类中，按照代码先后顺序执行。

类的初始化：

（1）调用顺序。Java 类首次装入时，会对静态成员变量或方法进行一次初始化，但方法不被调用是不会执行的，静态成员变量和静态初始化块级别相同，非静态成员变量和非静态初始化块级别相同。先初始化父类的静态代码→初始化子类的静态代码→（创建实例时，如果不创建实例，则后

面的不执行）初始化父类的非静态代码→初始化父类构造方法→初始化子类非静态代码→初始化子类构造方法。

（2）类只有在使用 new 调用创建的时候，才会被 JAVA 类装载器装入。

（3）创建类实例时，首先按照父子继承关系进行初始化。

（4）类实例创建的时候，首先初始化部分先执行，然后是构造方法；再从本类继承的子类的初始化块执行，最后是子类的构造方法。

（5）类消除的时候，首先消除子类部分，再消除父类部分。

静态代码块（static block）是一段特殊的代码，它不包含在任何方法体中，所在的类被第一次加载时，会自动执行静态代码块中的内容，且只被执行一次，所以静态代码块经常用于类属性的初始化。

静态代码块的使用形式如下。

```
static {
    … //语句
}
```

静态代码块的特点如下。

（1）静态代码块只能定义在类里面，它独立于任何方法，不能定义在方法里面。

（2）静态代码块里面的变量都是局部变量，只在本块内有效。

（3）静态代码块会在类被加载时自动执行，而无论加载者是 JVM 还是其他的类。

（4）一个类中允许定义多个静态代码块，执行的顺序根据定义的顺序进行。

（5）静态代码块只能访问类的静态成员，而不允许访问实例成员。

构造代码块（即非静态代码块）也是一段特殊的代码，它不包含在任何方法体中，所在类每次实例化对象的时候，会执行实例代码块中的内容，且每实例化一次，执行一次。

构造代码块的使用形式如下。

```
{
    … //语句
}
```

构造代码块的特点如下。

（1）构造代码块里面的变量都是局部变量，只在本块内有效。

（2）构造代码块在类实例化的时候自动执行。

（3）一个类中允许定义多个构造代码块，执行的顺序根据定义的顺序进行。

（4）构造代码块可以访问类的静态成员以及实例成员。

下面是一个静态代码块和构造代码块的简单示例。

```
package com.shuangtixi.stc.demo;
public class StaticBlockTest {
    int a = 0;
    /**
    *静态代码块，当 StaticBlockTest 第一次被 JVM 加载的时候，执行静态代*码块中的代码
    */
    static {
        System.out.println("这是第一个静态代码块");
    }
    /**
    *构造代码块，当 StaticBlockTest 每次被实例化的时候，执行构造代码块
```

```
        *中的代码，打印一句字符串，然后将成员变量 a 的值加 1
        */
        {
            System.out.println("这是第一个构造代码块");
            ++a;
        }
        public StaticBlockTest() {
            System.out.println("执行 StaticBlockTest 构造方法");
        }
        //第二个静态代码块，用来测试静态代码块执行的先后顺序
        static {
            System.out.println("这是第二个静态代码块");
        }
        //第二个构造代码块，用来测试构造代码块执行的先后顺序，注意这里//将成员变量 a 的值进行了加 1 的操作
        {
            System.out.println("这是第二个构造代码块");
            ++a;
        }
        public static void main(String[] args) {
            StaticBlockTest sbt = new StaticBlockTest();
            System.out.println(sbt.a);
            StaticBlockTest sbt1 = new StaticBlockTest();
            System.out.println(sbt1.a);
            StaticBlockTest sbt2 = new StaticBlockTest();
            System.out.println(sbt2.a);
        }
    }
```

程序的运行结果如下。

```
这是第一个静态代码块
这是第二个静态代码块
这是第一个构造代码块
这是第二个构造代码块
执行 StaticBlockTest 构造方法
2
这是第一个构造代码块
这是第二个构造代码块
执行 StaticBlockTest 构造方法
2
这是第一个构造代码块
这是第二个构造代码块
执行 StaticBlockTest 构造方法
2
```

运行 StaticBlockTest 类时，JVM 会首先将 StaticBlockTest 加载到内存中，这时 StaticBlockTest 类中的静态代码块就会自动执行，打印出第一二行语句；当程序执行“new StaticBlockTest();”时，便会先执行 StaticBlockTest 类中的构造代码块，然后执行 StaticBlockTest 类的构造方法，所以程序执行结果先打印构造代码块中的语句，接着再执行构造方法中的语句；程序中使用“sbt.a”来访问变量 *a* 的值时，由于 *a* 是一个实例变量，每实例化一个对象的时候，都会重新初始化为指定的值（程序中初始设置为 0，“int a = 0;”），并且在两个构造代码块中都做了自增的操作，所以打

印“sbt.a”的值为 2。通过程序的运行结果也可以看出，静态代码块只执行了一次，构造代码块会在类每次实例化一个对象时执行一次。

6.5 应用实例

在实际开发过程中，经常会遇到代码中包含了父类、子类、静态代码块及非静态代码块的功能需求，下面就是一个综合的实例。

```
class Base {
    // 5. 初始化父类的非静态代码
    public int age = getNumber(100);
    // 静态成员变量和静态初始化块级别相同，所以按照在代码中的顺序依次执行
    // 1. 初始化父类静态成员变量 static int sage
    static int sage = getNumber(50);
    // 2. 初始化父类静态初始化块
    static {
        System.out.println("base static block");
    }
    //构造代码块，每实例化一个对象时调用
    {
        System.out.println("base nonstatic block");
    }

    // 6. 初始化父类构造方法
    Base() {
        System.out.println(age);
        System.out.println("base start");
        draw();// 会调用子类覆盖后的方法
        System.out.println("base end");
    }

    static int getNumber(int base) {
        System.out.println("base.getNumber int " + base);
        return base;
    }

    public void draw() {
        System.out.println("base.draw");
    }
}
public class InitializeOrder extends Base {
    // 7. 初始化子类的非静态代码
    public int age = getNumber(1001);
    // 8. 初始化子类的非静态代码
    private int _radius = getNumber(10);
    // 3. 初始化子类静态成员变量 static int sage
    static int sage = getNumber(250);
    // 4. 初始化子类静态初始化块 static
    static {
```

```
        System.out.println("subclass static block");
    }
    //构造代码块，每实例化一个对象时调用
    {
        System.out.println("subclass nonstatic block");
    }

    // 9. 初始化子类构造方法
    InitializeOrder(int radius) {
        _radius = radius;
        System.out.println(age);
        System.out.println("initializeOrder initialized");
    }

    public void draw() {
        System.out.println("initializeOrder.draw " + _radius);
    }

    /**
     * Main 函数
     */
    public static void main(String[] args) {
        new InitializeOrder(1000);
    }
}
```

在代码第一次装入时，先执行父类中的静态代码，然后是子类的静态代码。当类被关键字 new 实例化时，首先初始化父类非静态代码，然后是构造出父类，再初始化子类非静态代码，最后构造出子类对象。执行的先后顺序如下几个步骤。

（1）父类静态成员和静态初始化块，按在代码中出现的顺序依次执行。

（2）子类静态成员和静态初始化块，按在代码中出现的顺序依次执行。

（3）父类实例成员和实例初始化块，按在代码中出现的顺序依次执行。

（4）父类构造方法。

（5）子类实例成员和实例初始化块，按在代码中出现的顺序依次执行。

（6）子类构造方法。

最后的执行结果如下。

```
base.getNumber int 50
base static block
base.getNumber int 250
subclass static block
base.getNumber int 100
base nonstatic block
100
base start
initializeOrder.draw 0
base end
base.getNumber int 1001
base.getNumber int 10
subclass nonstatic block
1001
initializeOrder initialized
```

本章小结

设计一个类就是要决定它要扮演什么角色，它将包含哪些信息和行为。编写一个 Java 程序，就是要定义一个或多个类。一个类定义提供了创造这个类的实例的模板。类典型地包含两种元素：实例变量与方法。对象的状态是由它的实例变量定义的。类中声明为 public 的元素可以被其他对象所访问，声明为 private 的元素则不能。一个类的实例变量通常被声明为 private，因此它不能被其他对象直接访问。一个对象的 public 实例方法可以被其他对象所调用，因此，它们组成了对象的接口。对象初始化是一个在构造函数中使用 new 操作符创建对象的过程。类定义包括头部和主体。头部给出了类的名称，指定它的可访问性（public）以及它在 Java 类层次中的位置（extends Object），类主体包含类的变量的声明和方法的定义。默认情况下，一个新定义的类被认为是 Object 的一个子类。如果一个类元素被定义为 static，如 main()方法，那么它就只与类本身相关（与其实例无关）。一个 Java 程序必须包含一个 main()方法，它是程序执行的开始点。单独使用在类内部操作中的方法，应当被声明为 private 型的。 实例变量的声明在对象里为一个实例变量保留内存空间，并把该位置与其名字和类型关联起来，并指定它的可访问性。方法定义由两个部分组成：头部（header）命名该方法并提供关于它的其他一般信息，主体（body）由可执行语句组成。声明一个变量只是为这个对象创建了一个名字，但并未创建该对象本身。一个对象的创建是通过 new 操作符和构造函数来完成的。

习　题

1. 指出下面声明中的语法错误（如果有）。记住，域声明的某些部分是可选的。

（1）public boolean isEven;

（2）private boolean isEven;

（3）private boolean is Odd;

（4）public boolean is Odd;

（5）string S;

（6）private boolean even = 0;

（7）private String s = helloWorld;

2. 写出下列实例变量的声明：

（1）名为 *bool* 的私有 boolean 型变量，初始值为真。

（2）名为 *str* 的公共 string 型变量，初始值为“hello”。

（3）名为 *nEmployees* 的私有 int 型变量，没有初始值。

3. 创建如下类：

Circle 类（圆形）、Square 类（正方形）和 Point 类（点）。Point 根据(x，y)坐标定位。Cricle 除了一个(x，y)坐标之外，还有半径属性。正方形除了一个(x，y)坐标之外，还有边长。请问这些类中哪些是超类，哪些是子类？

4. 关键字组合问题：

（1）abstract 方法能否是 final 类型的？

（2）abstract 方法能否是 static 类型的？

（3）能否定义一个私有静态（private static）方法？

5. 阅读下面代码：

```
（1） public class Test{
（2） void test(short s) {
（3）         System.out.println("I am an int");
（4） }
（5） void test(byte b) {
（6） System.out.println("I am a string");
（7） }
（8）
（9） public static void main(String args[]) {
（10）         Test t=new Test();
（11）         char ch='y';
（12）         t.test(ch);
（13）}
（14）}
```

下面对于上述代码的描述哪个是正确的？

（1）第 5 行无法编译，因为 void 方法不能被重载（overridden）

（2）第 12 行无法编译，因为没有定义可以接受 char 类型参数的方法

（3）代码可以编译，但执行时在 12 行会抛出异常

（4）代码可以编译，并且执行之后的输出结果为：I am an int

6. 阅读下面代码，请确定（1）、（2）、（3）、（4）中的哪一个说法是正确的？

```
class A {
    int value1;
}
class B extends A {
    int value2;
}
```

（1）类 A 扩展了类 B

（2）类 B 是类 A 的父类

（3）类 B 是类 A 的子类

（4）类 A 的对象实例中，存在一个名字为 value2 的成员变量

7. 在如下源代码文件 Test.java 中，哪个是正确的类定义？

（1）public class test {

```
  public int x = 0;
  public test(int x) {
     this.x = x;
  }
}
```

（2）public class Test{

```
public class Test{
    public int x=0;
    public Test(int x) {
        this.x = x;
    }
}
```

（3）public class Test extends T1, T2 {

```
public class Test extends T1, T2 {
    public int x = 0;
    public Test (int x) {
        this.x = x;
    }
}
```

（4）protected class Test extends T2{

```
protected class Test extends T2{
    public int x=0;
    public Test(int x){
        this.x=x;
    }
}
```

8. 描述静态代码块、非静态代码块与构造函数的执行顺序。

9. 请用代码实现一个计算方法 calc()，该方法接受两个参数，返回值为两个参数的和，并且返回值类型与传入的参数类型一致，例如：calc(3, 5)返回 8，calc(3.0, 5.3)返回 8.3。

10. 简述 Java 中 this 和 super 的用法。

第 7 章 面向对象进阶

7.1 多态与动态绑定

7.1.1 多态和动态绑定

继承性反映的是类与类之间的层次关系，多态性则是考虑这种层次关系以及类自身特定的成员方法之间的关系问题，是解决行为的再抽象问题。多态是 Java 面向对象的一个重要特性，术语 polymorphism（多态）源自于希腊语 poly（意味着"许多的"）和 morph（表示"形态"），表现为在同一继承树上的不同对象针对同一行为的不同表现。多态性通常表现为"一个接口，多种方法"，即为一组相关的动作设计一个通用的接口。

首先看看 Java 中动态绑定和静态绑定。动态绑定与静态绑定是相对应的，在程序编译时，Java 编译器通过静态绑定机制将方法调用与正确的方法实现联系起来。为了使动态绑定能够运行，JVM 需要维护 Java 类层次结构的某种表示方法，包括由程序员定义的类。JVM 遇到方法调用时，它使用类层次结构的信息，将方法调用与正确的方法实现绑定在一起。

在 Java 中，除了被声明为 final 或者 private 的方法外，所有的方法调用都使用动态绑定。final 方法不能被覆盖，因此将方法声明为 final，就意味着 Java 编译器能够将它与正确地实现绑定在一起。类似地，私有方法是不能被继承的，因此不能在子类中覆盖它们，编译器会在编译时执行绑定。

Java 的动态绑定机制，也叫做后期绑定（late binding）或者运行时联编（runtime binding），它引起了多态，根据方法调用时对象的类型，相同的方法调用可以引起不同的行为。Java 实现运行时多态性的基础是动态方法调度，它是一种在运行时而不是在编译期调用重载方法的机制。

下面是一个多态实现的简单示例。

```
class Dog {
      protected String name;                    //Dog的成员变量 name
      Dog() {                                   //Dog类的构造方法
        name = "little wolf";
      }
      public void bark() {                      // bark方法用于文本输出
         System.out.println("Dog Bark");
      }
}
class PetDog extends Dog {                      //PetDog类继承 Dog类
```

```
        protected String name;                    //PetDog 的成员变量 name
        PetDog() {
          name = "snoopy";
        }
        public void bark() {                      //覆盖 Dog 的 bark 方法
            System.out.println("PetDog Bark");
        }
    }
    public class PolyTest {
        public static void main(String[] args) {
            Dog dog = new Dog();                  //实例化一个 Dog 对象
            dog.bark();
            dog = new PetDog();                   //实例化一个 PetDog 对象
            dog.bark();
        }
    }
```

程序运行结果如下。

```
Dog Bark
PetDog Bark
```

程序中定义了两个类：Dog 和 PetDog。Dog 类中定义了一个受保护的成员变量 *name* 和一个 public 修饰的成员方法 bark；PetDog 类继承了 Dog 类，同时也定义了一个 bark 方法，并且 PetDog 类中的 bark 方法声明和 Dog 类中的 bark 方法声明一致，这里就是实现多态的方式，称为子类覆盖父类的方法，也叫做方法重写（overriding）。主程序 main 方法中，当对象引用变量 dog 指向不同的对象时，例如程序中的 Dog 和 PetDog 对象实例，调用 dog.bark( ) 所得到的结果是不一样的，这就是多态性的表现。

在子类覆盖父类方法时，需要注意下面几点。

（1）返回类型和方法参数列表一致。

（2）子类成员的可见范围不能比父类成员小。

（3）只能覆盖父类可见的非静态方法。

修改前面的 Dog 类和 PetDog 类，将下面的 getDefaultName 方法分别加入到两个类中，如下所示。

```
public static String getDefaultName() {          //静态方法
   return "little wolf";
}
```

将 PolyTest 类中 main 方法修改为下面的代码。

```
public static void main(String[] args) {
     Dog dog = new Dog();
     dog.bark();
     dog.getDefaultName();                          //通过对象引用调用静态方法
     dog = new PetDog();
     dog.bark();
     dog.getDefaultName();
}
```

程序修改完成之后，运行结果如下。

```
Dog Bark
little wolf
PetDog Bark
little wolf
```

Dog 类中的 getDefaultName 方法为静态方法，所以子类是不能覆盖的，在程序编译阶段已经是静态绑定到 Dog 类上，程序中的 *dog* 引用变量是 Dog 类型的，所以运行结果都为 “little wolf”。

修改 PetDog 类，将类中的 bark 方法修改为如下形式。

```
protected void bark() {                    //这里使用protected修饰
    System.out.println("PetDog Bark");
}
```

程序修改完成之后，运行结果如下。

```
Dog Bark
little wolf
Dog Bark
little wolf
```

在子类 PetDog 中，bark 方法是用 protected 修饰的，而父类 Dog 中 bark 方法是用 public 修饰的，子类方法的修饰范围小于父类方法的修饰范围，所以子类的 bark 方法没有覆盖父类的 bark 方法，在程序运行过程中，就没有多态的表现形式。

7.1.2　父类对象与子类对象的转化

在类的继承过程中，多态的使用使得程序在运行时可以动态地调用子类中的方法，由于子类的对象都是由父类的对象引用来指向，如“Dog dog = new PetDog()”，*dog* 就是父类 Dog 的对象引用变量，而真正的对象其实是子类 PetDog 的实例化对象，所以当子类中有自己扩展的方法时，需要先将父类对象引用转化为子类对象引用，这样才能够访问子类中的方法。这个过程就涉及父类对象与子类对象的使用和转化问题，如图 7.1 所示。

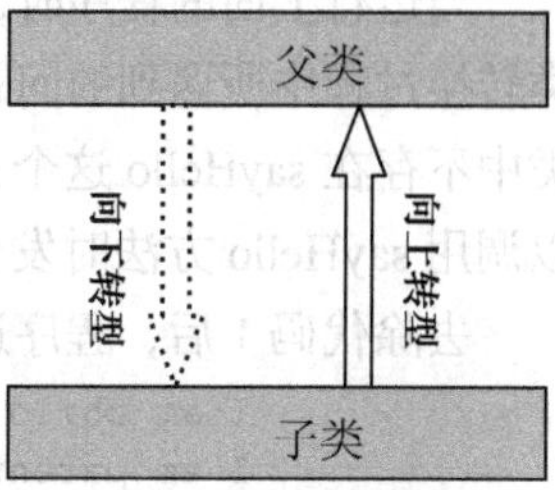

图 7.1　父子类对象转化

从图 7.1 中可以看到，子类和父类转化过程中有一个转型过程，分为以下几种。

（1）向上转型（子类转为父类），这个过程自动转换（隐式转换）。

如：Dog dog = new PetDog();

（2）向下转型（父类转为子类），须强制类型转换。

如：PetDog petDog = (PetDog)dog;

（3）只有父子关系可转换，兄弟及其他关系不可相互转换。

向上转型是自动转化的，不会存在任何编译运行错误，也是实现多态的基本方式。在向上转型过程中，因为 PetDog 类继承于 Dog 类，编译器知道 PetDog 一定是一个 Dog，所以这个过程是类型转化安全的。

向下转型过程是需要进行强制转换的，子类 PetDog 有自己的成员变量和成员方法，只有 PetDog 对象引用才能执行自己的方法，然而在执行“PetDog petDog = (PetDog)dog”；时，编译器不能保证一个 Dog 一定是 PetDog，因此，如果不显示地做类型转换，编译器是不会自动做向下转型操作的。强制转换只能避免编译时错误，即如果 dog 不是指向 PegDog 对象时，在程序运行时便会产生错误。在实际编码过程中，可以使用 instanceof 关键字（见 7.1.3 小节）来避免此类运行时错误。

下面是一个父子类对象转型的示例。

```
class Parent {
    public void print() {                    //Parent类中print方法
        System.out.println("I am parent");
    }
```

```
}
class Child extends Parent {                        //Child 类继承 Parent 类
      public void sayHello() {                      //Child 类中新增方法
            System.out.println("Hello, call sayHello()");
      }
      public void print() {                         //覆盖 Parent 类中 print 方法
            System.out.println("I am child");
      }
public class ClassCastTest {
      public static void main(String[] args) {
            Parent pa = new Child();                //pa 指向一个 Child 对象
            Parent pa1 = new Parent();              //pa1 指向一个 Parent 对象
            pa.print();
            pa1.print();
            Child child = (Child)pa;                //强制将 pa 转换为 Child 类型
            child.sayHello();
            Child child1 = (Child)pa1;              //强制将 pa1 转换为 Child 类型
            child1.sayHello();                      //代码 1
      }
}
```

当运行上面的程序时，会发生运行时错误，提示执行到代码 1 时发生了错误。这里就是父子类转换过程中所遇到的问题，代码中 pa1 引用变量实际所指向的是一个 Parent 对象，而在 Parent 类中不存在 sayHello 这个方法，所以当程序运行到代码 1 时，试图将 pa1 强制转换为 Child 类型，以调用 sayHello 方法时发生错误。

去除代码 1 后，程序运行结果如下。

```
I am child
I am parent
Hello, call sayHello()
```

7.1.3 instanceof 运算符

instanceof 是 Java 中的一个二元操作符，也是 Java 中的保留关键字。它的作用是测试它左边的对象是否是它右边类的实例，返回 boolean 类型的值。

instanceof 运算符具有下面的一般形式。

```
object instanceof type
```

这里，object 是类的实例，而 type 是类的类型。如果 object 是指定的类型，或者可以被强制转换为指定类型，instaneof 将返回 true，否则将返回 false。这样，instanceof 可以在程序运行时获得对象类型信息，在进行强制类型转化之前利用 instanceof 进行判断，减少非法强制类型转换导致的运行时错误。

将 7.1.2 小节中的代码：

```
Child child1 = (Child)pa1;
child1.sayHello();
```

修改为：

```
if(pa1 instanceof Child) {
      Child child1 = (Child)pa1;  //如果 pa1 为 Child 类型，则进行强制转换
      child1.sayHello();
}
```

则程序可以正常运行，输出结果。

下面是一个简单的 instanceof 的应用。

```
class Bill {                                              //账单类
    public void getName() {
        System.out.println("Bill");
    }
    public int getAmount() {  return 10;  }               //返回 10
}
class PhoneBill extends Bill {                            //电话清单类，继承账单类
    public void getName() {
        System.out.println("PhoneBill");
    }
    public int getAmount() {                              //返回 20
        return 20;
    }
    public int getCallRecords() {
        return 100;
    }
}
class GasBill extends Bill {                              //天然气清单类，继承账单类
    public void getName() {
        System.out.println("GasBill");
    }
    public int getAmount() {                              //返回 30
        return 30;
    }
}
public class Runner {
    public static void main(String[] args) {
        Bill phoneBill = new PhoneBill();
        Bill gasBill = new GasBill();
        print(phoneBill);                                 //传入一个 PhoneBill 对象
        print(gasBill);                                   //传入一个 GasBill 对象
    }
    private static void print(Bill bill) {
        System.out.println(bill.getName());
        System.out.println(bill.getAmount());
        if (bill instanceof PhoneBill) {                  //使用 instanceof 判断
            PhoneBill pb = (PhoneBill)bill;
            System.out.println(pb.getCallRecords());
        }
    }
}
```

程序运行结果如下。

```
PhoneBill
20
100
GasBill
30
```

在本例中，定义了一个账单父类 Bill 以及 Bill 的两个子类 PhoneBill（电话清单类）和 GasBill（天然气清单类），其中 Bill 声明了两个方法：getName 和 getAmount，PhoneBill 和 GasBill 都覆盖了这两个方法，同时在 PhoneBill 中还声明了一个新的方法 getCallRecords，用来返回通话记录条

数。Runner 类中定义了一个静态的 print(Bill bill)方法，接受一个 Bill 类型的对象，打印出账单名称和账单金额，同时还要判断如果传进来的 bill 对象引用所指向的对象是电话清单，那么还要打印出通话记录，因为 getCallRecords 方法只有在对象是 PhoneBill 类型时才能够正确调用，所以 print 方法中要判断传入的 Bill 对象是否是 PhoneBill 的一个实例，使用 instanceof 来进行判断，以避免如果传入的是 GasBill 或者 Bill 对象时出现运行时错误。

7.1.4 泛型

Java 类库包含一些抽象数据类型的实现。Java 工具包——java.util.*，包含许多类和被设计用来方便存储和操纵对象的接口。这些有关联的接口和类，统称 Java 集合框架。它包含前面讨论过的抽象数据类型相对应的数据结构，以及其他数据结构。Java5.0 版本用泛型（generic type）重新实现了 Java 集合框架（Java Collections Framework），这些泛型允许程序员指定存储于结构中的对象类型。

泛型是对 Java 语言的一种扩展，是一种带有参数化类型的 Java 语言。用泛型编写的程序，看起来和普通的 Java 程序基本相同，只不过多了一些参数化的类型，同时少了一些类型转换。实际上，这些泛型程序也是首先被转化成一般的不带泛型的 Java 程序后再进行处理的，编译器自动完成了从泛型到普通 Java 的翻译。

利用 Java5.0 版本中引入的泛型声明类，需要用一种新的语法来指明类名。这些类与接口，包含集合框架里的类和接口，使用括住一个或多个用逗号分开变量的尖括号来指明未知类型名。例如，你可以使用<E>或<K,V>来说明未知类型名。因此，运用泛型所实现的类与接口的使用语法为：ClassName<E>。

泛型的使用规则如下。

（1）泛型的类型参数只能是类类型（包括自定义类），不能是简单类型。

（2）同一种泛型可以对应多个版本（因为参数类型是不确定的），不同版本的泛型类实例是不兼容的。

（3）泛型的类型参数可以有多个。

（4）泛型的参数类型可以使用 extends 语句，例如<T extends superclass>。习惯上称为“有界类型”。

（5）泛型的参数类型还可以是通配符类型。例如“Class<?> classType = Class.forName("java.lang.String");”。

泛型的特点如下。

（1）类型安全。泛型的一个主要目标就是提高 Java 程序的类型安全。使用泛型可以使编译器知道变量的类型限制，进而可以在更高程度上验证类型假设。如果没有泛型，那么类型的安全性主要由程序员来把握，这显然不如带有泛型的程序安全性高。

（2）消除强制类型转换。泛型可以消除源代码中的许多强制类型转换，这样可以使代码更加可读，并减少出错的机会。

（3）向后兼容。支持泛型的 Java 编译器（例如 JDK5.0 中的 Javac）可以用来编译经过泛型扩充的 Java 程序，但是现有的没有使用泛型扩充的 Java 程序仍然可以用这些编译器来编译。

（4）层次清晰，恪守规范。无论被编译的源程序是否使用泛型扩充，编译生成的字节码均可被虚拟机接受并执行。也就是说，不管编译器的输入是泛型程序，还是一般的 Java 程序，经过编译后的字节码都严格遵循《Java 虚拟机规范》中对字节码的要求。可见，泛型主要是在编译器层面实现的，它对于 Java 虚拟机是透明的。

（5）性能收益。目前来讲，用泛型编写的代码和一般的 Java 代码在效率上是非常接近的。但是由于泛型会给 Java 编译器和虚拟机带来更多的类型信息，因此利用这些信息对 Java 程序做进一步优化将成为可能。

下面是一个泛型应用的简单示例。

```
class Gen<T> {
      private T ob;                       // 定义泛型成员变量
      public Gen(T ob) {                  //Gen 类构造方法，接收类型为 T 的一个对象
          this.ob = ob;
      }
      public T getOb() {                  //返回类型为 T 的一个对象
           return ob;
      }
      public void setOb(T ob) {           //通过 setOb 方法设置 ob 引用对象
          this.ob = ob;
      }
      public void showType() {            //输出泛型 T 的类型
           System.out.println("T 的实际类型是: " + ob.getClass().getName());
   }
}
public class FanXing {
     public static void main(String[] args) {
          // 定义泛型类 Gen 的一个 Integer 版本
          Gen<Integer> intOb = new Gen<Integer>(88);
          intOb.showType();
          int i = intOb.getOb();
          System.out.println("value= " + i);
          // 定义泛型类 Gen 的一个 String 版本
          Gen<String> strOb = new Gen<String>("Hello Gen!");
          strOb.showType();
          String s = strOb.getOb();
          System.out.println("value= " + s);
   }
}
```

程序运行结果如下。

```
T 的实际类型是: java.lang.Integer
value= 88
T 的实际类型是: java.lang.String
value= Hello Gen!
```

程序中定义了一个泛型类 Gen<T>，类中定义了 T 的对象引用变量，将 T 类型作为类中方法传入和返回参数的类型，这样在泛型类 Gen 中都是对 T 的操作。然后在 main 方法中分别将 T 定义为 Integer 和 String，这样通过不同类的类型参数的传入，Gen<T>都提供了一个统一的方法处理，注意泛型使用中类的定义问题，即定义泛型类时是通过 class<Type>形式实现，class 即泛型类名称；Type 就是类的类型，可以是 JDK 中提供的类，也可以是自定义的类。

在上面的例子中，由于没有限制 Gen<T>类型持有者 T 的范围，实际上这里的限定类型相当于 Object，即允许所有的类作为 T 传入。如果要限制 T 为集合接口类型，只需要这么做：

class Gen<T extends Collection>

这样类中的泛型 T 只能是 Collection 接口的实现类，传入非 Collection 接口编译会出错。注意：

<T extends Collection>，这里的限定使用关键字 extends，后面可以是类，也可以是接口。但这里的 extends 已经不是继承的含义了，应该理解为 T 类型是实现 Collection 接口的类型，或者 T 是继承了某一类的类型。

下面是一个使用 extends 的简单示例。

```
import java.util.ArrayList;
import java.util.Collection;
import java.util.List;
/**
*  CollectionGenFoo 类设置泛型类型只能是集合 Collection 类型
*/
class CollectionGenFoo<T extends Collection> {
       private T x; //定义一个私有的类型为 T 的成员变量
       public CollectionGenFoo(T x) {
            this.x = x;
       }
       public T getX() {
            return x;
       }
       public void setX(T x) {
            this.x = x;
       }
}
public class FanXingExtend {
      public static void main(String args[]) {
           CollectionGenFoo<ArrayList> listFoo = null;
           CollectionGenFoo<String> stringFoo = null; //编译错误，String 不是接口类型
           listFoo = new CollectionGenFoo<ArrayList>(new ArrayList());
           //定义一个数组链表类型的结构 list，用来保存数据
           ArrayList<String> list = new ArrayList<String>();
           list.add("a");
           list.add("b");
           listFoo.setX(list); //将 list 设置为 CollectionGenFoo 接收的类型
           ArrayList<String> listReturn = listFoo.getX();
           for (String s : listReturn) { //使用 for 遍历 ArrayList
                System.out.println(s);
           }
      }
}
```

去除程序中的错误语句后，程序运行结果如下。

```
a
b
```

程序中利用“class CollectionGenFoo<T extends Collection>”来限制了泛型类 CollectionGen Foo 只能接受集合类型作为参数，所以在 main()中当传入 String 类作为泛型参数时，就会产生编译错误。

7.1.5 参数可变的方法

Java5.0 增加了新特性：可变参数。适用于参数个数不确定、类型确定的情况，Java 把可变参数当做数组处理，可变参数必须位于方法参数的最后一项。当可变参数个数多于一个时，必将有一个不是最后一项，所以只支持有一个可变参数。因为参数个数不定，所以当其后边还有相同类型的参数时，Java 无法区分传入的参数属于前一个可变参数，还是后边的参数，所以只能让可变

参数位于最后一项。

可变参数列表的形式为：

```
type... names
```

其中 type 为可变参数列表的类型，中间为 3 个连续的“.”，后面跟 names，即参数列表名称。

在 Java5.0 之前，当调用方法时，方法的参数个数或类型未知时，可以使用 Object 数组来实现这样的功能。因为，所有的类都是直接或间接继承于 Object 类。

下面是一个使用 Object 数组来简单实现参数可变的示例。

```
/**
* A1 类这里不需要成员变量和方法，只是作为一个类来演示功能
*/
class A1{}
public class VarArgs {
    //通过对象数组的方式来简单实现参数可变
    static void printArray(Object[] args){
        for(Object obj:args) {  //遍历 Object 数组
            System.out.print(obj+" ");
        }
        System.out.println();
    }
    public static void main(String[] args){
//构造包含 Integer、Float、Double3 个对象的 1 个 Object 数组作为传入参数
        printArray(new Object[]{new Integer(47),new Float(3.14),
                new Double(11.11) });
        //构造包含 3 个字符串对象的 1 个 Object 数组作为传入参数
        printArray(new Object[]{"one","two","three"});
        //构造包含 3 个 A1 对象的 1 个 Object 数组作为传入参数
        printArray(new Object[]{new A1(),new A1(),new A1()});
    }
}
```

程序运行结果如下。

```
47 3.14 11.11
one two three
A1@a90653 A1@de6ced A1@c17164
```

在上面的例子中，printArray 方法接收的是一个 Object 的数组，代表在调用 printArray 方法时，可以传入不同的数组元素的个数和类型。

下面是一个使用 Java5.0 可变参数的例子。

```
public class VariableTest {
    public static void main(String[] args) {
        //sum 方法接收的 1,2,3,4 为一个 int 类型参数列表
        System.out.println("结果为：" + sum(1, 1, 2, 3, 4));
        //sum 方法接收的 1,2 为一个 int 类型参数列表
        System.out.println("结果 1 为：" + sum(2, 1, 2));
    }
    /**
     * sum 方法计算传入的 int 类型参数的累加和
     * 接收一个 int 类型参数和一个 int 类型的可变参数列表
     */
    private static int sum(int a, int... params) {
        int result = a;
```

```
        for (int param : params) {
            result += param;
        }
        return result;
    }
}
```

程序运行结果如下。

结果为：11

结果 1 为：5

程序中定义了一个 VariableTest 类，里面有一个 sum()方法，sum 方法的接收参数就是一个 int 类型可变参数列表，由于 Java 中可变参数列表作为数组来处理，所以程序中直接遍历数组，就可以得到所有的参数值。在程序中使用了 int... params 参数列表，所以传入的参数从第二开始只能是 int 或者 Integer 类型的，如果是其他类型的参数，程序就会报编译错误。

可变参数列表同样可以出现在重载方法中，这时候，编译器会自动调用最适合的方法来匹配。下面就是一个重载方法中使用可变参数列表的示例。

```
public class OverloadingVarargs {
      static void f(Character...args){
           System.out.print("first ");
           for(Character c:args){
               System.out.print(c+" ");
           }
           System.out.println();
      }
      static void f(Integer...args){
           System.out.print("second ");
           for(Integer i:args){
               System.out.print(i+" ");
           }
           System.out.println();
      }
      static void f(Long...args){
           System.out.print("third ");
           for(Long l:args){
               System.out.print(l+" ");
           }
           System.out.println();
      }
      static void f(Double...args){
           System.out.print("forth ");
           for(Double d:args){
               System.out.print(d+" ");
      }
      System.out.println();
      }
      public static void main(String[] args){
           f('a','b','c');
           f(1);
           f(2,1);
           f(0.1);
           f(0l);
      }
}
```

程序运行结果如下。

```
first a b c
second 1
second 2 1
forth 0.1
third 0
```

程序中，编译器会根据重载方法 f 传入参数的类型，找到最适合的 f 进行调用，即如果传入的是 int 类型的，那么带 Interger 参数（Integer 是 int 的包装类，包装类会在 7.8 节中介绍）的方法 f 被调用；如果传入的是 long 类型的，那么带 Long 参数的方法 f 被调用。

7.2　抽象类与抽象方法

程序开发中，有时候需要定义一个超类，该类定义了一些方法，但没有任何实现，即希望提供一个抽象结构给所有子类共享，由每个子类自己去实现具体细节。超类只负责定义子类所必须实现的方法的形式，同时超类自己不能做任何的实例化动作。

7.2.1　抽象类

抽象类就是只声明方法的存在而不去具体实现它的类，抽象类不能被实例化，即不能创建它的对象。比如说一个教师，把它作为一个抽象类，有自己的属性，比如说年龄、教育程度、教师编号等，而教师也是分很多种类的，这个时候可以继承教师类，而扩展特有的种类属性，同时普遍属性也已经直接继承了下来。

抽象类用 abstract 关键字修饰，语法格式为：

```
abstract class 类名{
    类体
}
```

抽象类跟普通类一样，可以定义自己的属性和方法。访问修饰符作用范围也跟普通类的访问一致，并且子类继承抽象类的方式跟普通类一致，只是如果抽象类中有抽象方法时，子类必须进行实现。

抽象类有如下特点。

（1）不允许被实例化。

（2）通过 abstract 关键字修饰。

（3）含有 0 个或多个用 abstract 修饰的方法（抽象方法，在 7.2.2 节中介绍）。

（4）抽象方法没有方法体，并且必须被子类实现。

下面是一个简单的抽象类实例。

```
package com.shuangtixi.abst;
/**
* Abs 是一个抽象类，使用 abstract 关键字修饰，类中的成员变量和方法定义*方式与一般类一样。
*/
abstract class Abs {
    int a = 1;  //默认访问符修饰的变量 a
    private int b = 2;  //私有成员变量 b
    protected int c = 3;  //受保护成员变量 c
```

```
        public void print() {  //一般形式的print方法，输出文本信息
            System.out.println("抽象类中的print方法");
        }
    }
    /**
    * AbsTest类继承了抽象类Abs，注意抽象类需要被继承下来，然后实例化
    * 继承该抽象类的子类
    */
    public class AbsTest extends Abs {
        public static void main(String[] args) {
            AbsTest abs = new AbsTest();
            Abs absss = new Abs();  // 编译错误，Abs为抽象类
            abs.print();
            System.out.println(abs.a);
            System.out.println(abs.c);
            System.out.println(abs.b);  //编译错误，b为private
        }
    }
```

去除程序中的错误语句后，程序运行结果如下。

抽象类中的 print 方法

```
1
3
```

程序中 Abs 为一个抽象类，里面定义了 3 个不同修饰符修饰的成员变量和一个方法 print。AbsTest 类继承了 Abs，然后创建自己的对象，调用 Abs 中继承下来的属性和方法。从程序中可以看出，当去实例化一个 Abs 时，程序就会报编译错误，同时 AbsTest 的对象去访问 private 修饰的成员变量 *b* 时，也会产生编译错误。抽象类的继承和普通类的继承相似，访问修饰符的作用范围也是一样的，最大区别就是抽象类不能实例化。

7.2.2 抽象方法

抽象方法是在抽象类中创建的、没有方法实现的、必须要子类重写的方法。抽象方法只有方法的声明，没有方法的实现，在普通方法声明前加上 abstract 进行修饰。

抽象方法定义如下。

```
abstract return_type method_name(parameters_list);
```

return_type：方法返回值，必须在方法声明中指定，可以是任何 Java 数据类型。method_name：抽象方法名，用于指定抽象方法的名称。parameters_list：参数列表，抽象方法中参数列表是可选的，多个参数之间用逗号分割。最后直接用“;”结束抽象方法声明语句，不能有方法的实现。

多态的一个重要特点就是能够动态调用在超类中抽象定义的方法。为了说明该特点，设计一个员工薪资的层次结构，在这个例子中，每种角色的员工都有其自己的工资标准，并且员工工资都是在一个基础工资上面进行计算的。例如，员工基础工资为 2000 元，一般员工拿基础工资的 2 倍，经理拿基础工资的 5 倍。

设计一个员工薪资的层次结构，通过打印这些员工的工资来模拟这一特征。设计的类具有以下功能：对于不同角色的员工，当调用 getSalary()方法时，根据角色的不同，能够返回不同的一个工资数额的结果。另外，希望设计的这些类可以扩展，也就是说，在不改动其他类代码的情况下，可以往其中添加新的员工角色。

下面来看看要设计的类，Employee 是一个抽象类，之所以说 Employee 是一个抽象类，是由于 getSalary()是抽象方法，任何包括抽象方法的类自身都必须被声明为抽象的。

下面是 Employee 类的定义。

```
abstract class Employee {
      protected int basic = 2000;
      public Employee() {}
     abstract void getSalary();  //抽象方法
}
```

注意如何声明抽象方法（getSalary()）。虽然抽象类不能被实例化，但是仍在 Employee 类中给出了一个构造函数。如果不给出，Java 将提供一个默认构造函数，当创建 Employee 子类时，将自动调用默认构造函数。

在使用抽象方法和抽象类时，Java 做了如下规定。

（1）任何包含抽象方法的类都必须被声明为抽象类。

（2）抽象类不能被实例化，它必须有子类。

（3）只有当一个抽象类的子类实现了其超类中的所有抽象方法时，它才可能被实例化。仅仅实现了一部分抽象方法的子类也必须被声明为抽象类。

（4）即使不包含抽象方法，一个类也有可能被声明为抽象类。例如：它可能包含对其所有子类都是公有的实例变量。

下面定义了两个子类 Manager 和 Worker 来继承 Employee 类。子类提供了它自己的 getSalary()的实现。basic 变量定义为 protected，它可以被 Employee 的所有子类继承，但是对其他类而言是隐藏的。

下面是 Manager 和 Worker 类的定义。

```
class Manager extends Employee {
 //继承抽象类时，必须实现父类的抽象方法
   void getSalary() {
         System.out.println("薪资等于 "+basic*5);
   }
}
 class Worker extends Employee {
       void getSalary() {
             System.out.println("薪资等于 "+basic*2);
      }
 }
```

给出这些定义之后，就可以看看继承和多态的强大功能和灵活性了。考虑下面的代码段。

```
public class EmployeeTest {
     public static void main(String[] args) {
          Employee employee = new Worker(); //实例化一个 Worker 对象
          System.out.println(employee.getSalary());
          employee = new Manager();        //实例化一个 Manager 对象
          System.out.println(employee.getSalary());
     }
}
```

代码中首先创建了一个 Worker 对象，并调用它的 getSalary()方法，返回 4000。然后创建一个 Manager 对象，并调用它的 getSalary()方法，返回 10000。也就是说，在各种不同情况下运行时，Java 都能够决定合适的 getSalary()的实现。

这里使用多态有什么好处呢？最大的好处是它给 Employee 层次结构提供了可扩展性，可以定义或使用新的 Employee 子类，而不用重新定义或重新编译层次结构中的其他类。比如，现在

需要在员工薪资层次上面新增一个执行经理的角色，那么可以抽象一个 ExcutedManager 类出来扩展现有的类层次，而不影响之前的层次结构。ExcutedManager 类定义如下。

```
class ExcutedManager extends Employee {
    void getSalary() {
            System.out.println("薪资等于 "+basic*8);
    }
}
```

ExcutedManager 类定义好了之后，就可以在程序中使用，例如：

```
Employee employee = new ExcutedManager();
System.out.println(employee.getSalary());
```

从上面的代码可以看出，在员工薪资层次里面新增的 ExcutedManager 角色使用方式和前面的 Worker 类以及 Manager 类一样，这样就体现了多态在实际使用过程中的好处：提高了程序的可扩展性，以及代码的可维护性。

如果子类不需要去实现父类的抽象方法，或者只实现其中的一部分，而是希望提供扩展的功能的时候，那么子类必须声明为抽象类。定义一个特殊员工的抽象类 SpecialEmployee，该类继承员工（Employee）类，拥有一个获得额外奖金的抽象方法 getExtraSalary。SpecialEmployee 类定义如下。

```
abstract class SpecialEmployee extends Employee {
    abstract void getExraSalary();
}
```

这里，SpecialEmployee 类就作为一个抽象类继承了 Employee 类，但是没有实现 Employee 类中的 getSalary 方法，只是作为一个扩展的类层次结构供子类去实现。这样继承 Employee 类的子类必须实现两个方法，代码如下。

```
class CManager extends SpecialEmployee {
    void getSalary() {  //实现 Employee 中的抽象方法 getSalary
        System.out.println("薪资等于 "+basic*10);
    }
        void getExraSalary() {  //实现 SpecialEmployee 中的抽象方法 getExraSalary
            System.out.println("额外奖金为 "+basic*0.3);
    }
}
```

7.3 包

包是 Java 提供的一种区别类的名字空间的机制，是类的组织方式，是一组相关类和接口的集合，它提供了访问权限和命名的管理机制。Java 中的所有资源是以文件方式组织的，其中主要包含大量的类文件需要组织管理。包很像计算机中的目录或者文件夹，以目录树的结构进行管理，而常见操作系统平台对目录的分隔表达方式不同，为了区别于各种平台，java 中采用了“.”来分隔目录。

7.3.1 包的作用

在 Java 中，包主要有以下用途。

（1）包允许将类组合成较小的单元。将功能相近的类放在同一个包中，可以方便查找与使用。

（2）有助于避免命名冲突。由于在不同包中可以存在同名类，所以使用包在一定程度上可以避免命名冲突。

（3）包允许在更广的范围内保护类、数据和方法。

包可以是类、接口和子包的集合。除系统本身提供的包之外，编程人员也可以自行定义一些包，以把相关的类集中存放。比如说，可以创建一些诸如 GIF、BMP、JPG 类等，把它们统一放在同一个 image 包内。

7.3.2 包的创建

创建包可以通过在类或接口的源文件中使用 package 语句来实现，package 语句必须位于每个 Java 文件的第一行。Package 语句定义了一个存储类的名字空间，如果省略 package 语句，类名被输入一个默认的没有名称的包。虽然默认包对于短的程序很方便，但是在实际应用程序中使用较少。

加入 package 语句的语法格式如下。

package 包名;

包名：必选，用于指定包的名称，包的名称为合法的 Java 标识符。当包中还有包时，可以使用“包 1.包 2…包 *n*”进行指定，其中，包 1 为最外层的包，而包 *n* 则为最内层的包。

以双体实训学习为例，需要在 Exercise 类中的第一行加入下面的 package 语句。

package com.shuangtixi.pack.demo;

这里假设当前工程位于“C:\workspace”目录，则相应的 Exerciese 类需要放在“C:\workspace\com\shuangtixi\pack\demo”目录下面。

多个 Java 文件可以包含相同的 package 声明。package 声明仅仅指定了 Java 文件属于哪一个包中。在实际应用中，经常把具有共同特性的类放到同一包内，这样同一包中的类就可以相互访问别的类的暴露的成员变量以及成员方法。

例如，有两个源文件，Test.java 和 MyTest.java，代码如下。

```
package com.shuangtixi.pack.demo;
public class Test {
        //省略代码
}
package com.shuangtixi.pack.demo;
public class MyTest {
        //省略代码
}
```

编译上面的 Test.java 和 MyTest.java，在本地磁盘上面所生成的结果如图 7.2 所示。

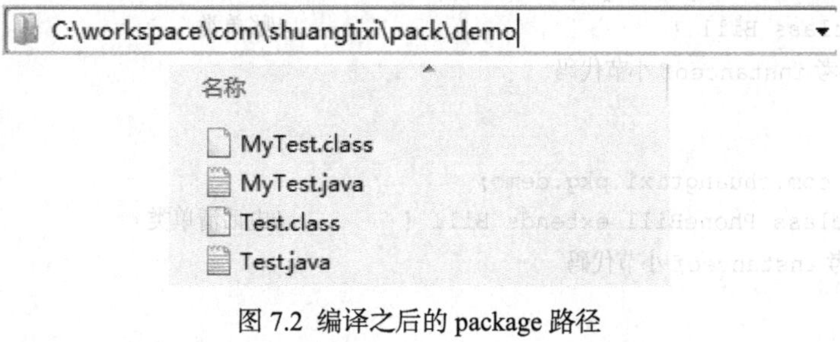

图 7.2 编译之后的 package 路径

图 7.2 中，MyTest.class 和 Test.class 是编译之后的目标文件，这两个文件就是放在两个源文件中“package com.shuangtixi.pack.demo;”这一语句所指定的位置，这里同样以“C:\workspace”为工程路径，所以生成的最终目标文件放在图 7.2 中所示的“C:\workspace\com\shuangtixi\pack\demo”本地路径下面。

7.3.3 包的引用

类可以访问其所在包中的所有类，还可以使用其他包中的所有 public 类。同包中的类的访问直接使用类名即可，访问其他包中的 public 类，可以有以下两种方法。

（1）使用长名引用包中的类。

使用长名引用包中的类比较简单，只需要在每个类名前面加上完整的包名即可。例如，需要使用 java.util 包中的 Date 类时，代码如下。

```
java.util.Date date = new java.util.Date();
```

（2）使用 import 语句引入包中的类。

由于采用使用长名引用包中的类的方法比较繁琐，所以 Java 提供了 import 语句来引入包中的类。import 语句的基本语法格式如下。

import 包名 1[.包名 2……].类名|*;

这样在程序的其他地方，只需要写类名即可，import 语句出现在一个 Java 源文件的头部，位于 package 语句之后。

例如：

```
package com.shuangtixi.pkg.demo;
import java.util.Date;  //导入 java.util 包下的 Date 类
…
Date date = new Date();
```

如果需要从同一个包导入多个类，可以用* 来表示包下的所有类，如：

```
import java.util.*;
```

表示要导入 java.util 包下的所有类。

7.3.4 向包中添加类

在前面的介绍中，包的主要作用是组织类源文件的结构，并提供访问控制权限（包的作用域在 7.3.5 小节中介绍）。这里将 7.1.3 小节中的账单类、电话清单类、天然气清单类，放在同一个包 com.shuangtixi.pkg.demo 中，然后主类 Runner 放在另外一个包 com.shuangtixi.pkg.demone 中，这样工程就有 4 个 Java 源代码文件，分别在两个包中进行代码调用，Bill、PhoneBill、GasBill 3 个类的定义请参考 instanceof 运算符小节。

下面为 4 个类的定义。

```
package com.shuangtixi.pkg.demo;
public class Bill {                                 //账单类
    //参考 instanceof 小节代码
}

package com.shuangtixi.pkg.demo;
public class PhoneBill extends Bill {               //电话清单类
    //参考 instanceof 小节代码
}

package com.shuangtixi.pkg.demo;
public class GasBill extends Bill {                 //天然气清单类
    //参考 instanceof 小节代码
}
```

```
package com.shuangtixi.pkg.demone;
import com.shuangtixi.pkg.demo.Bill;
import com.shuangtixi.pkg.demo.PhoneBill;
import com.shuangtixi.pkg.demo.GasBill;
/**
* Runner 类用来测试使用 import 语句来导入包的功能
*/
public class Runner {
    public static void main(String[] args) {
        Bill bill = new Bill();                    //实例化一个 Bill 对象
        Bill phoneBill = new PhoneBill();          //实例化一个 PhoneBill 对象
        Bill gasBill = new GasBill();              //实例化一个 GasBill 对象
        System.out.println(bill.getName());        //调用 Bill 对象的 getName 方法
        //调用 PhoneBill 对象的 getName 方法
        System.out.println(phoneBill.getName());
        System.out.println(gasBill.getName());     //调用 Bill 对象的 getName 方法
    }
}
```

程序运行结果如下。

```
Bill
PhoneBill
GasBill
```

程序中需要注意，当需要使用某一个类的时候，如果这个类不在同一个包下面，那么程序中就需要使用 import 引入包，或者直接在类的前面把包名全部带上。如 Runner 中要使用 Bill 类，就在源文件中 package 语句后面加上“import com.shuangtixi.pkg.demo.Bill;”这条语句。程序中可以看出 Bill、PhoneBill、GasBill 都是放在“com.shuangtixi.pkg.demo”这个包下面的，所以程序中的 3 个 import 语句：

```
import com.shuangtixi.pkg.demo.Bill;
import com.shuangtixi.pkg.demo.PhoneBill;
import com.shuangtixi.pkg.demo.GasBill;
```

也可以使用下面的语句替换：

```
import com.shuangtixi.pkg.demo.*;
```

同理，如果不使用 import 语句来提前导入相应包下面的类，也可以使用长名来使用相应的类，上面的 Runner 类使用长名引用 Bill、PhoneBill、GasBill 的代码如下。

```
package com.shuangtixi.pkg.demone;
/**
* Runner 类使用长名的方式来使用类的示例
*/
public class Runner {
    public static void main(String[] args) {
        //Bill 类位于 com.shuangtixi.pkg.demo 包下
        com.shuangtixi.pkg.demo.Bill bill = new com.shuangtixi.pkg.demo.Bill ();
com.shuangtixi.pkg.demo.Bill phoneBill = new com.shuangtixi.pkg.demo.PhoneBill ();
com.shuangtixi.pkg.demo.Bill gasBill = new com.shuangtixi.pkg.demo.GasBill ();
        System.out.println(bill.getName());
        System.out.println(phoneBill.getName());
        System.out.println(gasBill.getName());
    }
```

运行上面的程序，得到的结果是一样的。但是从上面的代码可以看出，使用 import 语句会简化程序的复杂性，方便程序的维护。如果现在 Bill 类不放在包“com.shuangtixi.pkg.demo”下面了，而在“com.shuangtixi.demo”包下面，那么采用 import 语句只需要在 Runner 类中修改为“import com.shuangtixi.demo.Bill;”即可，使用长名的话，任何引用 Bill 类的代码都需要进行修改，显然不利于程序的维护。

7.3.5 包的作用域

前面已经学习了 Java 的访问控制修饰符的使用，了解了 Java 中 public、protected、private、默认修饰符所修饰的成员的作用范围，这里分析一下包的作用域范围，包的作用域对应于默认修饰符的作用范围。表 7.1 总结了包对于类成员修饰符的作用域。

表 7.1 包的作用域

	private	默认修饰符	protected	public
同一包中类可见	×	√	√	√
不同包中对子类可见	×	×	√	√
不同包中对非子类可见	×	×	×	√

对于类的作用域 public 和默认修饰符，public 可以被任何其他代码访问，默认修饰符只能被同包中的代码访问。

下面是一个包的作用域范围的示例。

```
package com.shuangtixi.pkg.demo;
public class PackageTest {
    public int a = 1;
    private int b = 2;
    protected int c = 3;
    int d = 4;
    public int getB() {
        return b;
    }
  }
package com.shuangtixi.pkg.demo;
public class PackageTestDemo {
    public static void main(String[] args) {
        PackageTest n = new PackageTest();
        System.out.println(n.a);                    //访问公有成员
        System.out.println(n.b);                    //编译错误，运行时删除
        System.out.println(n.c);                    //访问受保护成员
        System.out.println(n.d);                    //访问包可见成员
        System.out.println(n.getB());               //访问公有方法
    }
}

package com.shuangtixi.pkg.demone;
import com.shuangtixi.pkg.demo.PackageTest;
/**
* PackageTestExtend 类继承于 PackageTest
*/
```

```
public class PackageTestExtend extends PackageTest {
     public static void main(String[] args) {
          PackageTest n = new PackageTest ();
          System.out.println(n.a);
          System.out.println(n.b);  //编译错误，运行时删除
          System.out.println(n.c);
          System.out.println(n.d);  //编译错误，运行时删除
          System.out.println(n.getB());
    }
}

package com.shuangtixi.pkg.demone;
import com.shuangtixi.pkg.demo.PackageTest;
public class PackageTestInvalid {
    public static void main(String[] args) {
          PackageTest n = new PackageTest();
          System.out.println(n.a);
          System.out.println(n.b);  //编译错误，运行时删除
          System.out.println(n.c);  //编译错误，运行时删除
          System.out.println(n.d);  //编译错误，运行时删除
          System.out.println(n.getB());
    }
}
```

从上面的示例中可以看出，不带访问修饰符修饰的成员变量和成员方法，都是默认包可见的，即同一个包下面的类可以访问。PackageTestDemo 类和 PackageTest 类是在同一个包下面的，所以在 PackageTestDemo 类中使用 PackageTest 对象，可以访问除 private 修饰外的所有其他的成员变量和方法；PackageTestExtend 是 PackageTest 类的子类，但是不在同一个包下面，所以在 PackageTestExtend 中使用 PackageTest 对象不能访问默认修饰符修饰的成员变量 *b*；PackageTestInvalid 类和 PackageTest 类不在同一个包下面，并且两个类没有继承关系，所以在 PackageTestInvalid 中使用 PackageTest 对象不能访问受保护成员变量 *c*。

7.3.6 静态引用

从 JDK5.0 开始，Java 增加了静态导入的概念，即 import 不仅可以导入类，还可以导入静态方法（在 7.5 小节中介绍）和静态域。通过静态导入，可以省略写类名的前缀，这样就可以将代码写得更自然。例如，在源文件顶部添加：

import static java.lang.System.out;

就可以使用 System 类的静态方法和静态域，而不必加类前缀，如：

```
out.println（"hello world"）; //相当于 System.out.println（"hello world"）;
exit（0）; //相当于 System.exit（0）;
```

静态方法导入和导入静态域有两个实际的应用：

（1）算术函数，对 Math 类使用静态导入，就能更自然地使用算术函数。

double lineValue = PI*2;

（2）常量太长，如果需要使用大量带有冗长名字的常量，就应该使用静态导入。

```
Date d = new Date（）;
if（d.get（DAY_OF_WEEK） == MONDAY）比 if（d.get（Calendar.DAY_OF_WEEK）
== Calendar.MONDAY）
```

下面是一个静态导入的示例。

```
package com.shuangtixi.stc.demo;
import static java.lang.Math.pow;                  //静态导入 pow 方法
import static java.lang.Math.sqrt;                 //静态导入 sqrt 方法
import static java.lang.Math.PI;                   //静态导入 PI 常量
import static java.lang.System.out;                //静态导入 out 对象
import static java.util.Calendar.MONDAY;           //静态导入 MONDAY 常量
import java.util.Date;
public class StaticImportDemo {
    public static void main(String[] args) {
        //静态导入方式，相当于 System.out.println("hello");
        out.println("hello");
        int x = 5,y=10;
        double d = sqrt(pow(x,2) + pow(y,2))*PI;
        out.println(d);
        Date date = new Date();
        //使用==判断两个 int 类型的值是否相等
        if(date.getDay() == MONDAY){
            out.println("Today is Monday");
        } else {
            out.println("Today is "+ date.getDay());
        }
    }
}
```

程序运行结果如下。

```
hello
35.12 407365520363
Today is 3
```

这里将系统中 Math 类和 Calendar 类中的静态变量和静态方法，通过静态导入的方式在源文件开始处声明，这样在后面的代码中，只需要给出静态变量名或者方法，就可以正确执行。

在 Java 中使用静态导入时需要注意以下两点。

（1）针对一个给定的包，不可能用一行语句静态地导入所有类的所有类方法和类变量。也就是说，下面的代码不能通过编译。

```
import static java.lang.*;
```

（2）如果一个本地方法和一个静态导入的方法有着相同的名字，那么本地方法被调用。

下面来看一个自定义的类 StaticDef。

```
package com.shuangtixi.stc.demo;
public class StaticDef {
    public static void print() {  //静态方法才能够被其他类进行静态导入
        System.out.println("print() in StaticDef.");
    }
    public static void show() {
        System.out.println("show() in StaticDef.");
    }
}
```

StaticDef 类中定义了两个静态方法 print 和 show，这样在其他类中如果要使用这两个方法，就可以通过静态导入的方式来调用。StaticDefTest 类定义如下。

```
package com.shuangtixi.stc.demo;
```

```
import static com.shuangtixi.stc.demo.StaticDef.print;
import static com.shuangtixi.stc.demo.StaticDef.show;
public class StaticDefTest {
     public static void main(String[] args) {
           //静态方法导入，相当于 StaticDef.print()
           print();
           show();
     }
     public static void print() {
           System.out.println("print() int StaticDefTest");
     }
}
```

程序运行结果如下。

```
print() int StaticDefTest
show() in StaticDef.
```

从执行结果看，在 StaticDefTest 类中调用的 print 方法是该类本身的一个静态方法，而不是通过静态导入的 StaticDef 类中的 print 方法，所以如果一个本地方法和一个静态导入的方法有着相同的名字，那么本地方法被调用。

通过前面的示例可以看出，虽然静态导入可以方便程序的代码编写，但是在实际编程过程中，应该避免在程序中过度地使用静态导入。因为静态导入使得类方法和类变量的定义位置变得模糊，加大了理解代码的难度，不利于代码管理。使用静态导入的原则是：限制静态导入的使用，不要在应用程序中普遍使用静态导入。

7.4 接　口

7.4.1 接口的概念

Java 中的接口是一系列方法的声明，是一些方法特征的集合。一个接口只有方法的特征，没有方法的实现，因此这些方法可以在不同的地方被不同的类实现，而这些实现可以具有不同的行为（功能）。接口也是 Java 中的一种多态形式，基于 Java 的动态绑定机制。接口关注的是必须做什么，而不是规定如何去实现。

Java 是一种单继承的语言，一般情况下，一个具体的类已经有了一个超类，要继承另外一个类的功，能就只能让它的父类继承该类，直到类等级结构的最顶端。这样一来，对一个具体类的设计就变得复杂，且需要经常修改类的继承结构。接口提供了在需要多重继承的情况下的一种替代方案，把方法或一系列方法的定义从类层次中分开，使与类层次无关的类来实现相同的接口，以解决运行时方法的动态调用。

接口的特性如下。

（1）同普通类一样是一种类型。

（2）使用 interface 代替 class 定义。

（3）所有属性都是用 public、static、final 修饰。

（4）所有方法都是用 public 修饰。

（5）方法没有方法体。

（6）不允许有静态方法。

7.4.2 接口的声明

接口的定义类似类的定义，下面是接口的一般声明形式。

```
access interface name [extends interface1[,interface2…interfaceN]] {
    type var_name1 = value;
    …
    type var_nameN = value;
    return_type method1(parameter_list);
    …
    return_type methodN(parameter_list);
}
```

其中，access 只能是 public 或者默认修饰符。当接口声明为 public 时，可以被其他类实现；当接口声明为默认修饰符时，只能被同包中的类实现。interface 关键字表明当前定义的为一个接口。name 是接口名，它可以是任何合法的标识符。return_type 为接口中方法的返回类型，method1~methodN 为接口中方法的名称，parameter_list 为方法的参数列表，方法名和参数列表，和前面学习 Java 类中方法的定义一样，这里注意接口中的方法都是没有方法体的，方法以参数列表后面的分号作为结束，实现接口的类必须实现所有定义的方法。

接口中可以声明变量。type 为变量的类型，*var_name1~var_nameN* 为变量的名称，vaule 为变量的值。接口中的变量都是 final 和 static 修饰的，即它们的值不能通过实现类来修改，同时必须以常量值进行初始化。如果接口定义为 public，那么接口中所有的方法和变量都是 public 的。

下面是一个接口定义的例子。将前面的 Bill 类声明为一个接口，接口中有两个成员方法，一个是 getName()，一个是 getAmount()；有一个成员变量 *rate*，表示所有清单的基数。下面是接口 Bill 的定义，代码如下。

```
package com.shuangtixi.interfa.demo;
    public interface Bill {           //定义了一个接口 Bill
        int rate = 10;                //接口中的变量
        public void getName();        //接口中的方法定义
        public int getAmount(int amount);
}
```

接口还可以继承一个或者多个接口，使用 extends 关键字来实现，用来定义一些类共有的行为，实现接口的这个类必须全部实现所有接口中的方法。看下面的示例代码。

```
package com.shuangtixi.interfa.demo;
/**
* BillPay 接口继承了 Bill 接口
*/
    public interface BillPay extends Bill{
        //可以添加方法的声明
}
```

这里的 BillPay 接口继承了 Bill 接口，但是其中没有声明任何其他的方法，只是简单地将 Bill 中的所有方法继承了下来，任何实现 BillPay 的类都将实现这两个方法。

7.4.3 接口的实现

接口被定义之后，一个或者多个类可以实现该接口。实现接口通过 implements 关键字，然后实现接口中定义的方法。当没有全部实现接口中的方法的时候，需要将该类声明为抽象类。一个典型的接口实现的形式如下。

```
access class class_name implements interface_name[,interface_name…] {
   //类主体部分
}
```

其中，access 只能是 public 或者默认修饰符。如果一个类实现多个接口，多个接口用逗号分割，类主体部分就是类要实现的接口中的方法。将 PhoneBill、GasBill 类通过实现 BillPay 接口来实现前面的功能。下面是一个简单的接口实现的示例。

```
package com.shuangtixi.interfa.demo;
/**
* PhoneBill 类实现了 BillPay 接口，通过 implements 关键字声明
*/
public class PhoneBill implements BillPay {
     //实现 BillPay 接口中的 getName 方法
     public void getName() {
          System.out.println("PhoneBill");
     }
     //实现 BillPay 接口中的 getAmount 方法，返回 20
     public int getAmount() {
          return 20;
     }
}


package com.shuangtixi.interfa.demo;
/**
* GasBill 类实现了 BillPay 接口，通过 implements 关键字声明
*/
public class GasBill implements BillPay {
       //实现 BillPay 接口中的 getName 方法
       public void getName() {
            System.out.println("GasBill");
       }
       //实现 BillPay 接口中的 getAmount 方法，返回 30
       public int getAmount() {
            return 30;
       }
}
package com.shuangtixi.interfa.demo;
public class Runner {
     public static void main(String[] args) {
        //编译错误，接口是抽象的，不能被实例化，运行时删除
        BillPay bill = new BillPay();
        BillPay phoneBill = new PhoneBill();          //实例化一个 PhoneBill 对象
        BillPay gasBill = new GasBill();              //实例化一个 GasBill 对象
        System.out.println(phoneBill.getName());
        System.out.println(gasBill.getName());
        System.out.println(phoneBill.rate);           //访问 BillPay 中的 rate 变量
        System.out.println(gasBill.rate);             //访问 BillPay 中的 rate 变量
        phoneBill.rate = 80;                          // 编译错误，运行时删除
       }
}
```

将错误语句删除后，程序运行结果如下。

```
PhoneBill
GasBill
10
10
```

从这里可以看出，接口是不能实例化的，因为接口本身是抽象的；接口中定义的常量在实现类中只能访问不能修改，因为接口中的属性都是 final static 的。

接口中的属性可以作为多个类的共享常量来使用，在接口中声明这些类都需要的变量的值，并且进行初始化。这样，当类去实现这个接口的时候，所有接口中的属性都可以作为常量来使用，下面是一个接口中属性应用的示例。

```
package com.shuangtixi.interfa.demo;
import java.util.Random;
/**
* ConstantsTest 接口用来定义程序使用的全部常量
*/
interface ConstantsTest {
      int LOWER = 0;
      int LOW = 1;
      int EQUAL = 2;
      int HIGH = 3;
      int HIGHER = 4;
      int GREATER = 5;
}
/**
* Number 类实现了 ConstantsTest 接口，用来根据随机产生的一个 0~10 之*间的整数返回对应的
ConstantsTest 接口中的常量
*/
class Number implements ConstantsTest {
    Random rand = new Random();
    //局部变量 number 初始值为 GREATER，即对应整数 5
    int number = GREATER;
    public int getNumber() {
         //每次通过 nextDouble()随机方法获得一个 0~1 之间的浮点数，然//后乘以 10，再强制转化为 int
类型，即结果为 0~10 之间的整数
         int num = (int)(10 * rand.nextDouble());
         if (num < 3) {
              number = LOWER;
         } else if (num < 6) {
              number = LOW;
         } else if (num < 7) {
              number = EQUAL;
         } else if (num < 8) {
              number = HIGH;
         } else if (num < 9) {
              number = HIGHER;
         }
         return number;
         }
}
public class VariableIntefaceTest implements ConstantsTest {
     public void getLevel(int score) {
```

```
        switch(score) { //使用 switch 语句来判断 score 变量的值
        case LOWER:  // LOWER 是 ConstantsTest 接口中的常量
             System.out.println("lower score");
             break;
        case LOW:
              System.out.println("low score");
              break;
        case EQUAL:
              System.out.println("score online");
              break;
        case HIGH:
              System.out.println("high score");
              break;
         case HIGHER:
              System.out.println("higher score");
              break;
          case GREATER:
              System.out.println("amazing score");
              break;
           default:  //注意加上 default 子句当 case 条件都不满足时进入执行
              System.out.println("score undefined");
            }
    }
    public static void main(String[] args) {
          //实例化一个 Number 对象用来产生随机数 1~10
          Number number = new Number();
          VariableIntefaceTest test = new VariableIntefaceTest();
          test.getLevel(number.getNumber());
          test.getLevel(number.getNumber());
          test.getLevel(number.getNumber());
          test.getLevel(number.getNumber());
          test.getLevel(number.getNumber());
    }
}
```

程序运行结果如下：

```
amazing score
low score
low score
score online
score online
```

程序中通过 ConstantsTest 接口将 Number 类和 VariableIntefaceTest 类中所共用的常量抽取出来，作为两个类的通用接口，同时两个类都实现 ConstantsTest 接口，这样它们都可以使用接口中的常量，作为程序判断条件。上例中的程序运行结果是随机的，在程序中使用了 Java 提供的 Random 类来产生随机数。

7.5 静 态 变 量

在 Java 中，类中的变量和方法可以声明为静态的，用 static 关键字来修饰。静态表示在类加载的时候变量和方法就初始化，在不创建对象的情况下，当其他程序来调用的时候，就可以用类名直接调用。通常情况下，类成员必须在类实例化之后，通过对象来访问，而通过 static 修饰之后，就能够在类的任何对象创建之前被访问，而不必引用任何对象。

静态变量和方法在内存中只有一份实例存在，即类的所有的实例访问的都是同一块内存空间，当声明一个对象时，并不产生静态修饰的变量和方法的拷贝，而是该类所有的变量共用同一静态变量和方法。即当通过类的一个对象修改静态变量时，类的其他对象所访问到的是修改之后的静态变量的值。

7.5.1 类（static）变量

类中用 static 修饰的成员变量就是类变量。类变量与其类自身有关，而与类的实例无关。类的所有实例都共享一个拷贝，类变量常常用来为某一个类的实例赋予初值，或者用来对类的实例的计数。

使用类变量的简单形式：

```
class_name.var_name
```

其中 class_name 表示类的名称，var_name 表示类变量的名称。类变量也可以通过对象引用来获得，将 class_name 替换为对象引用即可。

下面是一个类的实例计数示例。

```
package com.shuangtixi.stc.demo;
public class Counter {
    public static int a = 0;  //声明一个静态变量 a，赋初始值为 0
    int b = 0;
    Counter() { //每次实例化一个 Counter 对象时，对 a，b 值加 1
      ++a;
    ++b;
  }
  public static void main(String[] args) {
      Counter counter = new Counter();
      System.out.println(Counter.a);              //通过类名访问
      System.out.println(Counter.b);              //编译错误，b 不能用类名直接访问
      System.out.println(counter.b);
      Counter counter1 = new Counter();
      System.out.println(counter1.a);             //通过对象引用访问
      System.out.println(counter1.b);
  }
}
```

去除错误语句后，程序运行结果如下。

```
1
1
2
1
```

程序中定义了一个 Counter 类，类中定义了一个类变量 *a* 和一个成员变量 *b*，初始值都为 0，*b* 是不能够直接通过"类名.变量名"的方式访问的。在 Counter 类的构造方法中，对 *a* 和 *b* 都做了前自增的操作，即表示每实例化一个 Counter 对象，都会对 *a* 和 *b* 自增一次。同时对于类变量，既可以通过类名访问，也可以通过对象引用访问。成员变量在类每实例化一次的时候，都会重新从初始值开始计算，所以程序中的 *b* 每次都是打印结果为 1；类变量和对象无关，所以 *a* 都是在实例化一个类之后，能够实现不断递增计数的功能。

在实际编程过程中，为避免类变量使用混淆，通常建议使用"类名.变量名"的方式直接访问

类变量，而不用“对象引用.变量名”的形式。

类变量只和具体的类相关，在类的继承过程中，也具有这一特点。下面是一个类继承过程中的类变量使用示例。

```
package com.shuangtixi.stc.demo;
class CounterTest {
      public static int a = 0;
      public CounterTest() {
           ++a;
      }
}
/*
* Counter 类继承 CounterTest，用于测试在继承过程中，分别使用父类名称、
*子类名称和类引用来访问静态变量的结果
*/
public class Counter extends CounterTest {
     public static void main(String[] args) {
          CounterTest ct = new Counter();
          System.out.println(Counter.a);  //使用类名访问静态变量 a
          CounterTest ct1 = new Counter();
          System.out.println(CounterTest.a);
          CounterTest ct2 = new Counter();
          System.out.println(ct2.a);  //使用类引用变量来访问静态变量 a
     }
}
```

程序运行结果如下。

```
1
2
3
```

从上面的示例可以看出，子类可以访问父类中的类变量，并且父类和子类访问的是同一个类变量。

修改 Counter 类，添加一个类变量和父类 CounterTest 中类变量同名，代码如下。

```
/*
* Counter 类继承 CounterTest，用于测试在继承过程中，父类和子类都定义了相同的静态变量时，使用类名称和父子类引用来访问静态变量的结果
*/
public class Counter extends CounterTest {
     public static int a = 0;
     public static void main(String[] args) {
          Counter ct = new Counter();
          System.out.println(Counter.a);
          CounterTest ct1 = new Counter();
          System.out.println(ct1.a); // CounterTest 类引用
          System.out.println(ct.a);  //Counter 类引用
     }
}
```

程序运行结果如下。

```
0
2
0
```

在这里，在 Counter 中增加了类变量 *a*，所以使用“Counter.a”访问的是 Counter 的类变量 *a*，

值为 0；使用“ct1.a”访问 *a* 的时候，尽管对象引用指向的是一个 Counter 对象，但是这里对象引用的类型是父类 CounterTest，所以此时访问的是 CounterTest 中的类变量 *a*，程序中创建了两个 Counter 对象，所以此时 CounterTest 中的类变量 *a* 值为 2；使用“ct.a”访问 *a* 的时候，由于 ct 是 Counter 引用类型的，所以访问的是 Counter 的类变量 *a*，值为 0。

7.5.2 类（static）方法

类中用 static 修饰的方法就是类方法，也称为静态方法。类方法与其类自身有关，而与类的实例无关。类方法最常见的例子就是 main()方法，因为在程序开始执行时，必须调用 main（ ），所以它不依赖于类的具体实例化。

使用类方法的简单形式：

```
class_name.method(parameter);
```

其中 class_name 表示类的名称，method 表示类方法的名称，parameter 表示传给类方法的实参。类方法也可以通过对象引用来获得，将 class_name 替换为对象引用即可。

在使用类方法时需要注意以下几点。

（1）类方法与类本身相关的行为，与类的具体实例无关。

（2）方法内部不能直接访问实例变量或实例方法。

（3）可通过类名调用类的静态方法。

（4）不能引用 this 或者 super。

下面是一个类方法的使用例子。

```
package com.shuangtixi.stc.demo;
public class StaticDemo {
     static int a = 3;             //静态变量 a，初始值为 3
     int c = 5;                    //成员变量 c，初始值为 5
     StaticDemo() {
          a = 15;  //构造方法中可以访问静态变量 a，对 a 赋值为 15
          System.out.println("a in StaticDemo() = " + a);
     }
     static void print(int b) {
          System.out.println("b = " + b);
          System.out.println("a = " + a);
          a = b;
          c = b;  //编译错误，静态方法里面不能访问成员变量，运行时删除
     }
     public static void main(String[] args) {
          StaticDemo.print(10);
          System.out.println("a = " + StaticDemo.a);
          //实例化一个 StaticDemo 对象，会调用 StaticDemo 构造方法
          StaticDemo sdo = new StaticDemo();
          sdo.print(20);
          System.out.println("a = " + sdo.a);
      }
}
```

将错误语句删除后，程序运行结果如下。

```
b = 10
a = 3
a = 10
a in StaticDemo() = 15
```

```
b = 20
a = 15
a =20
```

StaticDemo 类被加载时，*a* 被初始化为 3，然后调用 main()，main()调用 print()方法，把值 10 传递给 *b*，在 print()中改变了 *a* 的值。在程序中，如果在类方法 print()中使用“c=b;”时，会产生编译错误，在类方法中不能访问实例变量或者实例方法。实例化 StaticDemo 之后，即调用构造方法将 *a* 的值赋为 15，然后通过对象引用调用类方法 print()，所以这里打印的是 a = 15。

7.6　关键字 final

final 是 Java 中的关键字，具有“无法改变”或者“终态的”含义，它可以修饰非抽象类、非抽象类成员变量和方法。

7.6.1　final 类

用 final 修饰的类不能被继承，因此 final 类的成员方法没有机会被覆盖，默认都是 final 的。在设计类的时候，如果这个类不需要有子类，类的实现细节不允许改变，并且这个类不会被扩展，那么就可以设计为 final 类。例如 Java API 中的 String、Math 类等。

final 类的语法格式为：

```
access final class 类名{
    类体
}
```

其中，access 只能是 public 或者默认修饰符。

下面是一个简单的 final 类测试例子。

```
package com.shuangtixi.fin.demo;
/**
* Final_Class 类用来演示 final 关键字用法，在类的定义前面使用 final 修饰，
*即定义该类为 final 的，不能进行实例化操作
*/
final class Final_Class {
      int i = 7;
      void print() {
            System.out.println("FinalClass cannot be extends");
      }
}
public class FinalClass extends Final_Class {
      //编译错误，用 final 修饰的类不能够被继承
}
```

这里定义了一个 final 类 FinalClass，类中有一个属性和成员方法，TestFinal 类使用 extends 试图继承 FinalClass 类时便会产生编译错误。

在 final 类中，如果要使其他类访问类中的成员变量或者方法，则需要将成员变量和方法用 static 来修饰，修改前面的 Final_Class 类和 FinalClass 类，代码如下。

```
package com.shuangtixi.fin.demo;
final class Final_Class {
      static int i = 7;
```

```
        static void print() {
            System.out.println("访问 Final_Class 中 print 方法");
        }
    }
    public class FinalClass {
        public static void main(String[] args) {
            System.out.println(Final_Class.i);
            //使用"类名.方法名"的方式来访问 final 类中的成员方法
            Final_Class.print();
            //使用"类名.方法名"的方式来对 final 类中的成员变量赋值
            Final_Class.i = 5;
            System.out.println(Final_Class.i);
        }
    }
```

程序运行结果如下。

7

访问 Final_Class 中 print 方法

5

7.6.2 final 方法

一个类中如果不允许其子类覆盖某个方法，则可以把这个方法声明为 final 方法，在方法声明前加 final 关键字即可。比如 Java API 中的 Object 类中，getClass()方法便是用 final 修饰，所以自定义类中无法覆盖 getClass()方法。如果一个类为 final 类，那么它的所有方法都为隐式的 final 方法（如前一节，一个类用 final 修饰之后，不能有子类，所以方法不可能被覆盖）；类中 private 方法也都隐式地指定为 final。

final 方法的语法格式为：

```
    access final return_type method_name(parameters_list){
        …
    }
```

其中，access 可以是 Java 中 4 种访问修饰符中的一种。

使用 final 方法的原因如下。

（1）锁定方法，防止任何继承类修改它的签名和实现。

（2）高效。编译器在遇到调用 final 方法时会转入内嵌机制，大大提高执行效率。

下面是一个简单的 final 方法测试例子。

```
package com.shuangtixi.fin.demo;
class FinalClassMethod {
    int i = 7;
    /**
    *print 方法使用 final 关键字修饰，即不能够被子类进行覆盖
    */
    final void print() {
        System.out.println("print cannot be override");
    }
    /**
    *print1 方法是一般的成员方法，可以被子类进行覆盖
    */
    void print1() {
```

```
            System.out.println("print1 can be override");
        }
}
/**
* FinalMethod类继承FinalClassMethod类，测试是否可以覆盖父类中的print
*和print1方法
*/
public class FinalMethod extends FinalClassMethod {
    void print() {
        // 编译错误，final方法不能被覆盖，运行时删除print方法
    }
    void print1() {
        System.out.println("print1 has be override");
    }
    public static void main(String[] args) {
        FinalMethod fm = new FinalMethod();
        fm.print1();
    }
}
```

将错误语句删除后，程序运行结果如下。

print1 has be override

程序中 FinalClassMethod 类中的 print 方法是用 final 修饰的，即不能被它的子类覆盖，所以在 FinalMethod 类中如果覆盖 print 方法的话，就会产生编译错误。前面讲过方法覆盖的条件，如果这里要让程序正常运行，并且在 FinalMethod 类中保留 print 方法的话，可以改变 print 方法的定义，如以下代码。

```
void print(int i) {
        System.out.println("改变print方法，使它不覆盖父类中的final方法");
}
```

final 不能修饰类的构造方法，因为方法覆盖这一概念仅适用于类的成员方法，而不适用于类的构造方法，父类的构造方法和子类的构造方法之间不存在覆盖关系。下面的代码在程序编译的时候就会报错。

```
class FinalClassMethod {
      public final FinalClassMethod() {}
}
```

7.6.3 final 变量

用 final 修饰的成员变量表示常量，值一旦给定就无法改变，即 final 标记的变量只能赋值一次（可以定义时赋值、构造函数中赋值、实例代码块中赋值）。常量赋值之后不能再修改，即不能再给常量赋值。final 修饰的变量有 3 种：静态变量、实例变量和局部变量，分别表示 3 种类型的常量。final 也可以修饰形式参数，表示不能在方法中修改形参的值。

final 变量的语法格式为：

```
access final data_type variable_name;
    …
}
```

其中，access 可以是 Java 中 4 种访问修饰符中的一种；data_type 为 Java 中的任意一种数据类型；variable_name 为符合 Java 规范的变量名。

对于基本类型，final 使数值恒定不变；对于对象引用，final 使引用恒定不变。如果 final 修饰

的对象引用被初始化指向一个对象，就无法再把它改为指向另一个对象，但是对象其自身是可以被修改的，即对象自身状态可以改变。

程序中涉及定义 final 基本类型常量时，通常是将常量名全部大写作为一个编码约定。下面来看看 final 修饰变量的一些示例。

1. final 修饰基本类型变量

看下面的代码。

```
package com.shuangtixi.fin.demo;
public class FinalBasicVariable {
      public final int CYCLE; //final 修饰的整型常量
      FinalBasicVariable(int a) {
           CYCLE = a; //构造函数中初始化常量
      }
      public static void main(String[] args) {
           FinalBasicVariable fb = new FinalBasicVariable(5);
           System.out.println(fb.CYCLE);
           fb.CYCLE = 10; //编译失败，常量只能赋值一次
      }
}
```

将错误语句删除后，程序运行结果如下。

```
5
```

程序中 CYCLE 常量在类中声明的时候，并没有进行赋值操作，而是在 FinalBasicVariable 类的构造函数中进行了一次赋值，然后当在主程序中再次给 CYCLE 赋值的时候，程序就会编译失败。再来看看下面的代码。

```
package com.shuangtixi.fin.demo;
public class FinalBasicVariable {
      public final int CYCLE;  //声明一个整型常量 CYCLE，没有初始化
      public static void main(String[] args) {
           FinalBasicVariable fb = new FinalBasicVariable();
           fb.CYCLE = 10;
           System.out.println(fb.CYCLE);
      }
}
```

程序编译时会产生两条错误：一是 CYCLE 常量没有初始化；二是语句“fb.CYCLE = 10;”不能给 final 常量赋值。处理 final 常量的时候，要注意变量初始化值的设定，一定要在程序中显示初始化值。“fb.CYCLE = 10;”这条语句从代码中看，是第一次给 CYCLE 常量赋值，但实际上 final 常量初始化的地方只有下面 3 处。

（1）声明时初始化。

（2）构造代码块中初始化。

（3）构造方法中初始化。

下面是一个 final 修饰基本类型的构造初始化示例。

```
public class FinalBasicVariable {
      public final int CYCLE;
    /**
     *构造代码块中初始化整型常量
      */
    {
     CYCLE = 2;
```

```
    }
    public static void main(String[] args) {
        FinalBasicVariable fb = new FinalBasicVariable();
        //输出常量的值
        System.out.println(fb.CYCLE);
    }
}
```

程序运行结果如下。

```
2
```

直接在声明时初始化是最简单的方式，final 常量在初始化之后，后面就不能再进行赋值操作，在上面的例子基础上增加声明时初始化操作。

```
public class FinalBasicVariable {
    //声明常量 CYCLE 就初始化值为 1
    public final int CYCLE = 1;
    /**
     *构造代码块中试图修改常量的值，常量已经在声明时就赋值，所以这里会报编译错误
     */
    {
        CYCLE = 2;
    }
    public static void main(String[] args) {
        FinalBasicVariable fb = new FinalBasicVariable();
        System.out.println(fb.CYCLE);
    }
}
```

这样，程序在编译过程中也会报错，所以在使用 final 常量时，要注意初始化的时机，初始化之后就不能再对常量进行其他的赋值操作。

2. final 修饰对象引用

final 修饰的对象引用表示该引用不能再指向其他的对象，但是对象本身的成员变量的值是可以改变的。

下面是一个 final 对象引用的简单示例。

```
package com.shuangtixi.fin.demo;
public class FinalVar {
    public static void main(String[] args) {
        //final 修饰对象引用变量 fv
        final FinalVar1 fv = new FinalVar1();
        fv = new FinalVar1();  //编译错误，不能改变对象的指向
        fv.c = 1;
        System.out.println(fv.c);
    }
}
/**
* FinalVar1 类只定义了一个整型成员变量 c，用来作为实例化对象使用
*/
class FinalVar1 {
    public int c = 0;
}
```

程序编译到“fv = new FinalVar1();”这条语句时，由于 fv 是 final 修饰的，表示 fv 所指向的对象不能改变，所以产生编译错误。去除错误语句后，程序运行结果如下。

```
1
```

由此可以看出，final 修饰的对象引用所指向的对象本身的状态是可以修改的，如程序中 “fv.c = 1;” 就是改变了 c 的值。

3. final 修饰形式参数

程序中方法声明的地方可以定义形式参数，用以说明方法所需要的输入数据类型，如果程序不希望传入数据被修改，或是对象引用被修改，可以使用 final 来限制形式参数。下面是一个 final 修饰形式参数的示例。

```
package com.shuangtixi.fin.demo;
public class FinalVariable {
      public static void change(final FinalVariable1 fv1, final int x) {
            //编译错误，final 修饰的对象引用不能改变指向，运行时删除
            fv1 = new FinalVariable1();
            //编译错误，final 修饰的基本类型值不能改变，运行时删除
            ++x;
            //改变对象状态，对成员变量 c 赋值
            fv1.c = x;
      }
      public static void main(String[] args) {
            FinalVariable1 fv1 = new FinalVariable1();
            System.out.println(fv1.c);
            //调用 change 方法改变 FinalVariable1 对象状态
            change(fv1, 10);
            System.out.println(fv1.c);
      }
}
class FinalVariable1 {
      public int c = 0;
}
```

将错误语句删除后，程序运行结果如下。

```
0
10
```

从上面的程序中可以看出，final 修饰形式参数之后，基本类型数据在方法体内不能进行修改；对象引用在方法体内不能指向其它对象，防止了在方法内部对传入值的误操作或者恶意修改，保证了程序的健壮性。

7.7 内 部 类

7.7.1 内部类定义

Java 1.1 中引入了内部类。该特性可以将一个类的定义嵌套在另一个类内部，就像在类中可以定义属性和方法一样。内部类可以用来支持将其包含在内的类操作。

Java 定义了 4 种类型的内部类，如下所述。

（1）静态嵌套类：是个封闭式顶层类或接口的 static（静态）成员。这样的类在 Java 中作为顶层类。

（2）成员内部类：是一种非静态内部类，它不是顶层类。作为包含它的类的全部成员，成员类可以访问包含它的类的属性和方法，甚至 private 修饰的变量和方法。正如类的其他实例变量和方法一样，一个成员内部类的所有实例都与包含它的类的一个实例相关。

（3）方法和作用域中的内部类（局部类）：是一个内部类，定义在一个 Java 代码块内，比如说定义在一个方法或循环主体内。局部类具有局部作用域，仅使用在定义它的代码块内。局部类可以访问包含它的类的方法和变量。

（4）匿名内部类：是一种其定义和使用被组合到单一表达式中的方法和作用域中的内部类。其定义和使用都在一个表达式中完成，而不是在一条语句中定义，在另一条语句中使用。匿名内部类只使用一次，故不包含构造方法。

4 种内部类的共同特性如下。

（1）内部类仍然是一个独立的类，在编译之后，内部类会被编译成独立的.class 文件，但是前面添加上外部类的类名和$符号。

（2）内部类不能用普通的方式访问。内部类是外部类的一个成员，因此内部类可以自由地访问外部类的成员变量，无论是否是 private 的。

使用内部类的意义在于：

（1）隐藏实现细节，增强封装性；

（2）方便共享数据；

（3）使得程序代码更为紧凑，程序更具模块化。

7.7.2 使用内部类

1. 静态嵌套类

使用 static 关键字修饰，静态嵌套类没有对外部对象的引用，和外部类相关，但与外部类实例无关，并且不能直接访问外部类中的实例成员。如果内部类不需要访问外部实例成员，应尽量定义为静态嵌套类。

静态嵌套类定义格式为：

```
public class outer_class {
     static class inner_class {
          类体
     }
}
```

其中，inner_class 为静态内部类的声明方式。

下面是一个静态嵌套类的示例。

```
package com.shuangtixi.innerclass.demo;
import java.util.Date;
import java.util.Timer;
import java.util.TimerTask;
/**
* TimerTest 类用来测试静态嵌套类，在 TimerTest 内部定义了一个静态类*Task，Task 继承 java.util
包下的 TimerTask 类，实现定时触发的功能
*/
public class TimerTest {
     static class Task extends TimerTask {
          /**
         *覆盖 TimerTask 类中的 run 方法，在设置的时间到时调用
         */
         public void run() {
               System.out.println("当前时间：" + new Date());
         }
      public void print() {
```

```
            System.out.println("打印 task 类");
        }
    }
    public static void main(String[] args) {
        //实例化一个静态嵌套类的方式
        Task tk = new TimerTest.Task();
        tk.print();
        //实例化一个 JDK 内置的 Timer 对象
        Timer timer = new Timer();
        //使用 schedule 方法设置每 5s 调用 Task 对象中的 run 方法
        timer.schedule(new Task(), new Date(), 5000);
    }
}
```

程序运行结果为每隔 5s 钟打印当前时间。

```
打印 task 类    //只打印一次
当前时间：Tue Oct 25 23:54:58 CST 2011
当前时间：Tue Oct 25 23:55:03 CST 2011
当前时间：Tue Oct 25 23:55:08 CST 2011
```

代码中 Task 就是一个静态嵌套内部类，继承了 TimerTask 类来实现定时任务调度功能。同时可以通过 TimerTest.Task 来获取静态嵌套内部类，以访问类中的方法。

2. 成员内部类

成员内部类即是非静态的内部类，成员内部类可以访问外部类中的所有数据和方法，包括私有数据和方法。每个成员内部类的实例与一个外部类的实例相关，使用外部类.this 的形式引用外部类实例，同时内部类的实例化需要依赖于外部实例。成员内部类可以使用 private、protected 修饰，但是不能定义静态成员。

成员内部类定义格式为：

```
public class outer_class {
    private int id;
    class inner_class {
        类体
    }
}
```

其中，inner_class 为成员内部类的声明方式。

下面是一个成员内部类的示例。

```
package com.shuangtixi.innerclass.demo;
/**
*Outer 类用来测试成员内部类，成员内部类和成员变量以及成员方法在同
*一级上面定义，Inner 类就是在 Outer 类中的一个成员内部类，它和静态嵌
*套类的区别是没有 static 关键字修饰
*/
public class Outer {
    private int a = 1;
    private class Inner {
        int a;
        static int b;  //编译错误，不能定义静态成员
        Inner() {
            //使用 Outer.this 的方式访问外部类 Outer 的实例变量 a
            this.a = Outer.this.a * 2;
        }
    }
```

```
    public static void main(String[] args) {
        //首先实例化一个外部类对象
        Outer outer = new Outer();
        //通过外部类对象实例化一个成员内部类的方式
        Outer.Inner inner = outer.new Inner();
        System.out.println(inner.a);
    }
}
```

去除错误语句后，程序运行结果如下。

```
2
```

在程序中，在Outer类中定义了一个成员内部类Inner，在Inner构造函数中通过Outer.this的方式访问外部类实例的属性a。在main中需要借助外部实例来创建内部类实例，然后访问内部类实例的属性及其方法。

3. 方法和作用域中的内部类（局部类）

方法和作用域中的内部类定义在一个Java代码块内，只能在作用域范围内可见，只能在定义该内部类的方法内实例化，不可以在此方法外对其实例化。方法和作用域中的内部类对象不能使用该内部类所在方法的非final局部变量。

方法和作用域中的内部类定义格式为：

```
public class outer_class {
    private int id;
    public void print(){
        class inner_class {
            类体
        }
    }
}
```

其中，inner_class为方法和作用域中的内部类的声明方式。

下面是一个方法和作用域中的内部类的示例。

```
package com.shuangtixi.innerclass.demo;
import java.util.Date;
import java.util.Timer;
import java.util.TimerTask;
/**
* TimerTest1 类用来测试局部类，Task 类定义在 main 方法中，只能在 main
*中才能进行实例化操作
*/
public class TimerTest1 {
    public static void main(String[] args) {
        final int i = 11;
        int a = 10;
        class Task extends TimerTask {
            public void run() {
                System.out.println("当前时间：" + new Date());
                System.out.println(i);  //只能访问 final 修饰的局部变量
                System.out.println(a);  //编译错误
            }
        }
        Timer timer = new Timer();
        timer.schedule(new Task(), new Date(), 5000);
    }
}
```

在程序中，Task 类就是定义在 main()中的一个方法和作用域中的内部类，作用范围为 main()方法中，在 Task 类中只能访问作用域中的 final 变量，如程序中打印 a 的值，就会产生编译错误。

4. 匿名内部类

匿名内部类是一个没有名称的局部类。Java 提供了在一个表达式（而不是两条单独的语句）中就能完成定义和实例化局部类这两项工作的语法。所谓的匿名就是该类连名字都没有，匿名内部类不可以有构造器，因为匿名内部类是要扩展或实现父类或接口。匿名内部类可以继承其他类，因为类都是继承自 Object 类的。

匿名内部类定义格式为：

```
new inner_class(){
   类体
}
```

其中，inner_class 为匿名内部类的声明方式。

下面是一个简单的匿名内部类示例。

```
package com.shuangtixi.innerclass.demo;
import java.util.Date;
import java.util.Timer;
import java.util.TimerTask;
public class TimerTest2 {
    public static void main(String[] args) {
        Timer timer = new Timer();
        // new TimerTask()方式创建了一个匿名内部类，将类的成员和方法
        //作为一个整体在程序中使用
       timer.schedule(new TimerTask() {
            public void run() {
                System.out.println("当前时间: " + new Date());
            }
       }, new Date(), 5000);
    }
}
```

程序运行结果为每隔 5s 钟打印当前时间。

```
当前时间: Tue Oct 25 23:54:58 CST 2011
当前时间: Tue Oct 25 23:55:03 CST 2011
```

程序中直接使用 new TimerTask(){}来创建了一个匿名内部类，在类中覆盖了 run()方法，同样实现了前面的方法和作用域中的内部类的功能，在 schedule()方法中，整个类作为一个参数，这个类没有名称，但是当执行这个表达式时，它被自动实例化。

方法和作用域中的内部类和匿名内部类提供了一种简单的方式，来实现那些可能只用一次并且其实现相对比较简单的类。使用局部类还是匿名类，主要取决于是否需要类的多个实例。如果需要类的多个实例，或者出于其他原因（如可读性），该类需要有一个名字，就应该使用局部类。否则，就应该使用匿名类。在所有这些类的设计中，都应该使用那种能够使代码更具可读性且更易理解的方法。

7.8 包 装 类

Java 是一种面向对象语言，Java 中的类将方法与数据封装在一起，并构成了自包含式的处理单元。但在 Java 中，不能定义基本类型的类，为了能将基本类型视为对象来处理，并能操作相关的方法，Java

为每个基本类型都提供了包装类。这样，便可以把这些基本类型转化为对象来处理了。例如 boolean、byte、short、int、long、float、double 的包装类分别为 Boolean、Byte、Short、Integer、Long、Float、Double。

所有的包装类都有共同的方法，将它们列举如下。

（1）将基本数据类型的值作为包装类对象的构造函数参数来构造包装类实例。如可以利用 Integer 包装类创建对象，Integer obj=new Integer(10)。

（2）带有字符串参数并调用包装类对象的构造函数，如 Integer obj = new Integer("10")。

（3）将包装类中的值转化为字符串的输出方法 toString()，如 obj.toString()。

（4）对同一个类的两个对象进行比较的 equals()方法，如 obj1.eauqls(obj2)。生成哈希表代码的 hashCode 方法，如 obj.hasCode()。

（5）将字符串转换为基本类型值的 parseType 方法，其中 Type 表示基本类型，首字母大写的形式，如 Integer.parseInt("10")。

（6）可输出包装类对象中的基本类型值的 typeValue 方法，type 表示基本类型，如 obj.intValue()。

下面是一个简单包装类的示例。

```
package com.shuangtixi.wrapper;
public class WrapperTest {
    public static void main(String[] args) {
         int a = 3;
        //将 int 显示地转化为 Integer 包装类方式
        Integer b = new Integer(a);
        System.out.println(b.intValue());
        System.out.println(b.toString());
        //通过 Integer 包装类中的方法，将字符串 String 转化为整型类型
        System.out.println(Integer.parseInt("3"));
        System.out.println(Integer.MAX_VALUE);
        System.out.println(Integer.MIN_VALUE);
        System.out.println(getInt(b));
    }
    public static int getInt(Integer i) {
        return i.intValue() * 2;
    }
}
```

程序运行结果如下。

```
3
3
3
2147483647
-2147483648
6
```

在程序中，Integer 包装类实现了和基本类型 int 之间的转换，同时在方法参数需要对象时，也可以将基本类型转为包装类进行参数传递。其中，MAX_VALUE、MIN_VALUE 都是包装类的常量，用来表示基本类型的取值范围，以方便程序进行判断。

包装类封装了对应基本数据类型特征的一些属性和方法，同时也提供了包装类和基本数据类型转化的方法，下面来看看包装类和基本数据类型在作为方法形式参数的时候的重载问题。下面是基本数据类型和包装类对象作为方法重载参数的一段代码。

```
package com.shuangtixi.wrapper;
/**
* WrapperMethod 类用来测试基本数据类型，及其对应包装类在重载方法中
```

```
 *的调用顺序
 */
public class WrapperMethod {
      public static void main(String[] args) {
            WrapperMethod wm = new WrapperMethod();
            //传入一个 int 类型参数
            wm.print(3);
            //传入一个 Integer 类型参数
            wm.print(new Integer(3));
            //传入一个 double 类型参数
            wm.print(3.3);
            //传入一个 Double 类型参数
            wm.print(new Double(3.3));
       }
       //print 方法定义了一个 Integer 类型的形式参数
       public void print(Integer i) {
            System.out.println("Integer:" + i);
       }
       //print 方法定义了一个 int 类型的形式参数
       public void print(int i) {
            System.out.println("int:" + i);
       }
       //print 方法定义了一个 double 类型的形式参数
       public void print(double d) {
            System.out.println("double:" + d);
       }
       //print 方法定义了一个 Double 类型的形式参数
      public void print(Double d) {
            System.out.println("Double:" + d);
      }
}
```

程序运行结果如下。

```
int:3
Integer:3
double:3.3
Double:3.3
```

程序中定义了方法名为 print 的 4 个重载方法，分别接收的参数类型为 Integer、int、double、Double，在主程序中如果传入的是 3，那么 JVM 会把 3 作为一个 int 类型处理，然后调用相应的重载方法；如果传入的是“new Integer(3)”的一个对象，那么 JVM 会在重载方法中找到接收 Integer 类型的方法进行调用。

修改 WrapperMethod 类，将 print(Integer i)和 print(double d)两个方法从类中删除，重新运行程序，结果如下。

```
int:3
int:3
Double:3.3
Double:3.3
```

从运行结果可以看出，包装类和它对应的数据类型之间存在自动转化的过程，当程序需要对象的时候，基本数据类型自动提升为其对应的包装类；当程序需要基本数据类型时，包装类又会自动转化为基本数据类型，这些转化工作都由 JVM 去处理了，方便了编码工作。

7.9 反　射

7.9.1 反射机制

Java 反射机制是在运行状态中，对于任意一个类，都能够知道这个类的所有属性和方法；对于任意一个对象，都能够调用它的任意一个方法；这种动态获取的信息以及动态调用对象的方法的功能称为 java 语言的反射机制。

Java 反射机制主要提供了以下功能：在运行时判断任意一个对象所属的类；在运行时构造任意一个类的对象；在运行时判断任意一个类所具有的成员变量和方法；在运行时调用任意一个对象的方法；生成动态代理。

Java 的一个非常突出的动态相关机制：Reflection。这个单词的意思是“反射、映象”，在 Java 中指的是可以于运行时加载、探知、使用编译期间完全未知的 class（类）。换句话说，Java 程序可以加载一个运行时才得知名称的类，然后获得类的完整信息，按照需要生成其对象实体或对其属性设值，或调用其方法。

7.9.2 反射机制应用实例

下面来看看 Java 反射机制的应用，对于类的构造函数、字段和方法以及修饰符，java.lang.Class 提供 4 种独立的反射调用，以不同的方式来获得信息。调用都遵循一种标准格式。

（1）用于查找构造函数的一组反射调用如下。

Constructor getConstructor(Class[] params) —— 获得使用特殊的参数类型的公共构造函数。

Constructor[] getConstructors()——获得类的所有公共构造函数。

Constructor getDeclaredConstructor(Class[] params) ——获得使用特定参数类型的构造函数。

Constructor[] getDeclaredConstructors() ——获得类的所有构造函数。

（2）获得字段信息的 Class 反射调用不同于那些用于构造函数的调用，在参数类型数组中使用了如下字段名。

Field getField(String name) —— 获得命名的公共字段。

Field[] getFields() —— 获得类的所有公共字段。

Field getDeclaredField(String name) —— 获得类声明的命名的字段。

Field[] getDeclaredFields() —— 获得类声明的所有字段。

（3）用于获得方法信息函数如下。

Method getMethod(String name, Class[] params) —— 使用特定的参数类型，获得命名的公共方法。

Method[] getMethods() —— 获得类的所有公共方法。

Method getDeclaredMethod(String name, Class[] params) —— 使用特写的参数类型，获得类声明的命名的方法。

Method[] getDeclaredMethods() —— 获得类声明的所有方法。

下面是一个 Java 中反射机制相关的 API 使用示例，示例中包含了两个类：ReflectTarget 和 ReflectionTest，ReflectTarget 作为运行时被动态解析的类来使用，代码如下。

```
package com.shuangtixi.reflect;
```

```
public class ReflectTarget {
    private int aa;
    public int bb;
    ReflectTarget() {
        //默认构造方法没有实现，只是作为反射的例子
    }
    /**
    *定义一个带 int 类型参数的构造方法
    */
    ReflectTarget(int c) {
        System.out.println("带参数构造函数");
    }
    public int getAa() {
        return aa;
    }
    public void setAa(int aa) {
        this.aa = aa;
    }
    public int getValue(int a, int b) {
        //返回传入参数 a 和 b 相加后的值
        return a + b;
    }
}

package com.shuangtixi.reflect;
import java.lang.reflect.Constructor;
import java.lang.reflect.Field;
import java.lang.reflect.InvocationTargetException;
import java.lang.reflect.Method;
import java.lang.reflect.Modifier;
public class ReflectionTest {
    public static void main(String[] args) {
    try {
        //加载 ReflectTarget 类
        Class<?> c = Class.forName("com.shuangtixi.reflect.ReflectTarget");
        //通过 newInstance()方法得到一个变量 c 引用的对象
        Object o = c.newInstance();
        Constructor<?>[] constructors = c.getDeclaredConstructors();
        //遍历变量 c 所指向的类中的所有构造方法
        for (Constructor<?> cons : constructors) {
            System.out.print("构造方法名称：" + cons.getName());
            //得到一个构造方法的形参类型组成的数组
            Class<?>[] con = cons.getParameterTypes();
            System.out.print(" 构造方法形参类型：");
            for (int i = 0; i < con.length; i++) {
                System.out.print(con[i].getName() + " ");
            }
            System.out.println();
        }
        Field[] fields = c.getDeclaredFields();
        //遍历变量 c 所指向的类中定义的成员变量
        for (Field field : fields) {
        System.out.print("属性名为：" + field.getName() + " 类型为:" + field.getType());
            System.out.print(" 修饰符为：");
            //通过 Modifier 类中的静态方法来解析成员变量的作用范围
```

```
                if (Modifier.isPrivate(field.getModifiers())) {
                    System.out.println("private");
                } else if (Modifier.isPublic(field.getModifiers())) {
                    System.out.println("public");
                }
            }
        Method[] methods = c.getDeclaredMethods();
        //遍历变量 c 所指向的类中定义的成员方法
        for (Method method : methods) {
        System.out.print("方法名为:" + method.getName() + " 返回值为:" + method.getReturnType());
            //得到一个成员方法的形参类型组成的数组
            Class<?>[] cc = method.getParameterTypes();
            System.out.print(" 方法形参类型: ");
            for (int i = 0; i < cc.length; i++) {
                System.out.print(cc[i].getName() + " ");
            }
            System.out.println();
            //如果成员方法名中存在 set 字符串，则通过反射调用该 set
            //方法
            if (method.getName().contains("set")) {
            if (method.getParameterTypes()[0].toString().equals("int")) {
            //如果第一个形式参数为 int 类型，则将 123 作为实参传入
                    method.invoke(o, 123);
                }
            }
        }
        //将 o 强制转化为 ReflectTarget 类型的对象
        ReflectTarget rt = (ReflectTarget) o;
        //调用 getAa 方法来输出实例变量 aa 的值
        System.out.println(rt.getAa());
    } catch (ClassNotFoundException e) {
        e.printStackTrace();
    } catch (InstantiationException e) {
        e.printStackTrace();
    } catch (IllegalAccessException e) {
        e.printStackTrace();
    } catch (IllegalArgumentException e) {
        e.printStackTrace();
    } catch (InvocationTargetException e){
        e.printStackTrace();
    }
  }
}
```

程序运行结果如下。

```
构造方法名称: com.shuangtixi.reflect.ReflectTarget 构造方法形参类型:
构造方法名称: com.shuangtixi.reflect.ReflectTarget 构造方法形参类型: int
属性名为: aa 类型为:int 修饰符为: private
属性名为: bb 类型为:int 修饰符为: public
方法名为:getAa 返回值为:int 方法形参类型:
方法名为:setAa 返回值为:void 方法形参类型: int
方法名为:getValue 返回值为:int 方法形参类型: int int
123
```

程序中 ReflectTarget 类作为需要进行反射的类供 RelectionTest 类进行动态操作。

Class.forName()用于将一个类加载进内存中；c.newInstance()用来创建一个 ReflectTarget 类的对象；Constructor<?>[]数组用来保存 ReflectTarget 类的构造函数，类有多少构造函数，Constructor<?>[]就将保存多少个元素；Modifier 类用来判别修饰符的种类，ReflectTarget 类中的属性有 private 和 public 两种修饰符；Field[]数组用来保存 ReflectTarget 类中声明的属性信息；Method[]用来保存 ReflectTarget 类中声明的方法信息，method.invoke()方法用来调用类中反射得到的方法，程序中即调用了 setAa() 方法对类中的属性赋值，所以程序最后调用 "System.out.println(rt.getAa());" 时，返回的值为 123。

本章小结

本章介绍了 Java 面向对象进阶部分的内容，主要包括：Java 中多态与动态绑定的概念以及实现方式；抽象类及抽象方法的概念、抽象类的特点、在程序中如何使用抽象类，特别注意抽象类不能实例化；包的定义及其在程序中的作用、如何在程序中导入包、导入包的方式、静态导入的含义；接口的概念、使用方法及其作用，接口实现多态的具体方式；静态变量和 final 关键字的使用，主要区分各自的作用范围及其功能；内部类的概念、种类、使用方法及其在程序中的作用，注意 4 种内部类的区别及其使用要点；包装类是 Java 中提供的对基本类型的封装类，掌握包装类的功能及方法；掌握反射的基本概念及其在程序中的使用方式，熟练运用 Java 中提供的用于反射所需要的主要类。

习　题

1. "abcd" instanceof Object 的返回结果是哪个？

（1）"abcd"

（2）true

（3）false

（4）String

2. 阅读下面代码：

```
public class Foo {
     public static void main (String [] args) {
          int i = 0;
          addTow(i++);
          System.out.println(i);
     }
     static void addTow(int i) {
          i += 2;
     }
}
```

上述代码的执行结果是哪个？

（1）0

（2）1

（3）2

（4）3

3. 阅读下面代码：

```
public class ThisUse {
     int plane;
     static int car;
     public void doSomething() {
          int i;
          //插入语句
     }
}
```

下面哪个选项中的内容不能添加到//插入语句处（添加后导致编译错误）？

（1）i=this.plane;

（2）i=this.car;

（3）this.car=plane;

（4）this.i=4;

4. 下列选项中哪一个说法是错误的？

（1）实例方法可以直接访问静态变量和静态方法

（2）静态方法可以直接访问静态变量和静态方法

（3）静态方法可以直接访问实例变量和实例方法

（4）静态方法中不能使用 this 和 super

5. 关于静态变量的创建，哪一个选项的说法是正确的？

（1）一旦一个静态变量被分配，它就不允许改变

（2）一个静态变量在一个方法中被创建，它在被调用的时候值保持不变

（3）通常情况下、在任意多个类的实例中，一个静态变量的实例只存在一个

（4）一个静态标识符只能被应用于原始类型变量

6. 下列哪一种叙述是正确的？

（1）abstract 修饰符可修饰字段、方法和类

（2）抽象方法的 body 部分必须用一对大括号{ }包住

（3）声明抽象方法，大括号可有可无

（4）声明抽象方法，不可写出大括号

7. 阅读下面代码：

```
1: interface Foo {
2:        int k = 0;
3: }
4:
5: public class Test implements Foo {
6:        public static void main(String args[]) {
7:             int i;
8:             Test test = new Test();
9:             i= test.k;
10:            i= Test.k;
11:            i= Foo.k;
12:       }
13: }
```

下面关于执行结果的说法哪一个是正确的？

（1）第 2 行编译失败

（2）第 9 行编译失败

（3）第 10 行编译失败

（4）编译成功

8. 阅读下面代码：

```
class A{
      void test1(){
           hi();
       }
       private void hi(){
            System.out.println("say hi,a");
       }
}
class AA extends A{
       void hi(){
             System.out.println("say hi,aa");
       }
}
public class test{
      public static void main(String b[]) throws Exception{
           A a = new AA();
           a.test1();
       }
}
```

下面关于上述代码的说法哪一个是正确的？

（1）编译失败

（2）编译通过，执行结果是：say hi,a

（3）编译通过，执行结果是：say hi,aa

（4）编译通过，运行时发生错误

9. 简述 Java 中有几种内部类。

10. Java 中包装类的作用是什么？

11. Java 中 final 修饰的类、方法、变量各有什么特点？

12. 简述 Java 中反射的作用。

13. 简述 Java 接口的特点和抽象类的区别。

14. Java 中 instanceof 关键字的作用是什么？

15. 阅读下面的代码：

```
class A{
   public static void prt() {
     System.out.println("1");
   }
   public A() {
     System.out.println("A");
   }
}
public class B extends A {
      public static void prt() {
           System.out.println("2");
       }
       public B() {
            System.out.println("B");
       }
       public static void main(String[] args) {
         A a = new B();
         a = new A();
    }
}
```

请写出输出结果。

第 8 章 异常处理

本章介绍 Java 的异常处理机制。"异常"指的是在程序执行过程中任何中断正常程序流程的异常条件。在用传统的语言编程时，程序员通过函数的返回值来得到程序的错误代码，通常这不利于程序员进行调试，因为在很多情况下需要知道更多的错误详细信息。

Java 中对"异常"的处理是面向对象的，当一个程序中出现异常条件时，Java 就会产生一个描述"异常"详细信息的对象，可以通过异常处理代码来捕获"异常"对象，并让程序继续执行，从而避免程序中断。

8.1 异常的概念

8.1.1 异常的定义

Java 程序员编写程序过程中，不免会出现代码考虑不周全的情况，由此经常产生错误。尤其编写计算机软件时，因为业务的不断庞大和变化，前一阶段编写的代码可能在新的条件下就会出现问题。不管一个程序设计得多好，在它执行的过程中，总有可能出现某种错误。

"异常"就是指在程序执行过程中，任何中断正常程序流程的异常条件。例如，发生下列情况时，会出现异常：想打开的文件不存在、网络连接中断、正在装载的文件丢失、数组越界等。Java 异常是一个描述在代码段中发生异常情况的对象，Java 将异常抽象为一系列的类，用来描述不同错误情况下的详细信息。当一类异常情况发生时，一个表示该异常的对象被 JVM 创建，并在方法中抛出（throw），然后在方法内部，程序员可以自己选择处理该异常，或者把异常直接抛出去，让方法的调用者来处理此类异常。

8.1.2 异常体系

Java 把异常当作对象来处理，并定义一个基类 java.lang.Throwable 作为所有异常的超类，因此 Throwable 在异常类层次结构的顶层。在 Java API 中，已经定义了许多异常类，这些异常类分为两大类，归属于 Throwable：错误（Error）和异常（Exception）。Java 异常体系结构呈树状，其简单的层次结构如图 8.1 所示。

Error 类定义了在通常环境下不希望被程序捕获的异常，表示系统错误比较严重无法恢复的情况。Error 类对象是由 Java 虚拟机生成并抛出，例如内存不足、堆栈溢出等情况，这种异常一旦出现，意味着虚拟机内部出现严重的问题，它们通常是致命性的错误，不是程序可以控制的，程序不应该捕获并尝试恢复。

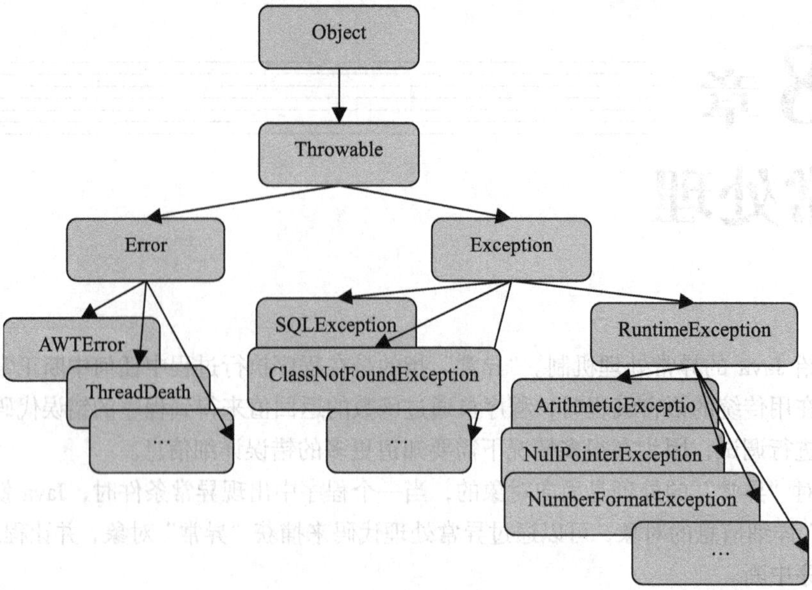

图 8.1　Java 异常体系

Exception 类定义了由应用程序抛出的异常，这些异常是可以被用户程序捕获的。Exception 异常分为：运行时异常（RuntimeException）和预期异常（Checked Exception）。

运行时异常是任何属于 RuntimeException 的子类的异常，是程序运行过程中，由于程序中的一些代码存在缺陷（bug），导致程序中止，无法继续运行。运行时异常通常无法恢复，所以程序不用处理此类异常，一般做法是在异常产生时，根据错误信息找到出错的程序代码，然后进行代码修复。

预期异常（Checked Exception）是能够被 Java 编译器分析的异常，方法调用者通过代码的检测与处理，可以对其进行恢复。在 Java 异常体系中，预期异常是程序必须处理的，否则就会出现编译错误。例如：程序运行过程中需要读入用户的输入，在用户输入不合法时，抛出预期异常，方法调用者可以捕获此异常，并提示用户再次输入。

在 Java 中，运行时异常和 Error 异常又被称为不可控异常，即用户程序都不需要去处理的异常。

8.1.3　系统定义的异常

Java 的类库包含许多系统预定义的异常，图 8.1 已经展示了一些主要的异常类，如最普通的异常类型 java.lang.Exception 位于 java.lang 包之中，但是它的多数子类包含在其他的包中。例如各种 IOException 类包含在 java.io 包之中，而其他一些则包含在 java.net 包之中。一般而言，异常的类被置于包含抛出那些异常的方法的包中。

在 Java 中，java.lang 包下面的所有类实际上会默认被所有的 Java 程序引入，所以多数从 RuntimeException 派生的异常类自动都可以使用，并且它们不需要在方法体内被显示地抛出。表 8.1 和表 8.2 主要罗列了位于 java.lang 包下面的系统自定义的 RuntimeException 类和预期异常，其他包下面的异常，参考相应的 Java API 文档。

表 8.1　　java.lang 中定义的 RuntimeException 异常子类

类	说明
ArithmeticException	除数为 0 非法或其他数学问题
ArrayIndexOutOfBoundsException	数组下标小于 0 或大于等于数组长度
ClassCastException	非法强制类型转换
FileNotFoundException	指定文件未找到
IllegalArgumentException	不合法的参数异常
IllegalMonitorStateException	非法监控操作
IllegalStateException	应用环境或状态出现问题
IllegalThreadStateException	请求操作与当前线程状态不兼容
IndexOutOfBoundsException	数组或者字符串下标越界
NullPointerException	引用变量为 null，没有指向实例化的对象
NumberFormatException	数字格式不正确
StringIndexOutOfBoundsException	String 索引值小于 0 或大于等 String 长度

表 8.2　　java.lang 中定义的预期异常

类	说明
ClassNotFoundException	使用的类找不到
IllegalAccessException	非法访问
InstantiationException	试图创建一个抽象类或者接口的对象
InterruptedException	一个线程被另一个线程中断
NoSuchFieldException	访问的属性不存在
NoSuchMethodException	访问的方法不存在
SQLException	Java 对数据库操作错误

8.2 异常情况处理

8.2.1 传统的错误处理

传统的处理异常的方法是：函数返回一个特殊的结果来表示出现异常（通常这个特殊结果是大家约定俗成的），程序通过调用该函数，得到函数的返回值，然后分析该函数返回的结果。这样做有以下一些弊端。

（1）如果函数返回-1，代表出现异常，但是函数确实要返回-1 这个正确的值时，就会出现混淆。

（2）可读性降低，将程序代码与处理异常的代码混淆在一起。

（3）由调用函数的程序来分析错误，这就要求程序员对库函数有很深的了解。

下面是一个传统异常处理的示例。

```
public double getAvg(int N) {
      int sum = 0;
      if (N <= 0) {
```

```
            System.out.println("求平均值的个数不能小于 0，程序将退出。");
            System.exit(0);
        }
        for (int k = 1; k <= N; k++)
            sum += k;
        return sum/N;
    }
```

在上例中，getAvg()方法采用传统的途径来处理错误，通过判断 N 的值来防止除数为 0 的情况发生，处理错误的代码直接通过算法来实现。如果调用 getAvg()时，N 恰巧为 0，将会产生如下的输出。

```
求平均值的个数不能小于 0，程序将退出。
```

8.2.2 Java 的默认异常处理

不可控异常包括 Error 和 RuntimeException 异常，表示不需要在程序中被处理，而且它们也不需要在 throws 子句中被抛出，不可控异常会被 Java 的默认异常处理程序处理。例如上例中除以零的异常例子，程序中不用采取特殊的措施来直接处理它们，当除数为零时，JVM 会直接抛出相应的异常对象，然后输出异常信息，终止程序。

下面为 Java 默认异常处理的示例。

```
public class ZeroDivisionTest {
    public static void main(String[] args) {
        int division = 0;
        //此处运行时将产生除数为 0 的错误
        int b = 1 / division;
    }
}
```

程序运行结果如下。

```
java.lang.ArithmeticException: / by zero
        at ZeroDivisionTest.main(ZeroDivisionTest.java:4)
```

运行上面程序时，当 Java 检查到被除数为 0 的情况时，便会构造一个新的异常对象，然后抛出该异常。这时程序便会停止执行，一旦一个异常产生，它必须被一个异常处理程序捕获，并被立即处理。上例中，没有相应的异常处理程序，所以异常会被 Java 系统的默认异常处理程序捕获。默认异常处理程序会显示一个描述异常信息的字符串，打印异常发生时的堆栈信息。

此处，ZeroDivisionTest 为异常发生时的类，异常在 main()方法内部抛出，出现异常的位置是代码的第 4 行。这里 ArithmeticException 异常类为 Exception 类的子类，该子类更明确描述了何种类型的错误。

像此类 RuntimeException 异常，更多地从程序健壮性方面去检查错误原因，在多数情况下，把对这样的异常的处理留给 Java 是最好的做法，由 Java 给出详细的错误信息之后，根据这些信息来修改相应的程序代码，从根本上解决此类异常。

Java 编译器在编译源程序的时候，都会进行一次语法检测，如果发现除数为 0 的情况，就会报编译错误，提前防止了显示在程序中使用 0 作为被除数的语句。下面的代码就会报编译错误，编译器在编译过程中就能够确定除数为 0。

```
public class ZeroDivisionTest {
    public static void main(String[] args) {
        int b = 1 / 0;
    }
}
```

8.3　在程序中处理异常

本小节将讲解在程序执行过程中发生异常情况时，如何在程序中处理异常，以使程序能够正常地执行下去，而不是简单地把所有异常让 JVM 来处理。Java 异常处理通过 5 个关键字来处理：try、catch、throw、throws、finally，后面小节会逐步展开，介绍它们是如何用来处理异常的。

8.3.1　异常抛出和捕获

在 Java 中，通过抛出和捕获异常来处理错误和其他异常情况。在程序执行过程中，当一个错误或异常情况产生时，程序可以抛出一个异常，来通知方法调用者当前该方法有异常情况产生。当一个异常被抛出时，一个异常处理程序将捕获该异常，并做出处理，如图 8.2 所示。

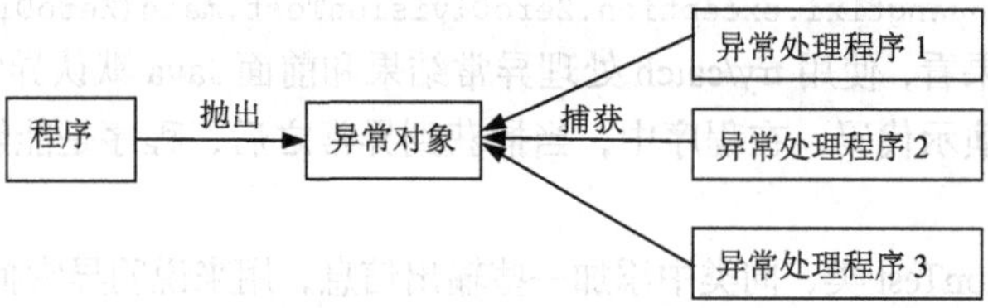

图 8.2　异常处理

8.3.2　try/catch/finally

Java 默认异常处理对于查找程序错误原因，帮助程序开发者用来调试程序，还是有一定帮助的，但是在一般的程序处理中，都会对异常进行捕获并处理，这样就可以允许程序在一定情况下产生错误，对错误进行相应的记录，同时防止程序中止。

在 Java 中，对异常的捕获和处理通过 try、catch、finally 3 个关键字进行。程序中将想捕获的异常代码块包含在一个 try 块中，当异常发生时，相应的异常对象就会被抛出，这个时候程序通过 catch 块来捕获该异常，并进行相应的处理。当 try 块中存在一些无论在什么情况下都需要释放的资源时，将资源释放的代码放在 finally 块中，finally 块中代码在方法返回前都能够被执行。

异常处理代码块的通用形式如下。

```
try {
    // 可能产生异常的代码
} catch (ExceptionType1 ex) {
    //异常 ExceptionType1 产生后的处理代码
} catch (ExceptionType2 ex) {
    //异常 ExceptionType2 产生后的处理代码
}
…    //多个 catch 块
finally {
    //始终会执行的代码块，比如资源的释放操作
}
```

此处，ExceptionType 是发生异常的类型，可以是前面异常框架中的异常类，但在一般程序中，程序自行处理异常都是针对预期异常和自定义异常而言。

修改前面的 ZeroDivisionTest 类，通过 try/catch 捕获异常的方式来处理异常，代码如下。

```
package com.shuangtixi.exception;
public class ZeroDivisionTest {
    public static void main(String[] args) {
        //将可能产生异常的代码放入 try 块中
        try {
            int division = 0;
            int result = 1 / division;
        } catch (ArithmeticException e){
            //异常产生时将进入 catch 块中
            e.printStackTrace();
        }
    }
}
```

程序运行结果如下。

```
java.lang.ArithmeticException: / by zero
    at com.shuangtixi.exception.ZeroDivisionTest.main(ZeroDivisionTest.java:6)
```

从程序运行结果看，使用 try/catch 处理异常结果和前面 Java 默认异常处理没有什么区别，这里只是一个简单的演示代码，在程序中，当捕获到异常之后，程序是能够正常执行下去的，而不是程序直接退出。

修改 ZeroDivisionTest 类，向类中添加一些输出信息，用来说明异常捕获之后程序执行的流程，下面是修改后的 ZeroDivisionTest 类。

```
package com.shuangtixi.exception;
public class ZeroDivisionTest {
    public static void main(String[] args) {
        try {
            int division = 0;
            int result = 1 / division;
            System.out.println("这里的代码不会被执行");
        } catch (ArithmeticException e){
            System.out.println(e.getMessage());
            e.printStackTrace();
        } finally {
            System.out.println("finally 里面的代码始终被执行");
        }
        //下面输出语句在 try-catch-finally 块之后执行
        System.out.println("程序执行到这里");
    }
}
```

程序运行结果如下。

```
/ by zero
java.lang.ArithmeticException: / by zero at
    exception.ZeroDivisionTest.main(ZeroDivisionTest.java:8)
finally 里面的代码始终被执行
程序执行到这里
```

接下来具体分析程序执行的流程，当代码执行到“1 / division”的时候，由于 division=0 会导致在进行操作时出错，于是 JVM 打断常规的程序执行，抛出一个对应的 ArithmeticException 异常的对象，接着寻找一个异常处理程序。

执行过程出错的语句包含在 try 块中，当异常抛出时，产生异常语句之后的 try 语句块中的其他程序代码就不会再得到执行，即 System.out.println ("这里的代码不会被执行") 不会被执行，在程序运行结果中，便不会打印这一句话。然后 JVM 就会寻找相应的 catch 子句来进行异常处理，示例中 catch 子句为：

```
catch (ArithmeticException e){  //异常处理块
      System.out.println(e.getMessage());
      e.printStackTrace();
}
```

当一个 ArithmeticException 异常对象被抛出时，在这个 catch 子句内的语句会被执行。第一条语句使用 getMessage()方法来打印出错消息的简单描述。第二条语句使用 printStackTrace()方法来打印一条异常的堆栈调用信息，该方法在 Throwable 中定义，并被所有 Exception 继承，这样异常的详细信息都全部打印输出，程序开发者就可以很方便地查找产生异常的原因。

当 JVM 将异常对象抛给一个 catch 块处理之后，就会退出 try-catch 语句块。如果程序中没有定义 catch 块，那么 JVM 一样会产生异常对象，然后交给 Java 默认异常机制处理。程序中最后定义了 finally 语句块，即不管 try 块中是否会抛出异常，finally 块中的代码都将获得执行。

在 try/catch/finally 块之后，还有一个系统输出信息产生，这说明程序使用 try/catch 捕获异常之后，程序会正常向下执行，这也是和 Java 默认异常处理程序最大的区别。Java 默认异常处理捕获异常之后，程序就会停止，而程序捕获异常的方式会让代码按照既定的方式运行下去。

finally 语句块是在同一个 try/catch 语句组中必须执行的部分，从前一个例子也可以看出，当异常产生时，异常先被捕获进入 catch 块中，然后进入 finally 块中。如果 try 块中没有异常产生，最后一条语句使用“return”直接返回，或者 catch 块中使用“return”直接返回，finally 代码块也会执行。下面的代码就是在进入 finally 前使用 return 的示例。

```
package com.shuangtixi.exception;
/**
* FinallyBeforeReturn 用来测试在 finally 块之前程序使用 return 的执行流程
*/
public class FinallyBeforeReturn {
     public static void main(String[] args) {
          try {
               int division = 2;
               int result = 1 / division;
               //try 块中的 return 语句，此处在异常产生之后，不会执行
               return;
          } catch (ArithmeticException e) {
               System.out.println("进入 catch 块");
               e.printStackTrace();
               //catch 块中的 return，异常产生时就会执行
               return;
          } finally {
               System.out.println("使用 return 之后，finally 仍然会执行");
          }
     }
}
```

程序运行结果如下。

```
使用 return 之后，finally 仍然会执行
```

程序在执行过程中，没有异常产生（当除数为 0 时会产生 ArithmeticException 异常，输出“进

入 catch 块”信息），不会进入 catch 块执行输出语句。在 try 块中的结束位置使用了“return;”语句，直接从方法返回，此时是在 try 块中，所以在方法返回前，一定会进入 finally 中执行代码，结果就是输出信息“使用 return 之后，finally 仍然会执行”。

8.3.3 多 catch 子句

在程序执行过程中，一段代码可能会引发多个异常，这种情况下，可以使用多个 catch 子句来依次进行处理，每一个 catch 子句捕获一种类型的异常。当异常被 JVM 抛出时，每一个 catch 子句会被依次检测，JVM 找到第一个异常匹配的 catch 子句进行执行。一旦匹配的 catch 子句执行完之后，JVM 便不会再检测其他 catch 子句，直接跳转到 try/catch 块之后的代码继续执行。

下面是多 catch 子句的示例。

```
package com.shuangtixi.exception;
/**
* CatchesTest 类用来测试多个 catch 子句的应用，程序中可能产生两个异常：
*ArithmeticException 算术异常和 ArrayIndexOutOfBoundsException 异常，分别使用一个 catch 子句来捕获相应的异常，然后进行处理
*/
public class CatchesTest {
    public static void main(String[] args) {
        try {
            //通过 args.length 来获取命令行输入参数个数
            int division = args.length;
            int result = 1 / division;
            //定义两个元素的 String 数组
            String[] s = new String[]{"a","b"};
            s[3] = "c";
        } catch (ArithmeticException e) {
            System.out.println("控制台没有输入参数，除数为 0 异常");
            e.printStackTrace();
        } catch (ArrayIndexOutOfBoundsException e) {
            System.out.println("数组下标越界");
            e.printStackTrace();
        } finally {
            System.out.println("finally 里面的代码始终被执行");
        }
        System.out.println("程序执行到这里");
    }
}
```

下面是运行程序时不输入命令行参数的结果。

```
D:\>java com.shuangtixi.exception.CatchesTest
    控制台没有输入参数，除数为 0 异常
    java.lang.ArithmeticException: / by zero
    at com.shuangtixi.exception.CatchesTest.main(CatchesTest.java:6)
    finally 里面的代码始终被执行
    程序执行到这里
```

下面是运行程序时输入命令行参数的结果。

```
D:\>java com.shuangtixi.exception.CatchesTest 1
```

```
数组下标越界
java.lang.ArrayIndexOutOfBoundsException: 3
at com.shuangtixi.exception.CatchesTest.main(CatchesTest.java:8)
finally 里面的代码始终被执行
程序执行到这里
```

程序通过命令行参数的个数来模拟产生引发不同的异常，当运行程序时不输入命令行参数，则参数 division 为 0，导致产生 ArithmeticException 异常；当输入命令行参数时，则参数 division 不为 0，从而程序可以往下执行。当执行“s[3] = "c";”语句时，由于字符串数组 s 的长度为 2，当访问下标为 3 的元素时，就会产生 ArrayIndexOutOfBoundsException 异常。

使用多 catch 子句时需要注意：异常子类必须在它们任何父类异常出现之前定义在 catch 子句中。如果父类异常的 catch 子句在前，那么它将捕获该类型及其所有子类类型的异常，这样后面的子类异常 catch 子句永远得不到执行，Java 在编译的时候便会产生错误。

下面是一个多 catch 子句中父子类异常处理示例。

```
package com.shuangtixi.exception;
/**
* DeadExceptionTest 类用来测试多 catch 子句中父子类异常捕获的先后顺序
*/
public class DeadExceptionTest {
    public static void main(String[] args) {
        try {
            String[] s = new String[]{"a","b"};
            s[3] = "c";
        } catch (Exception e){
            e.printStackTrace();
        } catch (ArrayIndexOutOfBoundsException e) {
            e.printStackTrace();
        }
    }
}
```

当尝试编译上面程序时，便会产生一个错误信息，提示第二个 catch 子句永远不会到达。因为 ArrayIndexOutOfBoundsException 是 Exception 的子类，第一个 catch 子句将处理所有的 Exception 异常及其子类异常，如程序中的 ArrayIndexOutOfBoundsException。为了解决此类错误，将子类异常放在父类异常 catch 子句之前即可。

8.3.4 throw 和 throws 的使用

前面介绍的内容都是关于如何捕获并且处理系统运行时抛出的异常，有的时候需要在程序中显式地抛出异常，用来指定在特定情况下某种异常的产生，这样有利于程序对各种出错条件的控制。在 Java 中，throw 和 throws 两个关键字用来处理异常抛出。

throw 关键字通常用在方法体中，在程序需要时，显式地抛出一个异常对象。程序在执行到 throw 语句时，立即停止，它后面的语句将不能得到执行。通过 throw 抛出预期异常之后，必须在该方法的声明处使用 throws 关键字，指明该方法要抛出的异常；如果直接需要在当前方法中捕捉 throw 抛出的异常，则必须使用 try-catch 语句来包含显示 throw 的语句。

throw 抛出异常的形式如下：

throw ThrowableInstance;

其中，ThrowableInstance 必须是 Throwable 类类型或者 Throwable 子类类型的一个异常对象。Java 中的基本类型，以及非 Throwable 类类型的对象不能作为 ThrowableInstance 被抛出。

下面是一个 throw 在方法中抛出异常的示例。

```
public class ThrowTest {
    /**
    *init 方法内部通过 throw 抛出一个 NegativeArraySizeException 异常
    */
    public void init(){
        throw new NegativeArraySizeException("测试 throw 用法");
    }
    public static void main(String[] args) {
        ThrowTest tt = new ThrowTest();
        try {
            tt.init();
        } catch (NegativeArraySizeException e) {
            System.out.println(e.getMessage());
            e.printStackTrace();
        }
    }
}
```

程序执行结果如下。

```
测试 throw 用法
java.lang.NegativeArraySizeException: 测试 throw 用法
    at exception.ThrowTest.init(ThrowTest.java:4)
    at exception.ThrowTest.main(ThrowTest.java:10)
```

在程序中，在 init()方法中显式地用 throw 抛出了一个 NegativeArraySizeException 异常对象，然后在 main()方法中捕获了该异常，最后当异常产生时打印异常的相关错误信息。

从上面程序中，还应该掌握，抛出一个 Java 中自定义的异常对象，使用 "throw new NegativeArraySizeException("测试 throw 用法");" 的方式，Java 中所有的异常都有两个构造方法：一个不带参数，一个带有一个字符串参数。如果使用带参数的构造方法来创建异常对象，那么在方法调用者中，可以通过异常对象的 getMessage()方法来获取构造异常对象时的字符串值，如程序中使用 "System.out.println(e.getMessage());" 来输出 "测试 throw 用法" 字符串。

throws 关键字通常被定义在方法声明处，用来声明该方法执行过程中可能抛出的异常类型。如果方法在执行过程中有异常产生，但是不想在该方法内部进行处理时，可以通过在方法声明处使用 throws 关键字，来声明该异常需要调用此方法的程序来进行处理。当一个方法需要抛出多个异常时，异常类型之间可以使用逗号隔开。调用该方法时，如果异常发生，就会将指定异常抛给异常处理对象。除 Error 和 RuntimeException 异常及其它们的子类异常之外，其他预期异常必须使用 throws 在方法声明处显示地指定。

throws 的使用形式：

```
return_type method_name(parameters_list) throws exception1,exception2,..,exceptionN {
    // 方法体
}
```

这里注意多个异常之间需要用逗号分割。

下面是 throws 在方法声明处使用的示例。

```
public class ThrowsTest {
    /**
```

```
    * 用init方法声明出定义抛出NegativeArraySizeException异常
    * @throws NegativeArraySizeException
    */
    public void init() throws NegativeArraySizeException {
         // new int[-1]在运行时会产生数组大小错误的异常
         int[] arrays = new int[-1];
    }
    public static void main(String[] args) {
         ThrowsTest tt = new ThrowsTest();
         try {
              tt.init(); // 调用init()方法
         } catch (NegativeArraySizeException e) {
              System.out.println("init()方法抛出的异常");// 输出异常信息
         }
    }
}
```

程序执行结果如下。

```
init()方法抛出的异常
```

如果 init 方法还需要抛出 ArrayIndexOutOfBoundsException 异常，那么 init 方法可以声明如下。

```
public void init() throws NegativeArraySizeException,ArrayIndexOutOfBoundsException{}
```

同时在方法调用处，也需要使用 2 个 catch 子句，来捕获 init 方法中的两个异常。

前面对于使用 throw 和 throws 抛出异常对象时，都是处理的非预期异常，即不需要显式抛出或者捕获的，示例中只是为了简单地说明 throw 和 throws 的用法。当需要在方法体内使用 throw 抛出一个预期异常时，如果没有使用 catch 捕获异常并处理时，必须在方法声明处使用 throws 来显式地抛出预期异常。

例如前面例子中的 init()方法，如果在方法体内抛出预期异常时，而方法本身并不处理该预期异常，则必须在方法声明处使用 throws 显示地抛出。

修改前面的 init()方法如下。

```
public void init(){
     throw new IlleagalAccessException("must catch");
}
```

这里在 init()方法中抛出的是一个预期异常对象，当编译该程序时，便会产生错误。解决的方法就是在方法声明处使用 throws。

正确的 init()方法如下。

```
public void init() throws IlleagalAccessException{
   throw new IlleagalAccessException("must catch");
}
```

8.3.5 异常方法覆盖

Java 继承中，子类可以覆盖父类的方法，如果父类方法会抛出异常，那么子类方法覆盖父类方法时需要注意以下几点。

（1）子类方法可以声明抛出和父类相同的异常。

（2）子类方法可以声明抛出父类方法异常的子类。

（3）子类方法可以不抛出任何异常。

（4）子类方法不能抛出其他预期异常。

下面是父子类异常方法覆盖的示例。

```
package com.shuangtixi.exception;
import java.io.FileNotFoundException;
import java.io.IOException;
class Base {
        /**
        *方法 a 声明抛出一个 IOException 异常
        */
        public void a() throws IOException {
             System.out.println("Base.a()");
        }
}
class Child1 extends Base {
        public void a() throws IOException {
             System.out.println("Child1.a()");
        }
}
class Child2 extends Base {
        /**
        *方法 a 声明抛出一个 FileNotFoundException 异常
        */
        public void a() throws FileNotFoundException {
             System.out.println("Child2.a()");
        }
}
class Child3 extends Base {
        public void a() {
             System.out.println("Child3.a()");
        }
}
class Child4 extends Base {
        /**
        *方法 a 声明抛出一个 SQLException 预期异常
        */
        public void a() throws SQLException{
             System.out.println("Child4.a()");
             throw new SQLException("test");
        }
}
```

示例中 Base 是父类，里面定义了一个 a()方法，a()方法抛出一个 IOException 异常。Clild1、Clild2、Clild3、Clild4 继承 Base 类并覆盖 a()方法。其中 FileNotFoundException 异常类为 IOException 类的子类，SQLException 类为预期异常，和 IOException 没有关联。在程序编译过程中，Child4 类将产生编译错误，所以子类方法不能抛出和父类方法不相关的预期异常，如果 Child4 中 a()方法确定需要抛出 SQLException 异常，那么实际处理过程中将 SQLException 转化为运行时异常，就可以正常运行，即将 Child4 类定义如下。

```
class Child4 extends Base {
        public void a(){
             System.out.println("Child4.a()");
             //将 SQLException 异常转化为运行时异常
             throw new RuntimeException(new SQLException("test"));
        }
}
```

使用下面的代码在主程序中测试父子类异常覆盖的运行情况。

```
try {
     Base base = new Base();
     base.a();
} catch (IOException e) {
     e.printStackTrace();
}
```

其中用于创建父类对象的“new Base()”表达式替换为创建子类对象的表达式即可，例如替换为“new Child1()”，然后运行程序得到结果。

8.3.6　异常处理的限制条件

Java 异常处理有如下一些限制条件。

（1）一个 try 语句块后面必须直接接着一个或多个 catch 子句，并且一个 catch 子句只可以接在一个 try 区块之后。虽然在程序中直接使用 try-finally 语句块也没有任何问题，但是当异常产生时，就会直接由 Java 默认异常处理程序来处理，即程序会被终止，违背了程序自己处理异常的原则。

（2）一个 throw 语句既可以用来抛出预期异常，又可以抛出不可控异常，此处的不可控异常是那些属于 RuntimeException 或它的子类的异常，不可控异常不需要被程序捕获。

（3）一个 throw 语句必须包含在一个 try 语句块的作用域内，并且被抛出的 Exception 的类型必须至少匹配 try 语句块的其中一个 catch 子句。不然 throw 语句必须包含在一个方法内，或者包含在拥有与被抛出的异常相应的 throws 子句的方法声明处。

8.4　创建并抛出自定义的异常

在 Java 异常类中，尽管已经定义了大多数常见错误，但是有时候，程序需要建立自己的异常类型，来处理特定的应用场景，这就需要程序自己定义一个新的异常。自定义异常类也是非常简单的事情，只要继承 Exception 类或者它的一个子类就可以了，根据需要实现不同的构造方法，这样自定义异常类就可以被系统当作异常类来处理。

Exception 类继承于 Throwable，但 Exception 类本身没有定义任何方法，所有自定义异常类只需要覆盖 Throwable 中的一个方法或者多个方法。表 8.3 是 Throwable 定义的相关方法。

表 8.3　　Throwable 中的方法

方法	描述
String getMessage()	返回异常的描述信息
void printStackTrace()	显示异常发生时的堆栈详细信息
String toString()	返回一个包含异常描述的字符串对象。当输出一个 Throwable 对象时，该方法会被 println()方法调用

下面是一个自定义异常的示例。

```
public class DefException {
     public static void main(String[] args) {
          Account account = new Account();
          account.setAmount(10);
          Account anotherAccount = new Account();
```

```
            try {
                account.transfer(anotherAccount, -1);   // 代码 1
            } catch (MoneyException e) {
                System.out.println(e.getMessage());
            }
        }
    }
    class MoneyException extends Exception {
        private String message;
        MoneyException(String message) {
            this.message = message;
        }
        public String getMessage() {
            return "程序出错了，错误信息: " + this.message;
        }
    }
    class Account {
        private double amount; // 余额
        public void transfer(Account anotherAccount, double value) throws MoneyException {
            if (value < 0) {
                throw new MoneyException("转账金额不能为负值");
            }
            if (amount < value) {
                throw new MoneyException("余额不足");
            } else {
                anotherAccount.amount += value;
                this.amount -= value;
            }
            System.out.println("转账成功，账户剩余额: " + this.amount);
        }
        public double getAmount() {
            return amount;
        }
        public void setAmount(double amount) {
            this.amount = amount;
        }
    }
```

程序执行结果如下。

```
程序出错了，错误信息：转账金额不能为负值
```

如果将示例中代码 1 处的“account.transfer(anotherAccount, -1);”替换为“account.transfer (anotherAccount, 11);”，程序执行结果如下。

```
程序出错了，错误信息：余额不足
```

如果将示例中代码 1 处的“account.transfer(anotherAccount, -1);”替换为“account.transfer (anotherAccount, 5);”，程序执行结果如下。

```
转账成功，账户剩余额：5.0
```

上例中 MoneyException 类继承 Exception，定义了一个带参数的构造方法，并重写了 getMessage 方法，用于返回程序中设置的自定义异常的信息。Account 类是一个账户类，有一个 amount 属性标识账户余额，transfer 方法用于转账操作，当转账金额小于 0 或者转账金额大于账

户余额时，就抛出一个 MoneyException 对象，并设置对应的错误信息，方法调用者便可以捕获该自定义异常，并打印相应的异常信息。

8.5 应用实例

在实际编程过程中，经常会遇到方法嵌套调用时某一个执行环节出现异常的情况，此时产生异常的方法将会把异常对象抛给方法调用者，直到方法调用的最顶层来处理该具体的异常，下面是一个方法嵌套过程抛出异常的实例。

```
package com.shuangtixi.exception;
class MyException extends Exception{
      MyException(){
        super("自定义 MyException 异常类");
      }
}
public class ExceptionMain{
      public void m1(int expFlag) {
            System.out.println("方法 m1 调用 m2 之前");
            m2(expFlag);
            System.out.println("方法 m1 调用 m2 之后");
      }
      public void m2(int expFlag) {
            System.out.println("m2 方法中 try 块之前");
            try{
                  System.out.println("try 的前面");
                  m3(expFlag);
                  System.out.println("try 的后面");          //异常发生时不输出
            }catch(MyException e){
                  System.out.println(e.getMessage());
            }finally{
                  System.out.println("方法 m2 中的 finally 块，都会执行的语句");
            }
            System.out.println("m2 方法中 try-catch-finally 块之后");
      }
      public void m3(int expFlag) throws MyException {
        System.out.println("方法 m3 调用 m4 之前");
        m4(expFlag);
        System.out.println("方法 m3 调用 m4 之后");          //异常发生时不输出
      }
      public void m4(int expFlag) throws MyExp{
            System.out.println("进入方法 m4 中");
            if(expFlag <0)
                  throw new MyExp();
            System.out.println("退出 m4，值为" + expFlag);   //异常发生时不输出
      }
      public static void main(String[] args) {
            ExceptionMain exception = new ExceptionMain();
            exception.m1(-4);
      }
```

```
}
```

上例中定义了 4 个方法：m1、m2、m3 和 m4。其中，方法调用顺序为 m1 调用 m2、m2 调用 m3、m3 调用 m4。m4 定义了一个 int 类型的形式参数，如果该数小于 0，则显式地抛出自定义异常 MyException；m3 方法声明了抛出 MyException 异常，在 m4 产生该异常时，直接将异常抛给调用者 m2 处理，方法内部并不直接处理；m2 方法体内使用 Java 异常处理方式来捕获并处理 m3 抛出的异常，并且 m2 没有声明异常抛出，所以 m1 在调用 m2 的过程中是顺序执行的，并不知道 MyException 异常的存在。在主程序中，通过调用方法 m1，即"exception.m1(-4);"，将-4 这个整数值传递给了 m2，然后按照方法调用的方式依次传递下去，直到 m4 中判断该值小于 0，并抛出异常，最后方法一层一层地退出。所以程序运行结果如下。

```
方法 m1 调用 m2 之前
m2 方法中 try 块之前
try 的前面
方法 m3 调用 m4 之前
进入方法 m4 中
自定义 MyException 异常类
方法 m2 中的 finally 块，都会执行的语句
m2 方法中 try-catch-finally 块之后
方法 m1 调用 m2 之后
```

本章小结

本章介绍了 Java 中对于异常的处理方式，主要包括：在 Java 中，当一个错误或者异常情况发生时，抛出一个异常，它被称为异常处理程序的一种特殊的异常抛出；Java 分为可控式异常和不可控异常。可控式异常必须在它们所发生的方法中被捕获，或者必须声明该方法包含哪个语句 throws 该异常。不可控异常是那些属于 RuntimeException 的子类的异常。如果它们留下来没有被捕获，将会被 Java 的默认异常处理程序处理；try 区块是包含一个或者多个可能抛出异常的语句的语句块。嵌入一个语句到 try 区块中，表明程序可能抛出一个异常，而且需要处理该异常；catch 区块是处理与其参数匹配的异常的语句块。一个 catch 区块只能接在一个 try 区块之后，而且每个 try 区块之后可能有多于一个的 catch 区块。try/catch 语法允许把一个算法的常规部分与打算处理错误和异常情况的特殊代码分开；方法栈跟踪是一条导致程序中一个特定语句执行的方法调用的轨迹。Exception.printStackTrace()方法能够被异常处理程序调用，来打印一条程序如何精确到达抛出该异常的语句的轨迹；finally 语句是 try/catch 区块的一个可选的部分。不管一个异常是否被引出，finally 区块包含的语句都将会被执行；用户定义的异常能够通过扩展 Exception 类或者它的其中一个子类而被定义。

习　题

1. 下面哪个类是异常类的基类？

（1）String

（2）Error

（3）Throwable

（4）RuntimeException

2. 下面哪个选项中的异常类不是运行时异常？

（1）NullPointerException

（2）ClassCastException

（3）ArrayIndexOutOfBoundsException

（4）SQLException

3. 阅读下面代码：

```
try {
     int x = 0;
     int y = 5 / x;
} catch (Exception e) {
     System.out.println ("Exception");
} catch (ArithmeticException ae) {
     System.out.println ("ArithmeticException");
}
System.out.println ("finished");
```

以下哪一个选项的说明是正确的？

（1）执行结果为：finished

（2）执行结果为：Exception

（3）编译失败

（4）执行结果为：ArithmeticException

4. 以下关于异常（Exception）的说法，哪一项是正确的？

（1）类的方法中发生的异常，可以通过 try – catch 语句进行捕捉

（2）Java 中所有异常都必须被捕捉并处理，否则在编译时将提示编译错误

（3）对 try-catch-finally 语句来说，finally 部分的代码，只在发生异常时执行

（4）对 try-catch-finally 语句来说，finally 部分的代码，只在未发生异常时执行

5. 以下关于异常（Exception）的说法，哪一项是正确的？

（1）Error 类型的异常必须被捕捉处理，否则会提示编译错误

（2）SQLExcpetion 属于 RuntimeException

（3）在对异常进行捕捉处理时，finally 部分必须存在

（4）在对异常进行捕捉处理时，catch 部分可以对多个异常进行捕捉

6. 试说明 Java 中异常处理的方式。

7. 简述使用 try-catch-finally 时的注意事项。

8. 简述子类覆盖父类方法时，如果父类方法声明处抛出异常，那么子类覆盖方法该如何处理异常？

9. 阅读下面代码：

```
int M = someValue;
try {
     System.out.println("Entering try block");
     if (M > 100)
          throw new Exception(M + " is too large");
     System.out.println("Exiting try block");
```

```
    } catch (Exception e) {
    System.out.println("ERROR: " + e.getMessage());
}
```

如果 someValue 等于 1000，写出上面代码段的输出结果。

10. try{}块中有一个 return 语句，那么紧跟在这个 try 块后的 finally 块中的代码会不会被执行，什么时候被执行，在 return 之前还是之后？请举例说明。

11. 请简述 Java 中 error 和 exception 的区别。

12. 请简述 final 和 finally 的区别。

13. 请写出下面程序的输出结果。

```
public class Exp {
     public static void main(String[]args) {
          Exp exp = new Exp();
          System.out.println(exp.test());
     }
     public int test() {
          try{
               return m1();
          } finally {
               return m2();
          }
     }
     public int m1() {
          System.out.println("m1");
          return 1;
     }
     public int m2() {
          System.out.println("m2");
          return 2;
     }
}
```

附录A 编码约定

本附录涵盖了编程风格和编码约定的各个方面，遵守 Oracle 网站（http://www.oracle.com/technetwork/java/index-jsp-142903.html）中总结的 Java 语言规范所建议的约定。

详细信息请参见：http://www.oracle.com/technetwork/java/codeconv-138413.html

编码约定能够有利于改善代码的可读性和可维护性。通常情况下，程序代码的维护工作由专门的维护人员来进行，不是由软件的原始代码设计或编写的程序员来完成，所以代码遵循某种共同的约定就非常必要。对于商业软件而言，软件运行之后的维护成本要比软件开发成本高很多。

A.1 注　　释

Java 分为两种类型的注释：实现注释和文档型注释。

实现注释由“/*...*/”和“//”构成。“/*...*/”用来表示多行注释，Java 编译器将会忽略所有出现在“/*”与“*/”之间的文本。“//”用于单行注释，Java 编译器将忽略双斜线（//）到本行结尾的所有代码。

文档型注释是 Java 所特有的，使用“/**...*/”来表示。它主要用于描述代码的规范和设计，而不是它的实现，通常标注在类、接口、方法上面。使用 javadoc 工具来处理包含文档注释的 Java 文件时，这些文档注释将被合并成一个 HTML 文档，平时所参考的 Java API 文档就是由 javadoc 生成的，javadoc 工具包含在 Java 开发工具包（JDK）中。

A.1.1 块注释

块注释是用来描述文件、方法、数据结构和算法的多行注释。

```
/*
        * 多行注释块
*/
```

A.1.2 单行注释

单行注释可以用“//”来表示，也可以用“/*...*/”来表示，还可以用“//”注释掉想要在某次运行中跳过的某行代码。如下例所示。

```
/* 单行注释 */
System.out.println("Hello");  // 行尾注释
// System.out.println("Goodbye");
```

注意 第 3 行代码已经被注释掉，因此 Java 编译器不会对它进行编译。

在本书中，一般用双斜线（//）进行单行注释和行尾注释，还使用行尾注释作为代码本身的运行注释。注释用于指示代码是如何工作的，很难在“产品环境”中看到。

A.1.3　Java 文档型注释

Java 在线文档是用 Java 开发工具包（JDK）中的 javadoc 工具生成的。为了节省篇幅，本书很少在程序中使用文档型注释。

文档型注释通常放置在类、接口、方法和属性之前。其一般采用如下形式。

```
/**
 * 文档注释示例，这里写 Example 类的主要功能
 * @author 名称
 */
public class Example{...}
```

注意类的定义是和注释的开头对齐的。javadoc 注释用一些特殊标记（如 author 和 param）来标识文档中的某些元素。想了解更多关于 javadoc 的细节，可浏览网页：http://www.oracle.com/technetwork/java/index-jsp-142903.html

A.2　缩进与空白

使用缩进和空白可以提高程序的可读性。空白是指程序中的空行和空格，它用来把程序元素彼此分隔开，这样就能把注意力集中在程序的重要部分上。

使用空行来分隔方法定义，把类的实例变量与其方法分开；表达式和语句中使用空格，能够提高程序的可读性；程序中自始至终以同样的方式使用空白。

代码缩进应该能够体现其逻辑结构。应该用同样数量的空格作为 tab 键的缩进大小。Java 语言规范推荐使用 4 个空格。

一般来讲，缩进应该表现出程序中的包含关系。例如，类定义中包含实例变量声明和方法定义。实例变量声明和方法定义应有相同的缩进量。方法定义的主体中包含的语句应按如下方式缩进。

```
public void instanceMethod() {
    System.out.println("Hello");
    return;
}
```

包含 if 和 else 子句的 if 子句应按如下方式缩进。

```
if(condition)
    System.out.println("if part"); // if clause
else
    System.out.println("esle part"); // else clause
```

或者：

```
if(condition) {
    System.out.println("if part"); // if clause
```

```
} else {
    System.out.println("esle part"); // else clause
}
```

循环体中包含的语句应按如下方式缩进。

```
for (int k = 0; k < 100; k++){
    System.out.println("Hello " + k); // Loop body
}
```

最后，一条语句或者表达式放在一行中太长时，也应该缩进。通常一行不应超过 80 个字符。

A.3 命名约定

在程序中使用不同的标识符来标识不同的元素，有助于提高程序的可读性。标识符应能达到描述元素功能的目的。类的名称应能描述出它的角色或功能。方法的名称应能描述出它要干什么。

名称的拼写也有助于提高程序的可读性。表 A.1 概括了 Java 语言规范所建议的约定，这同样是专业 Java 程序员所遵循的约定。

表 A.1　　Java 标识符的命名约定

标识符类型	命名规则	范例
类	大小写混合的名词组合，名称中的每个单词的首字母大写	ExampleForClass
接口	与类命名一样，多数接口名称都以后缀-able 结尾	Drawable
方法	大小写混合的动词组合，名称首字母小写，后面每个单词首字母大写，且方法名应是动词型	actionPerformed ( ), sleep ( ), inserAtFront ( )
实例变量	与方法的命名一样，其名字应该能描述变量的使用方式	maxWidth，isVisible
常量	所有字母大写，单词之间用_分隔	MAX_LENGT，XREF
循环变量	诸如循环变量之类的临时变量，可以用单个字母作为名称。	int k; 或 int i;

A.4 括号的使用

一块代码的开始和结束用花括号“{}”来标识。目的是为类的主体与方法的主体划分出界限，或仅仅使一串语句组成一个代码块。常用的括号对齐方式有两种：一是前花括号放在代码块开始的那一行的行尾，而后花括号与代码块开始的那一行的行首对齐。

```
public void drawPic() {
    System.out.println("Draw Picture");
}
```

二是前花括号“{”与后花括号“}”可以按列的方式对齐，并缩进所包含的代码。

```
public void drawPic()
{
    System.out.println("Draw Picture");
}
```

本书采用第一种方式，这也是 Java 程序员多采用的样式。

有时，即使进行了适当地缩进，也很难找出哪个后花括号和哪个前花括号是配对的。此时，可以用一个行尾注释来指出是哪个括号结束。

```
public void drowPic()
{
     for (int k=0; k< 10; k++){
          System.out.println("Draw Picture");
     } // for loop
} // drowPic ()
```

A.5 文件名与布局

Java 源文件应以.java 为后缀，而 Java 字节码文件应以.class 为后缀。一个 Java 源文件只能包含一个 public 类。与公有类相关的私有类和接口都可以包含在同一个文件中。

所有源文件前面应有一个注释块，内容包括程序的重要标识信息，如文件名、作者、日期、版权信息，和一段对这个文件中类的简要描述。在软件行业中，不同软件公司的这段注释都不相同。例如：

```
/*
* Filename: Test.java
* Author: shuangtixi
* Data: Oct, 10 2011
* Description: 该程序用来说明源文件的注释功能
*/
```

这段注释之后应该是程序中可能用到的 package 语句与 import 语句。

```
package com.shuangtixi.comment;
import java.util.*;
```

只有当文件中的代码属于某个包时，才使用 package 语句。import 语句允许使用简短的名称引用库里的类。比如，在包含“import java.util.*”语句的程序中，java.util.Arrays 类可以在程序中用 Arrays 简单地表示。如果省略了 import 语句，就必须得使用全称来表示这个类了。

import 语句之后应该是文件中包含的类定义。下面阐明了应该如何格式化和如何归档一个简单的 Java 源文件。

```
/*
* Filename: Test.java
* Author: shuangtixi
* Data: Oct, 10 2011
* Description: 该程序用来说明源文件注释功能
*/
import java.util.*;
/**
*文档注释示例，这里写 Test 类的主要功能
* @author shuangtixi
*/
public class Test {
     /** 变量 var1 的注释说明*/
     public int var1;
     /**
     * 构造方法注释，说明构造方法做什么
     */
     public Test () {
```

```
        // ...  方法实现
    }
    /**
    * 方法注释，这里描述 drawPic()的功能
    * @param N 方法参数
    * @return 一个整型数值
    */
    public int drawPic(int N) {
        // ...  方法实现
    }
} //Test class
```

A.6 语　　句

在 Java 语言中，有两种类型声明语句：域声明（包含类的实例变量）和局部变量声明。局部变量在使用前必须进行初始化。Java 会以默认的方式来初始化实例变量。在一块代码中要用的变量集放在代码开头的位置，而不是将其散布在整段代码中。每行只放置一条语句，若该声明需要做相关的解释，则在其后附上一个行尾注释。

以下的类定义说明了上述几点。

```
public class Test {
    private int size = 0;           // 表示大小的变量

    public void testMethod() {
        int localVar = 0;           // 方法开始
        if (condition) {
            int size = 10;          // if 块开始
                ...
        } // if
    } // myMethod()
} // Test
```

A.7 可执行语句

类似赋值语句的简单语句，应该每条语句占一行，且要和同一代码块中的其他语句对齐。复合语句是指包含了其他语句的语句，如 if 语句、for 语句、while 语句和 do-while 语句。复合语句应使用括号和适当的缩进来突出语句结构。下面举例说明如何编写这几种复合语句。

```
if (condition) {                    //if 语句
    statement1;
    statement2;
} // if

    if (condition1) {               //if-else 语句
        statement1;
    } else if (condition2) {
```

```
            statement2;
            statement3;
        } else {
            statement4;
            statement5;
    } // if/else


        for (initial-part; judge-condition; increaser) {     // for 循环语句
            statement1;
            statement2;
        } // for


        while (condition) {                                  // while 语句
            statement1;
            statement2;
        } // while

        do {                                                 // do-while 语句
            statement1;
            statement2;
        } while (condition);
```

附录 B ASCII 码和 Unicode 字符集

Java 使用 Unicode 2.0 版的字符集来表示字符数据。在 Unicode 字符集中，每个字符都由一个 16 位无符号整数表示，所以它能够表示 2^{16}=65536 个不同的字符。因此 Unicode 字符集不仅能表示英语，而且各国家的语言都能表示。有关 Unicode 的细节可参阅网页：http://www.unicode.org

Unicode 字符集的出现取代了 ASCII 字符集（美国信息交换标准码，American Standard Code for Information Interchange）。在 ASCII 码中，每个字符由一个 7 位或 8 位的无符号整数表示。7 位码只能表示 2^7=128 个字符，为了使 Unicode 兼容 ASCII，Unicode 字符集的前 128 个字符与 ASCII 字符的表示完全相同。

表 B.1 给出了标准的 ASCII 字符集。其中 0 到 31 和 127 所表示的字符都是不可打印输出的字符，这些字符中很多都是与标准键盘上的键相关联的。比如：127 表示 delete 键，8 表示退格键（backspace），而 13 表示回车键。

表 B.1　　ASCII 字符集

ASCII 值	字符	ASCII 值	字符
000	null	064	@
001	☺	065	A
002	☻	066	B
003	♥	067	C
004	♦	068	D
005	♣	069	E
006	♠	070	F
007	beep	071	G
008	backspace	072	H
009	◙	073	I
010	line feed	074	J
011	♂	075	K
012	♀	076	L
013	carriage return	077	M
014	♫	078	N
015	☼	079	O
016	►	080	P
017	◄	081	Q
018	↕	082	R
019	!!	083	S
020	¶	084	T

续表

ASCII 值	字符	ASCII 值	字符
021	§	085	U
022	■	086	V
023	‡	087	W
024	↑	088	X
025	↓	089	Y
026	→	090	Z
027	←	091	[
028	∟	092	\
029	↔	093	]
030	▲	094	^
031	▼	095	_
032	space	096	`
033	!	097	a
034	"	098	b
035	#	099	c
036	$	100	d
037	%	101	e
038	&	102	f
039	'	103	g
040	(	104	h
041	)	105	i
042	*	106	j
043	+	107	k
044	,	108	l
045	-	109	m
046	.	110	n
047	/	111	o
048	0	112	p
049	1	113	q
050	2	114	r
051	3	115	s
052	4	116	t
053	5	117	u
054	6	118	v
055	7	119	w
056	8	120	x
057	9	121	y
058	:	122	z
059	;	123	{
060	<	124	¦
061	=	125	}
062	>	126	~
063	?	127	delete

附录 C Java 关键字

表 C.1 中给出的单词都为 Java 关键字，所以不能作为标识符使用。关键字 const 与 goto 是 C++关键字，在 Java 中并没有使用，但是它们同样不能作为标识符使用，在 Java 程序中一旦误用了它们，将产生错误信息。

true、false 和 null 虽然很像关键字，但是在技术实现上把它们当作立即数来处理，所以也不能作为标识符使用。

表 C.1 Java 关键字不能作为标识符的名字使用

abstract	continue	for	new	switch
assert	default	goto	package	synchronized
boolean	do	if	private	this
break	double	implements	protected	throw
byte	else	import	public	throws
case	enum	instanceof	return	transient
catch	extends	int	short	try
char	final	interface	static	void
class	finally	long	strictfp	volatile
const	float	native	super	while

附录D

运算符的优先级结构

表 D.1 概括了 Java 运算符的优先级和结合关系。在一个单独的表达式中，如果 $m<n$，那么 m 级的运算符应该在 n 级运算符之前先运算。相同优先级的运算符应按照其结合的次序进行运算。如表达式：

```
6+3*3+4
```

应依照如下所示的优先级进行运算：

```
(6 +(3 * 3)) + 4 ==> (6 + 9) + 4 ==> 15 + 4 ==> 19
```

因*比+具有更高的优先级，故乘法操作优于加法操作完成。又因为加法从左到右的结合性，所以加法操作按从左到右的顺序进行运算。

大部分运算符都是按照从左到右的方式进行结合运算，但是要特别注意，赋值运算符是从右到左的方式进行结合运算。考虑下面的代码段：

```
int i, j, k;
i = j = k = 10;       //等价于 i = (j = (k = 10));
```

该例中，每个变量都赋值为 10。需要注意的是，此表达式应按照从右到左的方式进行运算。首先，k 被赋值为 10，然后把 k 的值赋给 j，最后再把 j 的值赋给 i。

在包含混合运算符的表达式中，用括号来确定运算的求值顺序是一个很好的方法，并且能够有助于避免细小的语法和语义错误。

表 D.1　　Java 运算符的优先级和结合性表

级别	运算符	运算	结合性
0	( )	括号	
1	++ -- ·	后增，后减，点操作符	从左到右
2	++ -- + - !	前增，前减	从右到左
		单目加，单目减，布尔 NOT	
3	(type) new	类型制定，对象实例化	
4	* / %	乘法，除法，取模	从右到左
5	+ - +	加法，减法，字符串连接	从左到右
6	< > <= >=	关系操作符	从左到右
7	== !=	相等操作符	从左到右
8	^	布尔 XOR	从左到右
9	&&	布尔 AND	从左到右
10	||	布尔 OR	从左到右
11	= += -= *= /= %=	赋值操作符	从右到左